2부. 「천상열차분야지도」의 배경 글　129

1장. 삼재와 가로 직사각형 셋　131
　1. 「천재」　131
　2. 「인재」(우주관과 거극분도)　135
　3. 「지재」(「천상열차분야지도」의 제작 경위와
　　 실무자)　157

2장. 10간과 10개의 원　172
　1. 하느님의 열 아들, 열 개의 태양　172
　2. 「갑」과 「을」　179
　3. 「병」과 「정」　185
　4. 「무」와 「기」　187
　5. 「경」과 「신」　189
　6. 「임」과 「계」　191

3장. 12지와 열두 개의 직사각형　196
　1. 「자」와 「축」　199
　2. 「인」과 「묘」　211
　3. 「진」·「사」·「오」·「미」　222
　4. 「신」과 「유」　225
　5. 「술」과 「해」　227

3부. 「천상열차분야지도」의 별자리　229

1장. 삼원과 은하수　231
　1. 태미원 233　　2. 자미원 242
　3. 천시원 257　　4. 은하수 265

2장. 28수와 사신　267
　1. 동방 청룡 칠수　268
　　1) 각수 269　2) 항수 276　3) 저수 282
　　4) 방수 288　5) 심수 294　6) 미수 298
　　7) 기수 303

　2. 북방 현무 칠수　308
　　1) 두수 309　2) 우수 316　3) 여수 322
　　4) 허수 328　5) 위수 333　6) 실수 340
　　7) 벽수 347

　3. 서방칠수　352
　　1) 규수 353　2) 루수 358　3) 위수 364
　　4) 묘수 369　5) 필수 375　6) 자수 383
　　7) 삼수 387

　4. 남방칠수　393
　　1) 정수 394　2) 귀수 405　3) 류수 410
　　4) 성수 415　5) 장수 421　6) 익수 426
　　7) 진수 431

천상열차분야지도
그 비밀을 밝히다

저자 윤상철(尹相喆)

- 성균관대학교 철학 박사.
- 87년부터 대산선생 문하에서 四書 및 易經 등을 수학.
『대산주역강해』·『대산주역점해』·『미래를 여는 주역』·『주역전의 대전역해』 등의 편집위원.
- 저서에『후천을 연 대한민국』,『세종대왕이 만난 우리별자리』,『시의 적절 주역이야기』,『주역점비결』, 번역에『하락리수』,『오행대의』,『천문류초』,『매화역수』,『황극경세』,『초씨역림』 등이 있음.

천상열차분야지도, 그 비밀을 밝히다

- 초판 2쇄 발행 2022년 3월 25일
- 저자 윤상철
- 편집 이연실, 윤여진   ▪ 홍보 윤치훈
- 교정 김태곤 이경우 송미정
- 발행인 윤상철   ▪ 발행처 대유학당 since1993
- 출판등록 2002년 4월 17일 제305-2002-000028호
- 주소 서울 동대문구 휘경동 258 서신빌딩 402호
- 전화 (02)2249-5630
- 블로그 http//blog.naver.com/daeyoudang

- ISBN 978-89-6369-113-8 93440
- 정가 25,000원
- 이 도서의 국립중앙도서관 출판예정도서목록(CIP)은 서지정보유통지원시스템 홈페이지(http://seoji.nl.go.kr)와 국가자료공동목록시스템(http://www.nl.go.kr/kolisnet) 에서 이용하실 수 있습니다. (CIP제어번호: CIP2020016800)
- 이 책의 내용에 대한 재사용은 저작권자와 대유학당의 동의를 받아야만 가능합니다.

천상열차분야지도

그 비밀을 밝히다

추천사

　조선시대 대표 천문서적인 『천문류초(天文類抄)』를 처음으로 완역해 발간한 윤상철 선생께서, 『천상열차분야지도 그 비밀을 밝히다』를 발간하게 되었다는 소식을 듣게 되어 매우 기쁩니다. 지난 1999년 『천문류초』 번역본 발간은, 고천문(古天文)을 연구하는 전공자뿐만 아니라 전통천문학에 관심 있는 많은 천문 동호인들에게 큰 선물이었습니다.
　우리 고대 천문과 별자리에 관심은 많았으나 한자와 전문용어의 부담 때문에 구경하듯 원문 영인본을 살펴본 사람들에게 『천문류초』 번역본은, 조선의 천문학을 낱낱이 헤쳐 가며 살펴볼 수 있는 새로운 기회였으며, 한자 하나하나에 담긴 조선 천문학의 생생한 숨결과 천문학자 이순지 교수의 생각을 읽을 수 있는 반가운 선물이었습니다.

　천상열차분야지도는 『천문류초』와 더불어 조선의 천문학을 상징하는 대표적인 키워드라 할 수 있습니다. 역사성과 과학성을 모두 담고 있는 우리의 소중한 천문유산이기 때문입니다. 이 천문도는 고구려의 천문 지식이 조선으로 이어져 만들어졌기에 그 역사적 의미가 매우 큰 문화유산이며, 동시에 우리 밤하늘에서 볼 수 있는 모든 별을 밝기에 따라 크기를 다르게 새겨 놓은 천문 과학 지식의 결정체입니다.

만원권 지폐의 도안으로 사용된 이후, 우리는 천상열차분야지도를 거의 매일 마주하며 살고 있지만 아직도 이 천문도에 대해서 모르는 것이 많습니다. 아니, 천문도에 대해 잘 알고 있는 국민이 많지 않다는 것이 더 정확한 표현일 것입니다.

저자는 이 책에서 천문도의 별자리와 명문을 현미경으로 관찰하듯 세세하게 살펴서, 새로운 사실을 독자들에게 알려 주고 있습니다. 마치 숨겨진 비밀 코드를 찾아내듯 별 개수와 이름을 비교하고, 그 차이가 어디에서 유래했는지 흥미롭게 풀어내고 있습니다.

고구려 장수왕이 현재의 평양으로 천도하면서 석판 천문도를 만들었다는, 고구려 천문도의 제작 시기에 대한 저자의 추론과 주장 또한 흥미로운 내용입니다. 동양철학 전문가답게, 저자는 천문도의 구성이 동양 철학을 기초로 이루어졌다는 내용을 새롭게 소개하고 있습니다.

시공간의 벽을 넘어 고구려에서 조선으로 이어진 천상열차분야지도가 지폐를 통해 우리의 삶에 가까이 다가오고, 평창 동계올림픽 영상에까지 등장한 것은 우연이 아닐 것입니다.

이번에 발간한 『천상열차분야지도 그 비밀을 밝히다』를 통해 독자들이 우리 별자리 이야기와 함께 조선 최고의 과학문화 유산 중 하나인 천상열차분야지도를 더 쉽게 이해하고 폭넓은 시야로 바라보게 되길 기대합니다.

추천사

2020년 4월 21일 과학의 날에
한국천문연구원 고천문연구센터 양 홍 진 박사

서 문

「천상열차분야지도」를 처음 보았을 때 너무나 아름답고 짜임새 있는 천문도라는 생각이 들었다. 덩그러니 별 그림만 있는 천문도를 보다가, 별 그림을 중심으로 원과 직사각형을 이용해 좌우대칭을 이루며 조화롭게 배치된 모습은 예술작품이라고 해도 아주 뛰어난 수작이었다. 당시 유행한 천문지식과 우주관, 그리고 천문도를 만든 이유와 내력이 담겼고, 별 개수가 아주 많고 오래된 천문도라는 것은 그 다음의 일이었다.

36년 전에 흠뻑 반한 「천상열차분야지도」에 대한 사랑은, 『태을천문도 해설』과 「천상열차분야지도」의 모사본을 만들면서 동양천문에 발을 들여놓게 되었고, 그 후 『천문류초』, 28수 나경, 『세종대왕이 만난 우리 별자리』, 태을 천문도의 한자판·한글판·영문판·번역판 등등을 만들게 되었다.

「천상열차분야지도」의 모사본을 커튼 대신 거실의 유리문에 걸어두고, 공부방 창문에는 영문판 태을천문도를 걸어두어 아침저녁으로 보는 것이 일상생활이 되었다. 그러던 중에 「천상열차분야지도」가 이상하다는 생각이 들었다.

그림의 별 개수와 해설문의 별 개수가 다른 것이다. 그럴 리가 없는데, '암산할 때 잘못했나보다' 하고 열심히 계산기를 동원해서 합을 내보아도 여전히 틀렸다. '모사를 할 때 잘못했나?'하고 원본 사진을 놓고 비교해 보아도 여전히 달랐다.

'같은 천문도 안에서 왜 서로 다른 주장을 기록했을까? 이것만 다를까? 전체 구조를 살펴보아야겠다. 일종의 금석문인데, 글자 수는 몇 개일까? 어떤 별자리에는 별의 개수가 적혀 있는데, 어떤 별자리는 별의 개수가 적혀있지 않을 뿐만 아니라, 별자리 이름조차 표기하지 않았네? 이유가 뭘까? 선으로 연결한 것은 한 별자리라는 뜻인데, 왜 별자리 이름을 두 개나 적었을까?『천문류초』에는 뭐라고 했을까? 적도와 황도는 왜 동그라미를 두 개씩 그렸을까? 직사각형의 개수는 왜 열다섯 개이고, 원의 개수는 왜 10개일까? … ?'『해동잡록』에 "려계(麗季)에 전쟁통에 강물에 빠트렸다." 고 했는데, '려계'가 고구려 말이라는 말인가? 아님 고려 말을 뜻하는가? 한번 생기기 시작한 의문은 꼬리에 꼬리를 물고 진행되었다.

「천상열차분야지도」에서 "천문도의 옛 탁본에는 입춘 때 중성이 묘수였는데, 지금은 위수가 중성"이라고 했다. 묘수와 위수의 거리는 무려 14도이다. 그렇다면 1395년 보다 14도 전에 만들어졌다는 말인데, 14도 전이면 989년 전이라는 뜻이다. 1395년에서 989년을 빼면 406년이고, 406년이라면 고구려 광개토왕(재위 391~412년)이나 장수왕(재위 413년~491년) 때에 해당한다.

이런 의문점들에 대해 자료를 더 모아서 깊이 연구하고, 작성 년대에 대해서도 다시 한 번 추정해보아야겠다는 생각이 들었다.

「천상열차분야지도」는 310개의 별자리에 1,467의 별이 그려진 동양 최고 최대의 천문도이다. 훗날 세종 시대에 발행된 『천문류초』에 수록된 별자리가 304개이고 별 개수가 1,456개에 그친 것을 봐도 「천상열차분야지도」가 얼마나 위대한 작품인지 알 수 있다. 더구나 국보 228호이고, 제일 오래된 천문도 아닌가?

이때부터 검은색 천문도와의 오랜 싸움이 시작되었다. 글씨도 작고, 무엇보다도 검은 색 바탕에 쓰여진 그림과 글자라서 제대로 읽기가 어려웠다. 더구나 세월의 상처로 희미해진 곳도 많았다. 참으로 어려운 시간이었고, 능력 밖의 일이었다. 그렇지만 하늘이 도우셔서, 1년여에 걸친 연구 끝에 책으로 발간하게 되었다.

아직 미진한 부분이 없지 않아 있지만, ① 「천상열차분야지도」는 고구려 장수왕 때 새겨진 천문도의 탁본을 모본으로 삼아 완성되었다는 것, ② 옛 탁본과 조선시대의 천문이론이 서로 섞이면서, 선으로 연결한 별 이름과 별 개수, 설명문 등에서 다른 주장을 한 예가 많다는 것, ③ 「천상열차분야지도」의 구조가 삼재(임금, 신하, 백성)를 바탕으로 10간과 12지(해와 달)가 어우러지는 형태로 그려졌다는 것, ④ 태조 때 제작된 「천상열차분야지도」는 임금을 상징하는 「천재」를 하늘(10간과 12지 및 1467개의 항성) 아래로 내려서 삼재를 한 곳에 붙여 놓음으로써, 하늘을 두려워하는 마음으로 받들면서 백성과 함께 조화하며 발전하는 국가를 건설하겠다는 의지를 담은 천문도를 작성했고, 세종 때는 「천재」를 제일 상단에 올림으로써, 하늘을 공경하기는 하지만, 이미 일식과 월식은 물론 하늘이 운행하는 시간을 다 알고 응용할 줄 아는 임금이다. 하늘을 경영하여 아는 지식을 바탕으로 세상을 통치하되, 실무진과 백성을 중시하겠다는 우주관을 가지고 작성했다는 것, ⑤「천상열차분야지도」는 일반 비석처럼 세워놓기 위한 것이 아니라, 흠경각 같은 건물 안 또는 땅속에 묻어서 보관했다가 필요할 때 꺼내서 탁본을 뜨고 다시 보관하는 탁본용이라는 것 등 다섯 가지 비밀을 밝힌 것은 가슴 뿌듯한 큰 소득이었다.

이 책이 나오기 전에 엉성한 글을 좀 더 짜임새 있게 하고 내용에 문제가 있는 곳을 일일이 지적해 주신, 김태곤, 이경우, 송미정 세 분 선생께 감사를 드리며, 또 「천상열차분야지도」의 희미한 사진과 싸워가며 별 그림을 컴퓨터로 옮기고 교정을 봐준 아내와 여진, 그리고 홍보동영상을 만들어준 치훈에게도 고마운 마음을 전한다.

아직 「천상열차분야지도」에 대해 풀어야 할 숙제가 많이 남아서 필자 자신도 열심히 연구하겠지만, 「천상열차분야지도」를 연구하는 후학들이 더 많이 나와서, 조상이 물려준 자랑스런 유산을 이어 밝혔으면 좋겠다.

2020년 4월 7일에 대유학당 서재에서 윤상철

「천상열차분야지도」에 숨겨진 다섯 가지 비밀

1) 3재와 10간 12지로 구성되었다

「천상열차분야지도」의 구조를 살펴보면, 10개의 원과 12개의 세로로 긴 직사각형, 그리고 3개의 가로로 긴 직사각형으로 구성되어 있다.

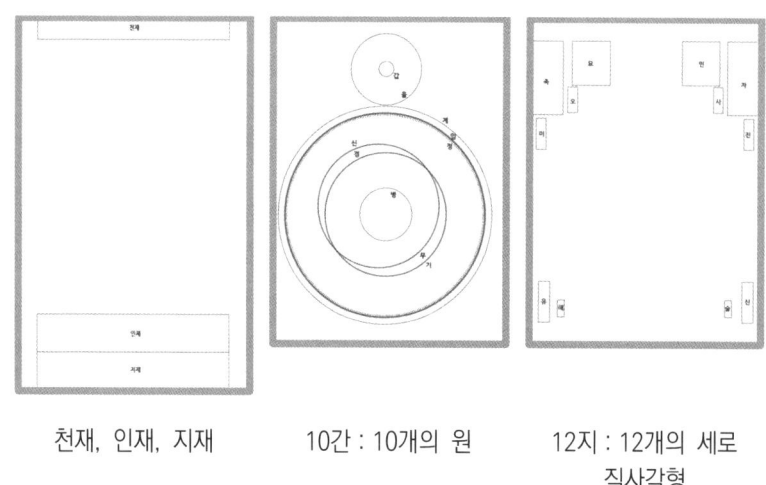

천재, 인재, 지재   10간 : 10개의 원   12지 : 12개의 세로 직사각형

본 책에서는 이러한 도형 구성을 10간 12지와 3재를 상징해 놓은 것으로 보았다. 전통적으로 하늘은 둥글고 땅은 네모지고 사람은 그 중간 형태인 삼각형으로 표시해 왔다. 그래서 10간은 하늘과 태양을 상징해서 10개의 원으로 그렸고, 12지는 땅과 달을 상징해서 세로로 긴 12개의 네모로 그렸고, 3재는 사람을 상징해

서 가로로 긴 삼각형 셋으로 그린 것이다.

즉 1,467개의 항성이 떠 있는 하늘을 태양(10간)과 달(12지)이 돌면서 낮과 밤, 4계절 24절기 등을 만들면, 그 아래서 임금, 신하, 백성(삼재)이 조화롭게 살아간다는 당시의 세계관을 피력한 것이라고 추론했다.

2) 고구려 장수왕시대의 천문도이다

「천상열차분야지도」의 모본이 된 옛 탁본을 고구려 장수왕 시대에 만들어졌다고 추론하였다.

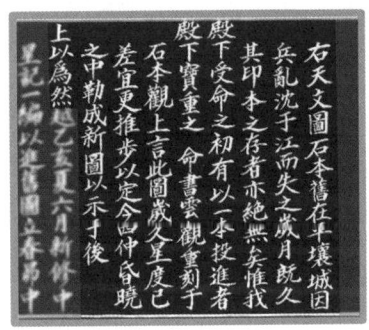

즉 「천상열차분야지도」의 하단에 적힌 "옛 천문도에는 입춘 저녁 때 묘수가 중성이었는데, 「천상열차분야지도」를 만든 조선 초에는 위수가 중성"이라는 말에 근거하여 태조 때로부터 920년 전인 474년에 만들어졌다고 보았다.

3) 고구려와 조선의 천문이론이 혼합되었다

「천상열차분야지도」에서는 ① 별자리 이름과 별자리를 구성하는 별 개수 표시, ② 별자리를 이은 연결선, ③ '28수 거극분도'에 기술한 28수의 이름과 구성 별 개수, 그리고 ④ 세로로 긴 직사각형에서 말한 28수의 별 개수를 달리 기술하였다.

필자는 이렇게 서로 다른 이유를, 고구려의 천문지식과 조선의 천문지식이 융합하는 과정에서 생긴 오류였다고 추론하였다.

4) 두 개의 다른 석본에 태조와 세종의 우주관을 담았다

「천상열차분야지도」는 돌로 된 석판의 앞면과 뒷면으로 두 종류의 천문도가 그려져 있다. 앞면은 태조 때 제작되었다고 추측되는 것으로, '천상열차분야지도' 라는 제목이 위에 있지 않고 중간 보다 더 아래에 있는 천문도이다.

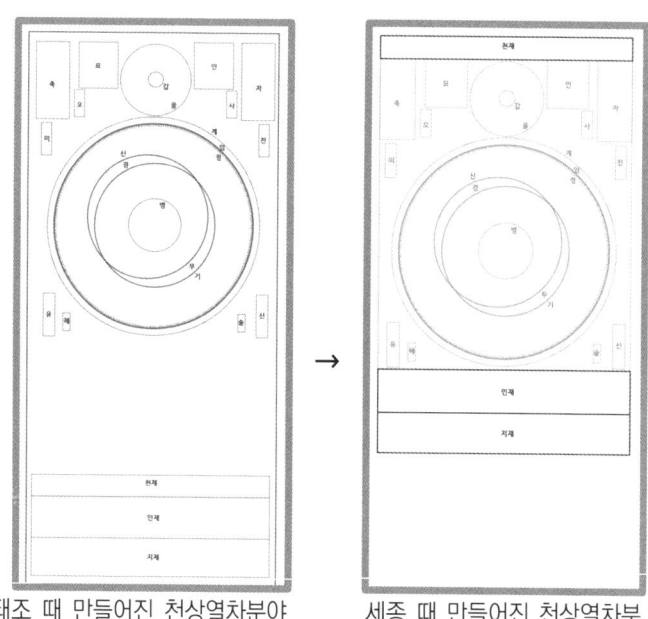

태조 때 만들어진 천상열차분야지도 : 「천재(제목)」가 중간 아래에 있다.

세종 때 만들어진 천상열차분야지도 : 「천재(제목)」가 제일 위에 있다.

뒷면은 세종 때 제작되었다고 알려진 천문도로, '천상열차분야지도' 라는 제목이 제일 위에 있고, 석판의 하단이 비워져 있다.

 이렇게 제목의 위치가 다른 것은, 태조 때는 절대자인 하늘을 공경하여 숭배하며 그 아래서 임금을 비롯한 삼재가 질서를 지키며 산다고 보았고, 세종 때는 하늘은 더 이상 두려움이 대상이 아니라는 것이다. 하늘의 운행을 터득하여 이치를 깨달은 임금이, 하늘을 응용해서 신하와 백성을 위한다는 우주관의 차이에서 달리 제작했다고 보았다.

5) 「천상열차분야지도」는 탁본을 뜨기 위한 석본이다

 「천상열차분야지도」는 평소에는 흠경각 내부 또는 경복궁 안의 땅속에 묻어 두었다가, 필요할 때 파내서 탁본을 뜨고 다시 보관했다고 본다. 말하자면 「천상열차분야지도」는 세워놓고 보는 용도가 아니라 탁본을 뜨기 위해 제작되었다는 것이다.
 태조 때 제작된 「천상열차분야지도」는 위와 아래가 분리되어 만들어짐으로써, 윗 부분(10간 12지 부분) 따로 탁본하고 아랫 부분(삼재 부분) 따로 탁본 뜰 수 있게 하였다고 볼 수 있으며, 세종 때 제작된 「천상열차분야지도」는 석본 전체를 한꺼번에 탁본하도록 석판의 윗 부분에 치우치게 제작되었음을 알 수 있다(석판의 아랫부분을 비워놓았다. 이 부분에 대해서는 석판의 돌에 흠이 있어서 피해서 새겼다는 설도 있다).

일러두기

1) 별자리의 영역을 나눔

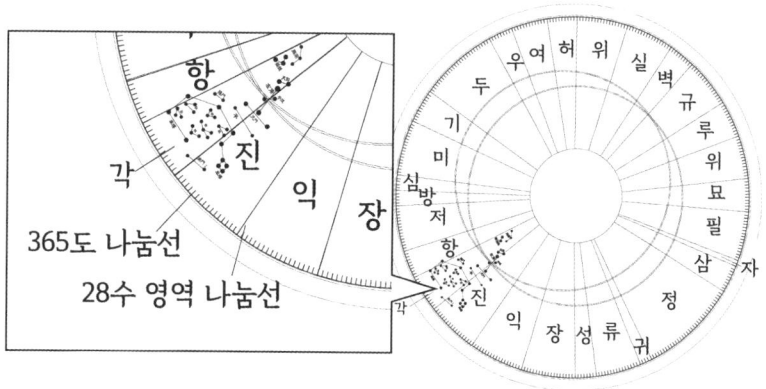

① 일반적으로 28수의 영역은, 주극선부터 시작해서 365개의 점을 향해 그린 28수 영역 나눔선을 기준으로 한다. 이 28수 나눔선의 시작선(영역을 나누는 두 선 중에 오른쪽 선이다. 여기부터 다음 나눔선까지의 눈금을 세어서 해당 28수의 도수 영역으로 삼는다)에 걸쳐 있기만 하면 해당 28수로 보았다. 예를 들어 각수의 '천문'이라는 별자리는 각수 영역과 진수 영역에 걸쳐 있지만, 각수의 시작선에 걸쳐 있으므로 각수 소속으로 보았다.

또 「천상열차분야지도」에서 그린 28수 영역선에 의해서 각 별자리를 소속시켰다. 예를 들어 '진현'을 각수 영역에 소속시키는 것이 일반적인 방법인데,「천상열차분야지도」에서는 진수 영역에 그렸으므로 진수에 소속시켰다.

② 태미원·자미원·천시원 등 3원은, 28수 보다 더 등급을 높게 본다. 별자리 소속을 말할 때, 28수 영역과 3원의 영역이 겹칠 때면 3원에 소속시켰다.
예를 들어 '문창'은 류수영역과 성수 영역 그리고 자미원 영역의 세 영역에 걸쳐 있는데, 자미원에 우선권을 두어서 자미원에 소속시켰다.

③ 별을 연결한 연결선이 있는데, 연결선으로 연결된 별들은 같은 별자리를 구성하고 있다는 뜻이다. 그렇지만「천상열차분야지도」에서는 같은 별자리로 보기도 하고 달리 보기도 하였으므로, 해당 별자리를 설명하는 항목에서 '「천상열차분야지도」의 특이점' 이라는 제목으로 강조해서 다시 설명하였다.

2) 책의 구성

① 본 책은 「천상열차분야지도」의 310개 별자리에 1,467개 별과 그 배경이 된 설명문들을 해설하였다.

	천상열차분야지도			천문류초	
	천문도 안에 새겨진 글자 수(병+정)	별 개수를 표시한 별자리/별자리	별 개수	별자리 개수	별 개수
동방칠수	120	22/54(55)	198	48	186(176)
북방칠수	187	46/73	382	77	396
서방칠수	128	31/49(50)	265	57	301
남방칠수	129	33/51(52)	269	47	245
태미원	41	2/18	64	19	78
자미원	112	27/42	197	38	163
천시원	49	7/20	91	18	87
합	1766	168/307(310)	1467	304	1456(1446)

「천상열차분야지도」에서는 '부이, 구검, 열월'의 세 별자리를 그리고도 이름을 쓰지 않았기 때문에 307개로 보이지만, 이 세 별자리를 합하면 310개 별자리가 된다. 또 168개만 별 개수를 표시하고 142개 별자리는 표시하지 않았다.
『천문류초』의 별 개수가 10개나 차이 나는 이유는, 심수 영역의 '적졸'을 「보천가」에서는 12개 별로, 「신법보천가」에서는 2개 별로 표시하였기 때문이다.

② 이 책은 총 3부로 나뉜다. 그중 1부는 「천상열차분야지도」가 만들어진 역사적 배경과 천문학사에서 차지하는 위치를 서술하였다.

③ 2부는 「천상열차분야지도」의 구성, 특히 천문도 별자리 그

림 외에 배경이 되는 글들의 풀이에 중점을 두었다.

④ 3부는「천상열차분야지도」에서 그려진 1,467개의 항성에 대해서, 원문풀이와 더불어 별들의 역할에 대해 소개를 하였다.
즉 ① 별 그림에 쓰여 있는 원문(별자리의 한자 이름과 별의 개수)의 발음을 적고, 원문을 직역한 뒤에, 주석형식을 빌어서 별자리의 역할을 풀이하고(이때 28수를 제외한 일반 별자리는 ' '로 묶어서 일반 글이 아니라 별자리라는 표시를 했다), ②「천상열차분야지도」와 일반 천문서와 다른 점을 밝히고, ③ 대표 별자리의 역할과 별점 및 해당하는 지역에 대해 소개하고, ④ 28수에 소속된 별자리들의 일반 천문서와 다른 점을 비교해서 도표로 정리하였다.

⑤ 석각본이 오랜 세월을 지내오는 동안 마모되어 흐려져서, 필자의 사진 찍는 기술로는 석각본의 내용을 확실히 드러내기 어려웠다. 그래서「천상열차분야지도」전체를 모사해서 원래의 석각본을 대신했다. 따라서 본 책에 나오는「천상열차분야지도」의 전체도 또는 부분도는 원본의 사진이 아니라 모사본임을 밝힌다.
또 모사할 때 별자리 이름은 원래대로 한자로 모사하고, 별의 개수는 편의상 아리비아 숫자로 대신했다. 예를 들어 '亢四'라고 해야 할 곳을 '亢4'라고 모사하였다. 또 별자리 그림의 글씨는 컴퓨터용 글자로 하고, 그외의 삼재 또는 12지의 내용은 영원한 친구 고 김홍구님의 글씨를 썼다.

목차

- 추천사(한국천문연구원 양홍진 박사)   5
- 서 문   8
- 「천상열차분야지도」에 숨겨진 다섯 가지 비밀   12
- 일러두기   16

1부. 조선의 희망을 담은 「천상열차분야지도」   25

1장. 고구려의 영광과 천문도   27
  1. 광개토대왕과 북두성   27
  2. 장수왕의 남하정책과 노인성   35

2장. 장수왕과 태조의 만남   48
  1. 천명의 상징 천문도를 얻다   48
  2. 고구려의 숨결을 이어받다   56
  3. 고구려 천문도의 흔적   62
  4. 장수왕의 천문도를 계승한 태조   87

3장. 태조와 세종의 우주관   97
  1. 삼재와 조선 초기의 우주관   97
  2. 하늘은 두려움의 대상이 아니라 공경의 대상이다   112
  3. 중국 천문도와의 관계   122

2부. 「천상열차분야지도」의 배경 글　129

1장. 삼재와 가로 직사각형 셋　131
  1. 「천재」　131
  2. 「인재」(우주관과 거극분도)　135
  3. 「지재」(「천상열차분야지도」의 제작 경위와 실무자)　157

2장. 10간과 10개의 원　172
  1. 하느님의 열 아들, 열 개의 태양　172
  2. 「갑」과 「을」　179
  3. 「병」과 「정」　185
  4. 「무」와 「기」　187
  5. 「경」과 「신」　189
  6. 「임」과 「계」　191

3장. 12지와 열두 개의 직사각형　196
  1. 「자」와 「축」　199
  2. 「인」과 「묘」　211
  3. 「진」·「사」·「오」·「미」　222
  4. 「신」과 「유」　225
  5. 「술」과 「해」　227

3부. 「천상열차분야지도」의 별자리   229

1장. 삼원과 은하수	231
1. 태미원	233
2. 자미원	242
3. 천시원	257
4. 은하수	265
2장. 28수와 사신	267
1. 동방 청룡 칠수	268
1) 각수	269
2) 항수	276
3) 저수	282
4) 방수	288
5) 심수	294
6) 미수	298
7) 기수	303
2. 북방 현무 칠수	308
1) 두수	309
2) 우수	316
3) 여수	322
4) 허수	328
5) 위수	333
6) 실수	340
7) 벽수	347

3. 서방칠수	352
1) 규수	353
2) 루수	358
3) 위수	364
4) 묘수	369
5) 필수	375
6) 자수	383
7) 삼수	387
4. 남방칠수	393
1) 정수	394
2) 귀수	405
3) 류수	410
4) 성수	415
5) 장수	421
6) 익수	426
7) 진수	431

● 찾아보기　　　　　　　437

「천상열차분야지도」(天象列次分野之圖)

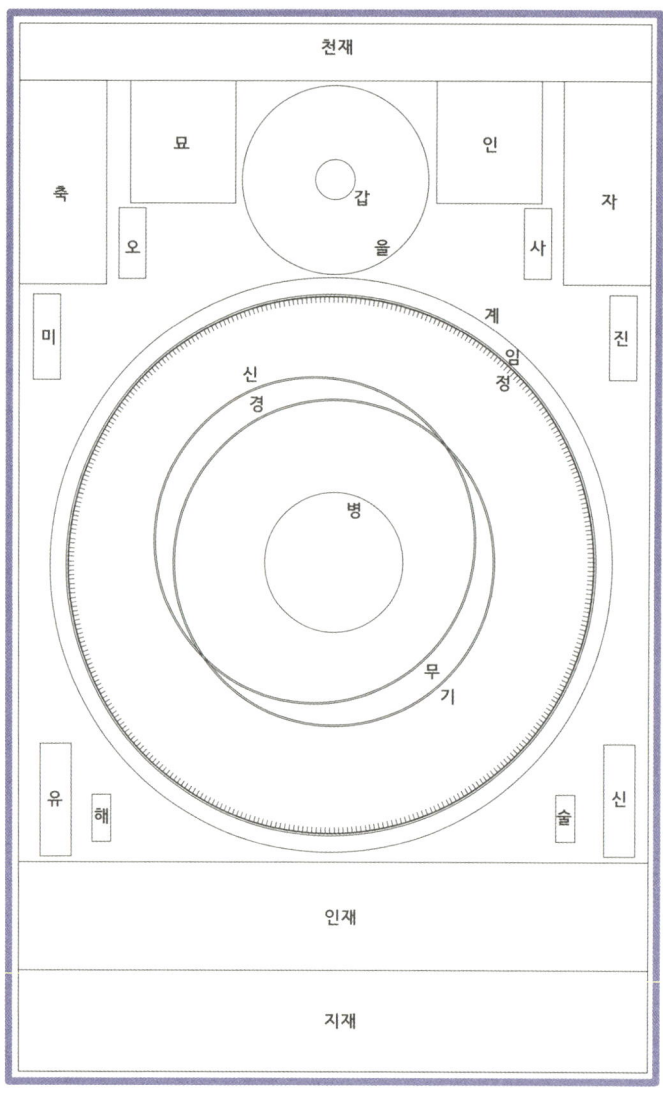

이 그림은 천상열차분야지도 전체의 구조도이며, 이 내용에 대해서는 이 책에서 차차 설명해 나갈 것이다.

1부

조선의 희망을 담은 「천상열차분야지도」

1장. 고구려의 영광과 천문도

1. 광개토대왕과 북두성

1) 천제의 자손 광개토대왕

「천상열차분야지도」의 모본인 옛 탁본이 만들어졌다고 추측되는 서기 405년[1]은, 고구려 19대 임금 광개토대왕(374~412년) 시대이다. 아래로는 백제와 신라 및 일본을 아우르고, 북으로는 후연을 물리치고 숙신과 동부여의 항복을 받는 등 한창 영토를 늘렸을 때이다. 단슌히 정복했을 뿐만 아니라, 정복한 나라의 백성들을 다독여 고구려의 백성으로 삼는 등 번영의 탄탄대로를 구가하던 시절이다.

이런 번영은 미래를 내다보며 원대한 계획을 세워 백성을 잘 다스려야겠다는 철학이 없으면 불가능한 일이다. 그것이 천제(天帝)의 자손이라는 신화적 역사를 만들었고, 천제가 직접 보우하며 백성을 행복하게 하라고 시켰다는 명분을 만들게 하였다.

광개토대왕의 아들인 장수왕 3년(414년)에 만들어 세운 약 1,775

1] 93쪽 참조.

자로 된 「광개토대왕비」, 일명 「호태왕비」의 비문엔, 고구려의 시조 동명성왕(주몽)의 탄생을 기록하면서 '천제의 아들'이라고 칭했다. 당연히 그 적손인 광개토대왕도 천제의 아들이라는 뜻이다.

중국 길림성 집안시에 있는 광개토왕비, 높이 약 6.4m

왕의 은택이 하늘까지 미쳤고, 위엄은 온 세상에 떨쳤다. 나쁜 무리를 쓸어 없애자 백성들이 모두 생업에 힘쓰며 편안하게 살게 되었다. …, 그런데 하늘이 이 백성을 불쌍히 여기지 않았나 보다. 39세에 세상을 버리고 떠나셨다.[2]

37톤이나 되는 큰 돌 위에 어른 주먹만한 글씨로 당당히 새긴 이 비문은, 광개토대왕의 짧은 일생이 하늘의 자손으로 하늘의 명대로 살다가 하늘로 떠나셨다는 것을 강조하였다.

고구려는 별자리를 무덤 곳곳에 새길 정도로 천문에 밝았는데, 이는 천제의 자손이라는 자부심의 발로였을 가능성이 높다. 영토 확장을 위한 정벌을 할 때 방향을 알거나 길잡이가 되고, 흡수한 영토의 백성들에게 때와 시간을 제공해주는 제왕의 학문으로서의 천문에 대한 지식이 반드시 있어야 했음을 알 수 있다.

광개토대왕이라면 하늘의 별들을 관측하고 의미를 부여하며, 엄청난 과학적 노력을 들여 천문을 돌에 새길 만하지만, 안타깝게도 39세의 한창나이에 세상을 떠났다. 체계화된 천문지식이 있었다 할지라도 그 것을 기록으로 남길 만한 시간적 여유가 없었을 것이다. 17세에 왕으로 등극한지 21년 만에 세상을 떠났으니 '조금만 더 살았다면 동아시아를 아우르는 백성이 살기 좋은 대제국을 건설할 수 있었을 텐데.' 라는 아쉬움이 남는다. 그래서 생명을 관장한다는 북두성이 생각난다.

2] 「광개토대왕비」

2) 북두성의 전설
(1) 술 한 잔에 80세

　중국의 삼국시대에 천문과 점성술에 뛰어난 관로(管路)라는 사람이 있었다. 어느 날 그가 길을 가다가 한 미소년을 보았다. 사람을 보면 관상을 보는 것이 습관이 된지라 자신도 모르게 혀를 쯧쯧 차며, "아깝구나! 사흘 안에 죽겠구나!" 하였다. 다른 사람도 아닌 당대의 유명한 점술가의 말이다.

　더럭 겁이 난 소년은 울면서 집으로 돌아가 아버지에게 관로의 말을 전했다. 사색이 된 아버지가 그길로 관로의 집을 찾아가서는, 하나뿐인 자식의 수명을 늘릴 방법을 가르쳐달라고 졸랐다. 관로가 "수명은 하늘이 정한 것이기 때문에 인간의 힘으로는 바꿀 수가 없다." 라고 말해도 막무가내였다.

　결국은 "좋은 술 한 통과 말린 사슴 고기를 준비해서, 내일 남산으로 찾아가시오. 큰 뽕나무 밑에서 두 노인이 바둑을 두고 있을 테니 그들 옆에서 술과 사슴고기를 권하시오. 권하기는 하되 절대로 말을 해서는 안 되고, 그저 잔이 비면 술을 따르고, 술을 마시면 안주를 손에 쥐어드리기만 하시오." 라고 하였다.

　다음날 술과 안주를 짊어지고 남산으로 들어가서 헤맨 끝에 바둑을 두는 두 노인을 찾을 수 있었다. 소년이 관로의 말대로 바둑을 두는 두 노인에게 술과 고기를 권했다. 두 노인은 바둑을 두느라 누가 권하는지 돌아보지도 않고, 그저 주는대로 술도 마시고 고기도 먹었다.

마침내 바둑이 끝나자 북쪽에 있던 붉은 옷을 입고 잘 생긴 노인이 "넌 누구냐? 왜 이곳에 온 거냐?" 하였더니, 소년이 울면서 수명을 늘려달라고 애원하였다. 그 노인(북두칠성의 신)이 황당해 하며 "안 된다." 라고 하였는데, 남쪽에 있던 흰옷을 입고 추하게 생긴 노인(남두육성의 신)이 "하는 수 없지. 관로의 짓이구먼. 아이가 가져 온 것을 무심코 먹어 버렸으니 어쩌겠나? 들어줍시다." 하며, 북쪽 노인의 수명장부를 달라고 해서는 19세에 죽는다고 써 있는 '十九(19세)'에, 한 획을 더 그어서 '九九(99세)'로 만들고는 학을 타고 하늘로 올라갔다. 술대접을 잘 해서 80세나 수명이 늘은 것이다.

(2) 북두칠성께 죽음을 연장해달라고 빈 제갈공명

 북두칠성의 신은 죽음을 관장하고 남두육성의 신은 새 생명을 태어나게 한다고 한다. 그래서 자식을 낳게 해달라는 기도는 남두육성에게 하고, 수명을 늘려달라고 하는 기도는 북두칠성을 보고 하는 것이다.

 하늘의 장군별을 본 제갈공명이 자신의 수명이 다했음을 직감했다. 죽음은 무섭지 않았지만, 한(漢)나라를 재건하겠다는 꿈과 어린 임금 유선의 울먹이는 얼굴이 교차되면서 죽음을 연기했으면 하는 생각이 들었다. 그래서 북두칠성께 빌기로 하였다.

 북두칠성의 일곱을 상징하여 사방으로 마흔 아홉 개의 촛불을 켠 단을 쌓고, 그 단을 사방으로 돌아가며 각기 일곱 명씩 모두 마흔 아홉 명에게 북두칠성이 그려진 깃발을 들고 지키게 하였다. 자신은 검은 도복을 입고 풀어헤친 머리로 입에 쌀알과 칼을 물고 절을 하며 기도하였다. 아마 49일을 무사히 넘겼으면, 그 정성을 가상히 여겨 수명이 연장되었을 수도 있었을 것이다.

그런데 적군이 쳐들어오는 것을 보고 다급해진 부하장수 위연이 단 위로 뛰어 오르며 "승상! 적이 쳐들어옵니다!" 하고 알려왔다. 그냥 알리기만 했으면 좋으련만, 급하게 막사 안으로 들어오면서 정성을 드리고 있던 단을 발로 차서 단 위의 촛불이 넘어져 꺼지고 말았다. 당황해하며 어쩔 줄 몰라하는 위연을 제갈공명이 위로하며, "이것도 하늘의 뜻이다. 각자 맡은 지역으로 돌아가 방비하라!" 하였다.

사실 간밤에 적장인 사마의가 천문을 살폈는데, 장군별이 지상으로 떨어지는가 싶다가 다시 올라가고, 떨어지는가 싶다가 다시 올라가기를 반복하다가 결국 떨어지는 것을 보고 제갈공명의 죽음을 확신하고 쳐들어 왔던 것이다.

그러고 보면 위연이 실수해서 촛불을 꺼버렸기 때문에 '죽음을 연장해달라'는 기도가 틀어졌다기보다, 그 이전에 북두칠성신이 장군별을 지상에 떨어지게 함으로써 '생명연장 불가'의 결정을 보여준 것이다. 앞서 소년이 부탁할 때도 북두칠성신은 거절을 하려 했고, 제갈공명의 기원도 들어주지 않은 것을 보면, 북두칠성신은 객관적이고 공정하며 냉정한 성격일 것이다. '차라리 역대 임금처럼 남극노인성에게 빌었으면 좋았을 것을…' 하는 생각이 든다.

(3) 북두칠성께 전달되어지는 영혼

사람이 죽으면 구멍을 일곱 개 뚫은 널판자에 시신을 올린 뒤 관에 안장한다. 이 널판자를 칠성판이라 하고, 요즘에는 구멍을 뚫는 대신에 그림으로 그려 넣기도 한다.

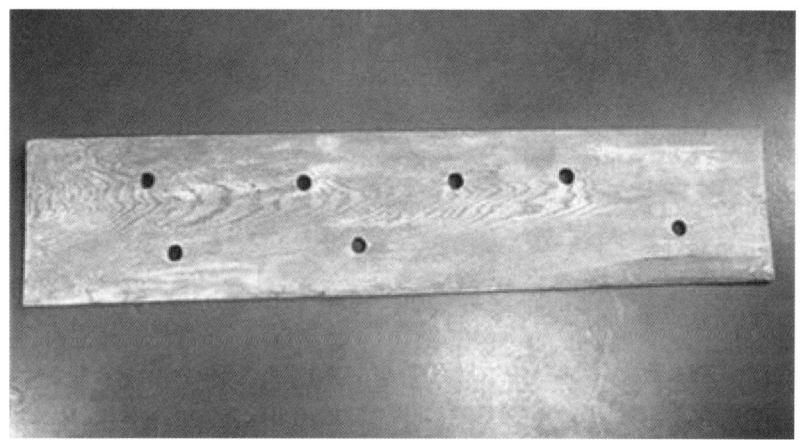

칠성판 : 북두칠성의 별에 해당하는 곳에 구멍을 뚫었다.

이 북두칠성을 상징하는 칠성판에 시신을 눕히면, 백은 땅에 묻히지만 혼은 하늘로 올라간다. 그러면 북두칠성의 신이 북두칠성이라는 국자로 영혼을 떠서 무게를 잰 뒤, 각기 보낼 곳으로 보내고, 나머지는 귀수(鬼宿: 남방칠수 중의 하나)에게 맡기는 것이다. 두수의 '두' 자는 '말 두(斗)' 자를 쓰는데, 곡식의 양을 재는 도구이다. 영혼의 무게를 재서 각자 해당되는 곳으로 보내는 것이다.

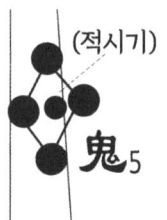

귀수(4개)와 그 안에 있는 적시기(1개), 「천상열차분야지도」에서는 이 두 별을 합해서 하나의 별자리로 보았으나, 연결선으로는 연결하지 않아서 두 개의 별자리로 보기도 하였다.

귀수는 남방 주작의 눈에 해당하는 별자리이다. 네 개의 별로 이루어진 주황색의 밝은 별인데, 그 안에 흰색의 기운뭉치가 있다. 천문에서는 이 기운을 '적시기(積尸氣)'[3] 즉 시신의 기운을 쌓아둔 것이라고 해서, 별은 아닌데 기운이 쌓여서 별처럼 보인다고 한다.

귀수의 '귀' 자도 '귀신 귀(鬼)' 자를 쓰는 것을 보면, 예로부터 영혼의 저장 곳간으로 써왔음을 알 수 있다. 즉 귀수에서 영혼을 잘 보관하고 있다가, 남두육성의 신이 새 생명이 필요하다고 하면 내주는 것이다. 그렇게 보면 하늘나라에는 영혼을 떠서 가두는 국자(북두칠성)와 다시 풀어주는 국자(남두육성)가 있어서, 지구에 사는 생명체의 수를 일정하게 유지한다고 볼 수 있다.

3] 「천상열차분야지도」에서 '적시(積尸)'는 두 군데 있다. 서방칠수 중의 루수(婁宿) 영역에 왕족의 공동묘지에 해당하는 '대릉'이 있는데, 그 안쪽으로 일반인의 공동묘지에 해당하는 '적시(積尸)'가 있다. 귀수 안에 있는 별도 '적시'로 보는데, '기운 기'자를 더 넣어서 '적시기'라고 한다. 영혼의 쉼터라는 뜻이다.

2. 장수왕의 남하정책과 노인성

그런데 탁본에 나오는 옛 천문도는, 왜 광개토대왕 시대의 도성인 국내성(國內城 : 위도 42~43도, 지금의 길림성 집안현)의 하늘을 그리지 않고 평양성(위도 38~39도)에서 바라본 하늘을 그렸을까? 또 국내성에 천문을 그린 돌비석을 두지 않고, 왜 대동강 근처에 두었을까?

역사를 살펴보면 그 즈음에 고구려 역사에서 중요한 일이 발생한 것을 알 수 있다. 427년에 국내성에서 평양성(平壤城)으로 도읍을 옮긴 것이다. 장수왕이 고구려 국왕이 된 지 14년만이다.

역사가들은 "광개토대왕 때부터 평양에 사찰을 짓는 등 남하정책의 뜻을 비쳤고, 또 국내성 일대에 뿌리 깊은 기반을 가진 귀족세력을 약화시키고, 국가운영을 뒷받침할 경제적 기반을 확대하기 위한 것이었다." 라고 한다. 귀족들의 권력과 재력을 약화시키는 방편으로, 그리고 새로운 국가운영을 위한 쇄신책이라는 것이다.

과연 그랬을까? 장수왕은 부왕(父王)이 돌아가셨을 때부터 부왕을 위한 무덤을 조성하였다. 그 결과 2년 만에 거대한 왕릉은 물론이고, 37톤이나 되는 화강암을 가져다 1,775개의 글자를 어른 주먹만 한 크기로 새길 정도로 웅장한 비석을 만들었다. 높이만 6.4m이다. 무덤을 지키는 수묘인(守墓人)과 수묘인이 경작해서 먹고 살 땅, 대를 이어 수묘할 것과 그들의 권리·의무까지 상세하게 설정했다.

어마어마한 규모의 무덤을 만들고, 또 역시 어마어마한 규모의 비석을 만들 정도의 능력이 있었다는 것은, 역사가들이 평가한 '귀족들의 권력과 재력'을 훨씬 능가하는 힘이었다. 소수림왕 때부터 불교를 받아들여 유교와 더불어 백성들 마음을 안정시켰고, 무엇 보다도 장수왕은 자랑스러운 광개토대왕의 아들이었다. 무엇을 견제하고 무슨 국가 경영을 쇄신한단 말인가?

오히려 높고 큰 백두산을 넘어 평양까지 도성을 옮기는 일이 더 위험한 일이었다. 자칫 국가가 두 동강 날 수 있는 모험이라는 뜻이다. 고구려의 영토와 백성의 대부분이 만주에 있는 상황에서, 단숨에 500km 떨어진 먼 곳으로 옮겨가고, 그것도 이동로가 험한 산맥과 강으로 가로막혀 다시 돌아오기도 힘든 곳으로, 더구나 선왕인 광개토대왕의 무덤도 뒤로 한 채 감행하는 모험인 것이다.

하지만 장수왕은 천도를 감행했다. 위도로 볼 때 4도나 남쪽 아래로 도성을 옮긴 것이다. 평양성으로 천도한 것으로 그치지 않고, 계속 남쪽으로 영토를 늘리며 내려갔다.

광개토대왕 때 만주를 점령해 가던 것을 이어서 요동반도를 포함한 요하의 동쪽, 서북쪽으로는 선양을 넘어 시라무렌 강에서 몽골 땅을 바라보았고, 북쪽으로는 송화강 평야를 중심으로 하르

장수왕의 평양성 천도와 남하정책

빈 지역까지 점령했고, 동북쪽으로는 블라디보스토크의 경계와 그 아래 지역을 차지했다. 심지어 북경 근처까지 진출했다는 설도 있다. 이러던 북벌을 마무리하고, 평양성으로 천도해서부터는 충주와 금강 일대까지 내려갔다. 이렇게 북벌에서 남벌로 정책을 바꾸는 데에는 특별한 이유가 있었으리라.

1) 노인성의 역할

　잠깐만 보아도 장수하게 된다는 남극노인성(南極老人星)은 추분 때부터 이듬해 춘분 때까지 볼 수 있다. 쉽게 말해서 겨울에 보이는 별이다. 남극노인성을 줄여서 노인성이라 하고, 또 오래 살게 하는 별이라 해서 수성(壽星)이라고도 한다.

　'남극'이라는 명칭에서도 알 수 있듯이, 제주도 서귀포 남단에서나 관찰되는 보기 어려운 남쪽별이지만, 나라가 태평할 때 나타나서 임금의 장수를 기원하는 별이라고 해서 역대 임금이 '평생에 한 번이라도 보았으면…' 하고 기원하는 별이다.

남극노인 할아버지

노인성을 지키는 신령할아버지는 민화에 자주 등장한다. 아마도 수명과 복을 준다 하여 한 장씩 그려서 거처하는 곳에 붙여놓았는가 보다. 그 신령할아버지는 머리가 유난히 높이 솟아올라서 얼굴과 몸의 크기가 거의 반반으로 2등신에 가까운데, 불그스레한 얼굴빛에 길게 기른 백발수염이 땅까지 닿는 인심 좋게 생긴 할아버지의 모습이다.

임금님이 정치를 잘하면 인간 세상에 놀러 와서 술을 잔뜩 마시고 올라가는데, 노인성 할아버지를 본 사람은 누구나 오랫동안 무병장수한다고 하여, 춘분과 추분, 특히 추분에는 임금도 단을 쌓고 제사를 올리는 것이다.

2) 고려 의종의 노인성 착각

노인성과 달리 '이리 낭'자를 쓰는 낭성(狼星)은 몰래 침략하는 이민족의 장수, 또는 반역하는 장수를 뜻한다. 서양 별자리의 큰개자리 중에 제일 밝은 별인 시리우스이다. 이 별이 꿩을 뜻하는 야계성(野鷄星)을 호시탐탐 노리므로, 활을 뜻하는 호성(弧星)과 화살을 뜻하는 시성(矢星)이 바로 옆에 떠서, 언제라도 낭성을 향해 발사할 준비를 하는 모습으로 있다. 천문에서는 이 별들의 상태를 보고 이민족이 쳐들어오거나, 내란이 일어날 것을 미리 예측하는 것이다.

낭성은 노인성 보다 더 잘 보여서 자칫 노인성과 착각하기도 한다. 고려 의종 때(1170년)의 일이다. 낭성이 남쪽에 나타났는데, 서해도 안찰사 박순가가 노인성이라 하여 급히 아뢰었다.

그래서 임금이 직접 궁궐에서 제사지내는 것은 물론이고, 전국의 노인당(老人堂)에서도 그 출현을 축하하는 제사를 지내게 하는 등 연회를 베풀며 태평성대를 치하했다. 임금이나 신하나 자신들이 엉터리 정치를 했다는 것은 까맣게 잊고, 노인성이 줄 복만 잔뜩 기대하며 잔치를 벌인 것이다.

결국 두 달도 채 지나지 않아서 정중부 등이 쿠테타를 일으키니, 임금은 쫓겨나서 죽임을 당하고 아부하던 신하들은 모두 죽임을 당했다.

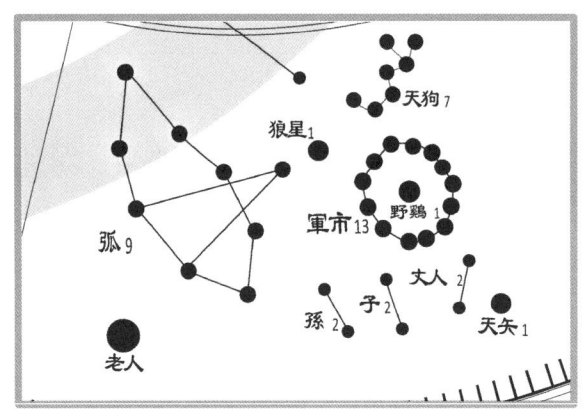

남극노인성과 낭성을 경계하고 있는 호성, 낭성은 군시(야외 시장) 안에 있는 야계(꿩)를 노리고 있다. 호성(활)에 장전된 시성(화살)이 낭성(이리)을 향해 일직선으로 있어야 평화워진다고 한다.

3) 세종대왕의 노인성 사랑

세종대왕 때(1424년) 서귀포 남단으로 윤사웅 등 일관을 보내서 노인성을 관찰하게 했다. 다음은 『연려실기술』에 나오는 내용이다.[4]

> 세종 7년 5월 7일 밤에 임금이 친히 관상감 안에 설치된 첨성대에 가서 규관(窺管)을 들여다 보고 측후하면서 "노인성이 어디에 있는가?" 하니, 윤사웅 등이 남쪽 하늘을 가리키며 "남극 노인성이 저기에 있사온데 시력이 모자라 보이지 않습니다. 제주도 한라산의 남단 높은 곳이나 서북쪽의 백두산·설한호(雪漢岾) 상봉에 올라가면 보인다 하오나, 살펴볼 길이 없습니다." 하였다. 임금이 윤사웅을 제주도로 가게 하고, 이무림과 최천구는 백두산과 설한호로 나누어 보내면서, 금년 추분으로부터 내년 춘분까지 남극 노인성을 보고오라 하며 그 다음날로 가게 하였다.
>
> 세종 8년 5월에 세 사람이 모두 구름이 끼었기 때문에 보지 못하였다고 장계를 올리고 돌아왔다.
>
> 세종 12년 정월에 다시 또 세 사람에게 각각 관측하러 가게 하였다. 10월에 이무림·최천구는 바다가 어두워 남극성을 보지 못했다고 하였다. 12월에 윤사웅이 춘분에는

4] 『연려실기술』, 「별집 제15권, 천문전고(天文典故)」(『서운등록書雲謄錄』 출전)

보지 못했으나, 추분에는 바다가 맑고 하늘이 개어 남극성을 보았다고 하면서 그림을 그려왔다. 임금이 친히 첨성대에 왕림해서 자세히 묻고 술을 주고 벼슬을 높여주었다.

세 사람 모두 세종대왕이 아끼는 일관이었다. 먼 곳으로 발령도 못 내고, 언제든지 부를 수 있는 경기도의 고을 사또로 임명했다가 필요할 때마다 불러들이곤 하였는데, 그런 그들을 도성에서 한참 떨어진 백두산이나 한라산으로 보냈고, 그것도 추분에서 춘분까지 반년씩이나 출장을 보내기를 5년 터울로 한 것이다.

그리곤 드디어 노인성을 관찰했다는 신하의 말에 말할 수 없이 흥분해서, 관찰한 별을 그림으로 그리라 해서 보곤 또 기뻐하며, 신하가 근무하는 첨성대까지 직접 가서 묻고 또 묻기를 여러번 한 뒤에 곧바로 승진까지 시켜준 것이다. 세종대왕이 남극노인성 보기를 얼마나 갈구했는지 알 수 있는 대목이다.

남극노인성을 보았다고 신이 났던 세종대왕도, 세종 31년에 천시원 영역과 미수 영역을 떠돌아다니던 혜성을 걱정하다가, 신하들의 반대로 그렇게 원하던 기도 행사도 한번 못해보고 혜성이 뜬 지 3개월 만에 승하하고 말았다.

전 서운관 판관 신희(申熙)가 22일에 아뢰기를, "12월 12일에 혜성이 동쪽의 천시원에 나타났었으나, 그 뒤 구름이 자욱하여 관측할 수 없더니, 21일에 또 다시 천시원에 나타났는데 꼬리의 길이는 5~6척 되었습니다. 천시원은 인마궁(송나라)과 미수(尾宿)의 도수에 해당합니다." 하니, 이순지와 김담에게 명하여 관찰하게 하였다.5]

이튿날(23일)에 임금께서 하연·황보인·박종우·정갑손·정인지·허후 등을 불러서 "지금 혜성이 현도와 낙랑의 분야에 나타났다. 재변을 면하게 하는 방법을 강구해야 하지 않겠는가? 고려 때에는 혜성이 나타나면 비록 우리나라의 분야가 아니더라도, 재변을 사라지게 하는 일을 다 하였다. 이제 이 혜성이 우리나라 분야와 관계없다고 하지만, 재변을 사라지게 할 일을 행했다고 해서 또한 무슨 해가 되겠는가?"

신하들이 입을 모아서 "옛사람은 재변이 있으면 '두려워하며 반성하여야 한다.' 하였으니, 성상의 뜻이 매우 좋습니다. 다만 백성을 편히 쉬게 하고 군사를 양성하는 것이 더 시급하고, 또 재변을 없애는 도량[道場]을 설치하는 것은 고려의 폐법(弊法)입니다. 어찌 그것이 하늘의 재변을 그치게 하겠습니까?" 임금이 "그리도 반대한다면, 짐이 마음속으로 두려워하며 반성하겠다."6] 하였다.

5] 『조선왕조실록』, 「세종 31년(1449)」 12월 22일
6] 『조선왕조실록』, 「세종 31년(1449)」 12월 23일

위의 인용문은 세종대왕의 아이러니 또는 이중성이라고 볼 수 있는 대화이다. 과학기술에 그렇게 목을 매며 연구하고, 기술자라면 노비출신도 벼슬을 주어가며 우대했던 세종대왕이, 천문현상에 대해 우려하며 푸닥거리를 하고 싶어 했다는 것이다.

천문에서 천시원은 종대부·종정·종인·종성 등 임금과 임금의 친척에 관한 일과 시장의 물가를 살피는 역할을 하는 곳이다. 또 미수와 기수 영역은 만주와 우리나라에 해당된다고 알려져 왔다. 당시 대왕은 고혈압과 당뇨에 이은 중풍 등으로 몸이 안 좋았고, 또 세자(문종)도 몸이 약했다. 그래서 '나 아니면 세자가 죽을 것이다' 라고 근심했는데, 혜성이 뜬 지 석 달 만에 세종대왕이 승하한 것이다.

결론적으로 말하면 세종대왕이 옳았는지도 모른다. 지금 세상에 천문점을 믿는 사람은 드물겠지만, 지병에 근심이라는 우환이 더해져서 54세라는 젊은 나이에 타계한 대왕을 생각하면, 비용을 들여서라도 그 근심걱정을 덜어주었더라면, 오히려 백성에게는 복이 되지 않았을까 하는 아쉬움도 있다.

4) 오래 살고 싶은 장수왕

고구려의 장수왕은 선대가 모두 단명하였다. 백제 근초고왕이 평양까지 쳐들어 왔을 때, 고국원왕(16대)이 직접 진두지휘를 하다가 화살에 맞아 죽었다(371년). 그 뒤를 이은 17대 소수림왕(37

1~384년)이 후사 없이 재위 13년 만에 죽게 되자 동생 고국양왕(1
8대, 384~391년)이 등극했지만 7년 만에 죽었고, 그 뒤를 이은 광
개토대왕(19대, 391~412년)이 17세의 어린 나이로 임금이 되어 국
가를 부흥시켰지만 그 역시 39세라는 한창 나이에 죽고 말았다.

　광개토대왕이 좀 더 오래 살았더라면 고구려가 동아시아 나아
가 아시아를 모두 평정했을 수도 있다. 짧은 시간에 만주를 비롯
한 한반도 전역을 평정한 영특한 임금이었기 때문이다.
　이미 확보한 광대한 영토와 든든한 국가경영체제가 있었기 때문
에, 더 이상의 영토확장 보다는 후대에 물려줄 왕권의 안정이 더 절
실했을 것이고, 그 것은 또한 그의 장수에 대한 남다른 욕구로 드러
났을지 모를 일이다.
　개인적인 욕심이라기보다도, 원만한 정권교체를 하고 국가를
반석에 올려놓으려면 임금자리에 있는 기간이 길어야 하고, 그래
야 일관되고 장기적이며 안정된 정책을 펼 수 있기 때문이다.
　그런 장수왕에게는 남극노인성이 집착을 걸만한 희망이었을
것이다. 남극노인성을 보면 장수할 것이고, 그러면 국가를 부흥
시키고 후대에 잘 전할 수 있으리라는 꿈을 가졌을 것이다. 그의
사후 시호도 오래 산 왕이라는 뜻의 장수왕(長壽王)이 아니었던
가?
　그러려면 더욱 더 남쪽으로 내려가 노인성과 가까워져야 한다
는 생각에 남하정책을 폈을 수도 있다. 더구나 평양성은 그 이전

에도 이미 도성으로써의 역할을 하지 않았던가?

> 병인년(246년), 고구려가 위나라 유주자사 관구검의 침입을 받아 환도성을 버리고 왕이 남옥저로 달아났다. 위나라 병사가 물러나자 다시 평양을 도읍으로 했다.7]

남하정책에 대해서 추측을 가능하게 하는 자료가 「천상열차분야지도」에 표시된 노인성이다. 우리나라 천문기법이 밝은 별은 크게 그린다지만, 「천상열차분야지도」의 1,467개의 별 중에서 제일 크다. 그냥 큰 정도가 아니라 눈에 확 뜨일 정도로 크다.

노인성은 국내성은 물론이고 평양성에서는 보기 어려운 별이다. 백두산 같이 아주 높은 산에 올라가거나, 제주도의 서귀포 남단같이 남쪽으로 가야 보이는 남쪽 하늘의 별이기 때문이다. 그렇게 보기 어려운 별을 그렇게 크게 그렸다는 것은 목적성이 있는 것이다. 앞서 세종대왕이 별을 관측한 내용을 그린 그림만 보고도 신이 났다고 하였듯이, 장수왕도 돌에 새긴 천문도에서 노인성을 보기만 해도 좋았으리라고 생각한다면 지나친 오해일까?

조선 초에 「천상열차분야지도」를 새기면서 노인성을 새로 새겨 넣었다는 말도 없고, 더 크게 그려놓았다는 말도 없다. 또 태조가 세종대왕처럼 유난히 노인성을 좋아했다는 기록도 없다. 옛

7] 신익성, 『강절선생 황극경세서 동사보편통재』, 「경세지술 2243」

날 고구려시대부터 그렇게 크게 그려져 온 것이라는 생각이 타당할 것이다.

사방팔방으로 영토를 확장하며 백성들을 어루만지려면, 천문도와 지도 그리고 인적사항을 알 수 있는 호적이 필요하다.

> 패공(한나라 고조)이 서쪽으로 함양성(진나라 수도)에 들어가니, 장수들이 다투어서 황금과 비단 등 재물이 있는 창고로 달려가서 나누어 가졌다. 그런데 소하(蕭何)는 진나라 승상부에서 지도와 호적을 걷어서 간직하니, 이런 덕분에 패공이 천하의 요새와 험준한 곳과 호구의 많고 적음과 강하고 약한 데를 알게 되었다.[8]

천문을 알아야 방위와 시각을 알 수 있는 것이다. 그래서 천문과학이 발달했고, 노인성을 실물 밝기보다 크게 그림으로써 임금의 장수에 대한 희망을 담았을 것이다.

광개토대왕의 후광을 받아 거대제국의 왕이 된 장수왕이, 국가의 역량을 모아 천문도를 제작해서 돌에 새겼다. 국가를 건국하고, 제2의 도약을 할 때, 조상을 생각하고, 그 조상의 조상을 위로 위로 계속 올라가다 보면 하늘이 있다. 천제의 후손이라고 생각한 장수왕이 천문을 중시하지 않을 수 없었을 것이다.

8] 『자치통감』, 「한기, 태조고황제 상지상」

2장. 장수왕과 태조의 만남

1. 천명의 상징 천문도를 얻다

1) 왕씨를 이어서 이씨가 왕을 하라

 천문도를 만들 당시 조선의 태조 이성계는 명나라 황제로부터 '조선'이라는 국호만 받고 아직 국왕으로 책봉되지 못한 '권지국사(權知國事)'였다. 임시로 나랏일을 맡은 사람이라는 뜻이니, 요즘 말로 임시직이다. 고려로부터 임금의 자리를 찬탈했다는 오명을 벗어나지 못한 것이다. 중국 등 주변국에서만 그렇게 생각한 것이 아니고, 조선의 관리계층이나 백성들 역시 그런 생각을 가진 자가 많았다.

 그런데 어느 날 왕조 교체의 당위를 뒷받침해줄 천명의 징표를 손에 넣게 된다. 장수왕 때 만들어졌으나 고구려가 멸망할 때의 전쟁으로 잃어버렸던 천문도 탁본 하나가 손안에 들어온 것이다. 조선의 정통성을 입증할 만한 귀중한 자료였다.

 천문이 무엇인가? 천명을 만백성에게 보여주는 하늘의 명령 아니던가? 천문을 살펴서 농사를 짓는 일부터, 전쟁을 하는 일까지, 일상생활의 모든 때를 가르쳐 주는 것이다. 중국의 성군이라는 요임금 순임금도 천문을 살피기 위해 많은 노력을 하지 않았는가? 오래전에 잃어버렸던 천문도를 손에 넣었다는 것만으로도, 왕조교체가 하늘의 명령에 의한 것임을 만백성에게 보여줄 수 있는 명백한 징표를 얻은 것과 같았다.

> 요임금이 희씨와 화씨에게 명령하셨다. "경건한 마음으로 하늘을 따르라. 해와 달과 별들의 운행을 살피고 본받아, 진실하게 사람들에게 때를 알려주라.…, 너희 희씨와 화씨야! 일년은 366일이니 윤달을 만들어야 사시가 확정되고 1년이 맞게 되어, 모든 관리들을 다스릴 수 있고 그 일들이 다 빛날 것이다."9]

천문을 살펴서 얻은 책력으로 백성들에게 시간을 가르쳐주는 일은, 4000년 전 요임금 때나 현대과학문명 시대를 사는 요즈음에도 무척 중요했던 일이다. 더욱이 농사의 때를 알아야 했던 옛 시절에는 그 중요성이 더욱 절실했다.

이렇게 천문도를 얻은 태조는 '지금 중성이 바뀌고 일월 오성의 운행이 바뀌었으니, 천명을 살펴서 나라의 정치를 새롭게 하라고 하늘이 나에게 천문도를 얻게 한 것'이라고 생각했을 것이다.

9] 『서경』, 「우서, 요전」

고려시대에는 토기운이 왕성했다. 그래서 왕씨가 임금이 되어 삼국으로 나뉜 나라를 하나로 융합하고 조절하는 정책을 편 것이다.[10] 이제 목기운이 왕성해져서 백성이 잘 살도록 보살펴야 하니, 목기운을 타고 태어난 나 이성계[11]가 임금이 되는 것이 맞다. 하늘에서도 그 뜻을 알리려고 천문도를 보내오지 않았는가?

그때까지 "왕씨에서 이씨로 성씨만 바꾼 것이 아닌가?" 하는 의심이 있었기 때문에, 나라이름도 '고려'를 그대로 썼고, 어전회의를 할 때도 신하와 똑같이 일어서서 했다. 태조 스스로가 신하 중의 대표일 뿐 임금이 아니라고 생각한 것이다.

그런데 천명을 상징하는 천문도를 얻었다. 그것도 오래 전에 사라져서 그 존재마저 희미했던 천문도가 왕조를 세우자마자 나타난 것이다.

10] 토(土)기운은 융합하고 조절하는 역할을 한다. 고려시대에는 토기운이 왕성해서, "고려 태조 8년 봄에 길이 16m나 되는 지렁이가 왕궁의 동쪽에서 나왔다"라는 기록이 있을 정도였다. 그래서 그런지 지렁이의 정기를 타고 태어났다는 견훤이 임금이 되려 했고, 궁예는 토기운이 있다는 불교 그중에서도 미륵보살의 화신이라고 주장했으며, 왕건의 성씨인 '왕(王)'도 '土(토)+一(일)'로 토기운의 성씨를 택했다.

11] 이성계의 성씨인 '오얏 이(李)'를 파자해보면, '木(목)+子(자)'로 목기운의 자식이라는 뜻이다. 그래서 "용손십이진(龍孫十二盡 : 왕건의 자손이 12대만에 망하고, 십팔자위왕(十八子爲王 : 이씨가 왕을 하리라)" 또는 "목자득국(木子得國 : 이씨가 나라를 얻으리라)"라는 참언이 나돌고, 그에 대응하여 토기운을 극하는 목기운이 왕성해지는 것을 막는다 해서, 목기운을 없애기 위해서 한양에 오얏나무(李)를 잔뜩 심었다가 무성해지면 베는 일을 해마다 하였다.

"내가 임금자리가 탐이 나서 국가를 세운 것이 아니고, 세상을 운행하는 음양오행의 기운이 바뀌어서, 새로운 정책을 펼 임금이 필요하다는 천명이 내려서 임금이 된 것이다. 그래서 사라졌던 천문도가 나타난 것이다." 라는 생각에, 불안하고 찜찜했던 마음이 일시에 걷혔다. 새로운 나라를 세우자고 하는 신하에게도 좋은 명분이 되었고, 반대하는 신하를 대하기도 당당해졌다. 무엇보다도 백성을 위한 정치를 하겠다고 주장하던 자신에게 떳떳한 것이 무엇보다 좋았다.

태조는 곧바로 류방택에게 명하여 천문도 탁본을 돌에 새기게 하였고, 류방택 등이 1년에 걸쳐 중성을 수정해서 돌에 새긴 것이 「천상열차분야지도」이다.

> 「천상열차분야지도」를 만든 공으로 류방택에게 개국 1등공신의 상을 주려하였으나 굳게 사양하였다.[12]

이 기록만으로도, 태조가 한 장 얻은 천문도 탁본을 얼마나 중시하였는지 알 수 있다. 개국 1등공신은 나라를 세우는 데 아주 큰 공이 있는 사람에게만 주는 특별한 대접이고 처우였기 때문이다.

당시에는 천문도 뿐만 아니라, 태조가 나라를 얻은 것이 하늘

12] 『교은선생 문집(郊隱先生文集)』, 「금헌 류공 행장(琴軒柳公行狀)」

의 뜻에 부합되고, 천명이 돌아가는 도수에도 부합된다는 설을 가능한 많이 유포하고 또 그렇게 믿기를 바랐다. 그런 바람과 정당성은 나라를 세운지 500년이 다 되어가는 고종황제 때까지 이어졌다. 고종 5년에 강관(講官) 정기세(鄭基世)와의 대화에서도 잘 나타나 있다.

중국의 요(堯)임금이 즉위한 갑진년(B.C.2357)에서 명나라 태조가 등극한 무신년(1368)까지 3천 7백 25년인데, 국조이신 단군께서 등극한 무진년(B.C.2333)에서 우리 조선의 태조께서 등극하신 임신년(1392)까지가 역시 3천 7백 25년이 되니, 우리 동방의 기수(氣數)와 중국의 기수가 서로 부절(符節)같이 부합하는 것으로, 그 또한 신기한 일입니다.[13]

『신증동국여지승람』에도 기록된 위와 같은 글귀도, 조선의 태조가 등극한 것이 명나라 황제가 등극한 것처럼 도수와 이치에 맞고, 신기하게도 하늘의 명령과 사람이 계획해서 실천한 일이 부합된다고 강조했던 것이다.

13] 『승정원일기, 고종 5년』

2) 실무자를 우대한 조선

「천상열차분야지도」의 구성을 살펴보면, 천문도 하단에 조선의 천문지식을 기술한 「인재」, 천문도의 제작경위와 내력이 담긴 「지재」가 있다. 이 글의 일부를 기술한 양촌 권근의 문집인 『양촌집』을 살펴보면, 권근이 「인재」와 「지재」를 모두 쓴 것이 아니라는 단서가 나온다.

『양촌집』의 「天文圖誌천문도지」에는 "右天文圖(이상의 천문도는)"로 시작해서 "信矣哉(틀림이 없습니다). 홍무 28년 겨울 12월" 만 적혀있지, 「인재」의 내용은 물론이고, 「지재」의 "가정대부"로 시작하는 자신의 관등성명과 류방택·설경수 등의 관등성명, 그리고 "서운관"으로 시작하는 도움을 준 사람들의 관등성명이 빠져있는 것이다.

한 사람의 일생에 걸쳐 창작한 모든 글을 싣는 문집에, 「천상열차분야지도」 같이 국가적으로 중대한 역사에 글을 썼는데, 그 소중하고 영광된 글을 빼놓고 안 실을 리가 없다. 본인은 물론 가문의 영광에 해당하는 글이기 때문이다.

그렇다면 「인재」의 내용은 당시 천문에 관한 지식을 적은 글이므로 서운관 관리가 쓴 것이고, 「지재」 중간의 "가정대부, …. 김후" 등의 글도 권근이 쓴 것이 아니라는 추측을 해볼 수 있다.

권근·류방택·설경수 등의 관등성명과 서운관 사람들의 관등성명을 부기한 것은 매우 특이한 사실이다. 책임자뿐만 아니라 실무자의 이름을 드러냄으로써, 일을 시킨 사람과 실질적으로 일한 사람을 우대한 명실상부한 사업이고, 앞으로 조선은 이렇게 실무자를 우대하는 나라가 될 것이라고 천명한 것이기 때문이다.

그렇다면 어떤 연유로 권근이 쓰지도 않은 내용이「천상열차분야지도」에 들어갔을까? 여기에서 우리는 새로운 왕조의 건국이념을 보여주려는 태조의 강력한 의도를 엿보게 된다.

권근이「천상열차분야지도」의 제작 경과보고서인「지」를 써서 태조에게 바쳤을 때, "왜 실무자의 이름이 빠졌는가?" 하는 호통이 있었을 것이다. 임금이나 책임자의 이름을 넣는 일은 혹 가능했지만, 실무자의 이름, 그것도 도움을 준 사람의 이름까지 넣는다는 것을 권근은 상상도 못했을 것이다. 더구나 건국의 대명분이 될 건국 이래 가장 큰 사업이 아니었겠는가?

그래서 자신의 관등성명은 물론 실무자의 관등성명을 모두 뺐을 것이다. 더구나 서운관 사람들이 모두「천상열차분야지도」를 제작할 때 꼭 필요했던 실무자라는 보장도 없지 않은가?

혜성의 꼬리가 매우 컸다. 임금이 하륜에게 말하기를, "서운관 판사 황하준과 지거원 등은 모두 천문과 지리를 잘 알지 못하는 자들인데도 오래도록 서운관 판사로 있으니, 나이 젊고 똑똑한 사람을 뽑아 천문과 지리를 가르침이 옳겠다.[14]

임금이 문소전에 나아가서 단오 별제를 행하고, 서운관

부정 김후와 서운관장루 박영생 등을 의금부에 가두게 하
니, 별제를 지낼 시각을 잘못 보고했기 때문이었다.15]

'지거원·김후' 등은 「천상열차분야지도」에 이름을 새긴 사람들
이지만, 위의 인용글에서 보듯이 뒷날에 서운관 관리로서는 무능
하다는 평가를 받았다. 그러니 「천상열차분야지도」를 제작할 당
시에는 더욱더 천문을 몰랐을 것이다. 그것을 영특한 태조가 몰
랐을 리 없다.

그러나 짐짓 그들을 포용하고 그 공을 높이 사서 「천상열차분
야지도」 뒤에 실어준 것은, 새 나라에서는 실질적으로 일하고 열
심히 노력한 사람들을 높이 평가한다는 태조의 건국이념을 실천
하고자 한 것일 것이다.

14] 『조선왕조실록』, 「태종 2년 임오(1402년), 2월 5일」
15] 『조선왕조실록』, 「태종 16년 병신(1416년 5월 3일)」

2. 고구려의 숨결을 이어받다

1) 남중하는 별을 바로잡다

  태조 이성계는 천명의 증표인 천문도가 나타났다는 사실을 시급하게 널리 알리고자, 천문도 탁본을 서운관에 보내 돌에 새기도록 하였다.

  그러나 막상 돌에 새기려다 보니 탁본으로 전해진 천문도가 너무 오래전 것이어서, 조선 초의 하늘에 뜨는 별자리와 시간이 맞지 않았다. 춘분점과 추분점, 그리고 동지와 하지는 물론이고, 새벽에 남중하는 별과 해질 때 남중하는 별이 달랐다.

> 이에 서운관에서 전하께 아뢰기를 "이 천문도는 세월이 오래되어 별의 도수에 차이가 나니, 다시 도수를 측정해서 지금의 중춘·중하·중추·중동의 초저녁과 새벽에 중천에 뜨는 중성(中星)을 바로잡아 정성껏 새로운 천문도를 만들어서 후세에 보여 주도록 하소서!" 라고 하였다. 임금께서 그 말을 옳게 여기셨다.[16]

  위의 「천상열차분야지도」에 실린 글에서도 알 수 있다시피, 탁본에는 별 그림뿐만 아니라 중성에 대한 기록도 있었던 것 같다.

16] 「천상열차분야지도」의 「지재(地才)」

또 도수(度數)라면 북극성에서 해당 별자리까지의 거리인 거극분도와 「정(丁)」원에 찍힌 365개의 작은 선이 가리키는 영역선을 말한다. 이 거극분도와 영역선의 도수를 알면 별이 측정된 시기를 알 수 있어, 옛 탁본이 만들어진 시기를 알 수 있는 것이다.

서운관에서는 이러한 문제를 태조에게 보고하였고, 이후 류방택(柳方澤)을 중심으로 여러 천문관이 그 당시 한양에서 바라본 별과 24절기를 맞추어서 「중성기(中星記)」를 만들었다. 꼬박 1년이라는 세월동안 관측해서 이룬 쾌거였다.

당시만 해도 하늘 전체를 볼 수 있는 통천문도(通天文圖)가 없었고, 있다 해도 「천상열차분야지도」만큼 정밀하고 자세한 천문도가 아니었다. 그런데 고구려시대에 만들어진 통천문도가 탁본으로 전해져서, 조선 건국초기의 천문학자들에 의해 수정되어 새겨질 수 있었던 것이다. 고구려와 조선의 천문과학기술이 융합하여 역사에 남을 대역사가 이뤄진 것이다.

하늘의 별은 봄에 볼 수 있는 별과, 여름에 볼 수 있는 별이 다르다. 즉 계절에 따라 볼 수 있는 별이 다르다. 그래서 당시 대부분의 천문도는 계절을 고려하지 않고 28조각이나 31조각으로 나눈 부분도만 그렸다. 큰 종이를 구하기도 어려웠지만, 가장 큰 이유는 계절마다 볼 수 있는 별이 한정적이었기 때문이다. 그러나 이렇게 작성한 부분 천문도는 사계절에 걸쳐 뜨는 별을 한 눈에 살피지 못한다는 한계가 있었다. 다시 말해서 24절기와 대비된 별을 한 눈에 볼 수 없었다는 것이다.

이를 해결하려면 전체 하늘 천문도, 즉 사계절에 뜨는 별을 모두 모아 놓은 통천문도가 필요했다. 물론 통천문도뿐만 아니라, 어느 계절에 뜨는 별인지를 설명할 수 있어야 했다.

문헌적으로 보면, 전체 하늘 천문도는 수나라 문제(재위 581~604년) 때 유계재(庾季才)가 만든 「개도(蓋圖)」가 최초라고 한다. 「개도」는 하늘이 지구를 덮은 듯한 모양새의 천문도라는 뜻이다. 통천문도인 「개도」는 천추를 중심으로 해서 35도에 해당하는 원을 적도로 삼고, 147도에 해당하는 원을 지평선으로 삼았다고 한다.

2) 고구려와 조선의 만남

여기서 우리는 태조가 손에 넣어 수정한 천상열차분야지도의 연대적 특징을 한 번 살펴볼 필요가 있다. 현대 천문학을 활용한 성도 연대분석에서는 천상열차분야지도 중심부인 주극선의 별자리는 1380~1400년, 주변부 별자리는 서기 0년 전후의 것이라고 한다. 연대 분석대로라면 고구려(B.C.75~668년) 초기에 만들어진 천문도를 조선 초기(1394~1395)에 다시 수정해서 새겼다고 볼 수 있다

이 말은 곧, 천상열차분야지도 중심부의 별과 「중성기」는 조선 서운관에서 추산해서 수정한 것이고, 주극선 밖의 28수 부분은 고구려 사람에 의해서 추산한 별자리라는 것이다.

천문을 살피는 것은 시간을 살피는 일이므로 국가의 가장 중

요한 일이기는 하지만, 천문도를 제작하는 일이 워낙 방대하고 어려운 일이므로 특별한 경우가 아니면 할 수 없는 거대한 국책사업이다.

그렇다면 고구려 시대에도 천문도를 만들어야 하는 중대한 일이 있었을 것이다. 나중에 자세하게 언급하겠지만 고구려의 국가적 정책을 정하고 변화하게 한 중대한 일이 있었으니, 바로 장수왕 시절(427년) 국내성에서 평양성으로의 천도다.

정묘년(427년) 고구려가 평양으로 도성을 옮겼다.[17]

장수왕은 427년에 국내성에서 평양성(平壤城)으로 도성을 옮겼다. 도성을 옮기는 큰일을 할 때 당연히 대의명분이 필요했을 것이고, 그것이 천명에 의한 것임을 증명해야 했을 것이니, 만약 그 중의 하나가 천문도라고 하면「천상열차분야지도」의 모본이 되는 천문도는 427년 전후로 만들어졌을 가능성이 높다(1부의 2장-4 참조).

만약 태조가 받아 수정한「천상열차분야지도」가 고구려 장수왕 때 만들어졌다면, 중국의 유계재가 그린「개도(581~604년 제작)」보다 적어도 150년 앞서는 통천문도를 만들었다는 설이 가능하다.

17] 신익성,『강절선생 황극경세서 동사보편통재』,「경세지진 2249」

갑인(B.C.7)년 유리왕 12년이다. 봄 정월에 형혹성(화성)이 떠서 심수(心宿)자리에 머물렀다. 일관 영호고가 아뢰기를 "신이 듣기를 '형혹성은 벌(罰)을 주는 별이라고도 하는데, 형혹성이 지나가게 되면 병란이 있고, 머무르면 나라가 망한다고 합니다. 지금 이 별이 우리 도성분야에 오랫동안 머물렀으니, 매우 좋지 못한 징조입니다. 원컨대 대왕께서는 정치를 덕 있게 하셔서, 밖으로는 강한 이웃과 척지지 마시고 안으로는 백성들을 안정시키십시오."[18]

고구려 사람들은 무덤에 별자리를 그렸을 정도로, 기원전부터 천문에 관심을 가져 천문지식을 쌓았고, 광개토대왕비 같이 업적과 역사를 비석에 새겨 후손에 전할 만큼 금석문자를 새기는데 능하였다.

「천상열차분야지도」라는 탁월한 전체천문도의 탄생이 가능한 것도 고구려인들의 천문지식과 금석에 새기는 기술을 이어받은 데다, 적극적인 교류를 통하여 여러 나라의 지식을 받아들이고, 외국 사람들을 우대하며 이민을 받아들이는 등 활발하게 그 세계를 넓힌 조선 초의 천문지식이 합해진 때문이다.

「천상열차분야지도」에 송설체로 글씨를 쓴 설경수도 위구르에서 아버지 설손을 따라 이주한 이민 1세였다.

18] 김택영, 『한국역대소사』, 「제3권, 기씨마한기」

근사재 설손의 후손인 설근이 『근사재 일고』를 가지고 있었는데, …, 이 책의 표지 아래에 "별장 성균관 생원 설경수가 글씨를 모사해 썼다. 홍무 5년(1372년) 10월에 간행했다." 고 쓰여 있었다. 설경수가 유성현의 글씨를 모사한 것인데 매우 정미롭지 못했다.

그 뒤 23년이 흘러 을해년(1395년)에, 설경수가 교서감으로서 교지를 받들어 검은 돌에 「천상열차분야지도」의 내용글씨를 썼는데, 송설체를 쓰는 기술이 23년 전 보다 훨씬 뛰어났다.[19]

19] 남극관, 『몽예집』, 「근사재 일고」

3. 고구려 천문도의 흔적

28수에 대해 지금과 같은 이름이 정해진 것은 B.C.120년경 출간된 『회남자』를 전후해서이다. 「진」·「사」·「오」·「미」 직사각형의 내용은 옛 탁본 천문도에 대한 해설로, 조선 초기 천문이론인 「인재」에 적힌 내용보다 훨씬 이전의 이론이다.

그림에 별자리 이름과 선 연결이 다른 것은 양쪽 이론의 형태가 남은 것으로, 선으로 연결한 것은 「진」·「사」·「오」·「미」의 이론을 쓴 것이고, 별자리 이름은 후대에 정립된 「인재」의 이론을 쓴 것으로 추측된다.

탁본에 선으로 이은 천문 별자리를 조선 초 천문관의 눈으로 보았을 때, 그대로 인용해야 할지 분리해서 보아야 할지 망설여졌을 것이다. 고대에는 현재 알고 있는 별자리를 두세 개 연결하여 하나의 별자리로 보았지만, 그 후로 분리되어서 좀 더 자세해졌고, 조선 초에는 확실히 분리되어서 별자리가 의미하는 뜻도 달라져 있었다.

이미 28수 등의 별 형태와 개수가 확정되었으므로 별자리의 분리가 가능했지만, 옛 탁본을 무시하고 마냥 분리해서 보기도 어려웠을 것이다. 또 당시 천문관이 분리해서 볼 지식이 없었거나 혹은 옛 탁본이 옳다고 생각했을 가능성도 있다.

즉 별 그림에서 선으로 이어진 별자리를 세분하지 않은 고구려인의 천문지식이고, 별자리를 세분해서 이름을 붙인 것이 조선 초기의 천문지식이라는 것이다. 세상이 발전할수록 세분해서 약간의 차이라도 반영하는 것이고, 고구려인들은 그 약간의 차이를 미처 발견하지 못했거나 분리할 필요를 느끼지 못했을 것이라고 보는 시각이 더 합당할 것이다.

1) 설명과 그림이 서로 다른 「천상열차분야지도」

그런데 새로운 문제가 눈에 띈다. 그 뛰어난 고구려의 천문도를 이어받아 새로 고친 「천상열차분야지도」가 자체 모순을 안고 있다는 것이다.

「천상열차분야지도」의 별 그림을 볼 때, 선으로 연결된 별들은 같은 별자리를 구성한다는 것을 의미한다. 동양이나 서양이나 똑같은 하늘을 보고도 별자리가 다른 것은, 이 연결선이 다르기 때문이다. 별을 보고 느낀 감정이 다르고 의미가 다르다고 생각하기 때문에 연결하는 선이 다른 것이다.

별과 별을 선으로 연결한다는 것은 별에 고유한 의미를 부여하는 행위이다. 어떤 별은 한 개로 자신의 특성을 다 나타내고, 어떤 별자리는 스무 개가 넘게 연결되어 구성하기도 한다. 마치 1인 가구가 있고, 부부로 구성된 2인 가구도 있고, 또 3대가 넘게 이루어진 대가족도 있는 것과 같다.

우리의 조상님들은 별마다 의미를 부여하고, 같은 역할을 한다고 생각되는 별들끼리 가족을 만들고, 친구를 만들어주었다. 별을 연결해 주는 마음에서 신화도 나오고, 동화도 나온다. 또 하늘이 천문(하늘의 무늬 등 여러 현상)을 통해서, 인간에게 나아갈 길과 일의 길흉을 가르쳐 준다고 해서 별점을 치기도 하였다. 이런 면에서 같은 성향의 별들끼리 연결하는 것은 천문을 이해하는데 아주 중요한 일이라 할 수 있다.

그런데 「천상열차분야지도」에서는 (1) 선으로 연결했는데도 다른 별자리로 분리해서 본 예, (2) 쌍으로 된 별자리인데 한쪽만 쓰고 한쪽은 이름을 누락한 예, (3) 다른 별자리로 분리해서 보면서도, 별자리를 선으로 연결해서 그리고, 별자리 이름은 누락한 예, (4) 선으로 연결하지 않았는데 하나의 별자리로 본 예, (5) 두 별자리를 선으로 연결해서 한 별자리로 본 예, 의 다섯 가지 예외적인 유형이 있다.

(1) 선으로 연결했는데도 다른 별로 분리해서 본 예

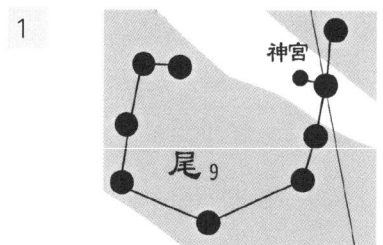

미수와 '신궁'을 선으로 연결하고도, '尾九(미, 별은 9개)'와 '신궁'이라는 두 개의 별자리 이름을 붙였다.

2 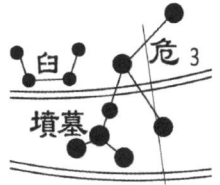 위수와 '분묘'를 선으로 서로 연결하여서 하나의 별자리라고 하였는데, '危三(위, 별은 3개)'이라 표시하고 또 '분묘(4개)'라고 씀으로써 두 개의 별자리라고 하였다.

3 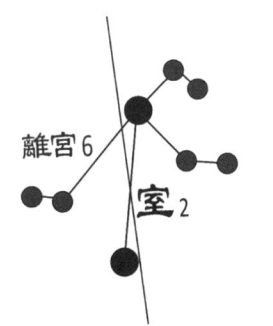 실수(2개)와 '이궁(6개)'을 선으로 연결하여서 하나의 별자리로 그렸는데, '室二(실, 별은 2개)'라 표시하고 '離宮六(이궁, 별은 6개)이라고 씀으로써 두 개의 별자리라고 하였다.

 4 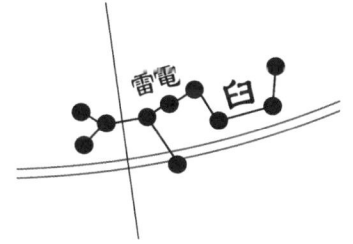 '뇌전(6개)'과 '구(4개)'를 선으로 연결했지만, 별 이름을 각자 표기함으로써 두 개의 별자리로 보았다.

 5 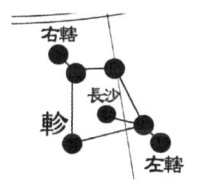 진수와 '장사' 그리고 '좌할'과 '우할'을 선으로 연결해서 하나의 별자리라고 하였는데, 글씨로는 '진, 좌할, 우할, 장사'로 이름을 각각 붙임으로써, 네 개의 별자리로 보았다.

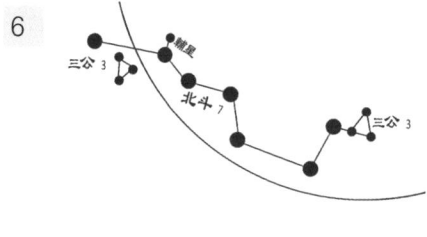

'북두성(7개)'과 '보성(1개)' 그리고 '삼공(3개)'을 선으로 연결해서 하나의 별자리로 그렸는데, '北斗七(북두, 별은 7개), 보성, 삼공'이라고 이름을 씀으로써, '북두, 보성, 삼공'의 3개 별자리로 보았다.

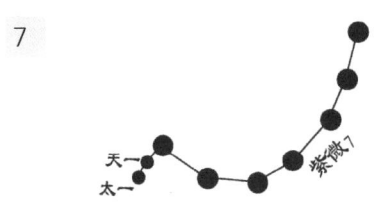

'우자미원'에 '태일'과 '천일'을 선으로 연결하여서 하나의 별자리로 그렸는데, 글자로는 '紫微七(자미, 별은 7개), 천일, 태일'이라고 씀으로써 세 개의 별자리로 보았다.

(2) 쌍으로 된 별자리인데 한쪽 만 쓰고 한쪽은 이름을 누락한 예

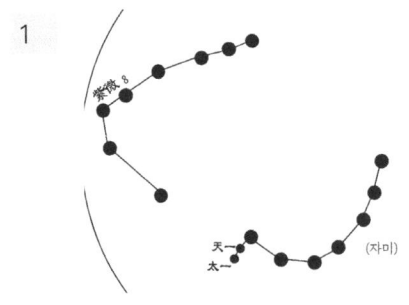

자미원은 좌자미원이 8개 별로 이루어졌고, 우자미원은 7개 별로 이루어졌다. 그림에서도 선을 잇지 않아서 분리해서 보고, 글자로도 '紫微八(자미, 8개 별로 이루어짐)'이라고 분리해서 썼지만 우자미원의 이름은 누락했다.

(3) 다른 별자리로 분리해서 보면서도, 별자리를 선으로 연결해서 그리고, 별자리 이름은 누락한 예

1
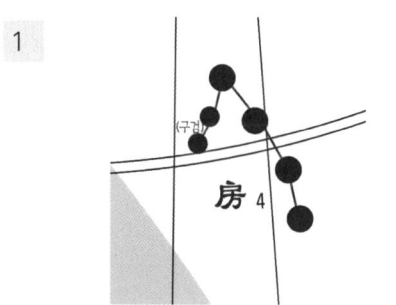
방수(4)와 '구검(2)'의 여섯 별을 선으로 연결하였지만, '房四(방수, 별은 4개)'라고 쓰고 '구검'은 이름을 누락하고 쓰지 않았다.

2
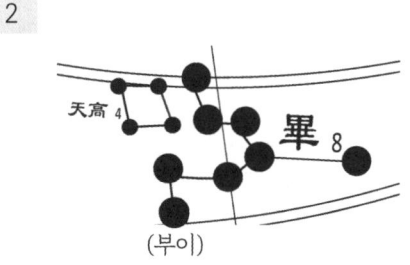
필수와 '부이'를 선으로 연결하여서 하나의 별자리라고 하였는데, '畢八(필, 별은 8개)'이라고 써서 분리해서 보았는데, '부이'라는 별자리 이름은 표기하지 않았다.

3
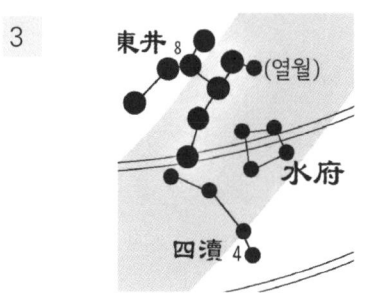
동정수와 '열월'을 선으로 연결하여서 하나의 별자리라고 하였는데, '東井八(동정, 별은 8개)'이라고 써서 분리해서 보았으면서도, '열월'이라는 별자리 이름은 표기하지 않았다.

(4) 선으로 연결하지 않았는데 하나의 별자리로 본 예

1

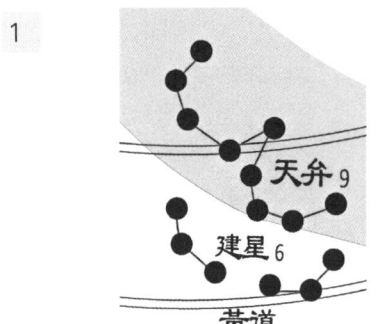

'건성(립)'이라는 별자리는 '建星 六(건성, 별은 6개)'이라고 함으로써 6개로 이루어졌다고 표기했는데, 3개씩 선을 이었을 뿐 6개를 모두 잇지는 않았다.

2

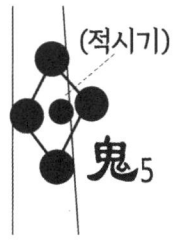

귀수(4개)와 '적시(적시기, 1개)'를 선으로 연결하지 않음으로써 두 개의 별자리라고 표시하였는데, '鬼五(귀, 별은 5개)'라고 씀으로써, 그림은 두 별자리인데 글자는 한 개의 별자리라고 하였다.

(5) 두 별자리를 선으로 연결해서 한 별자리로 본 예

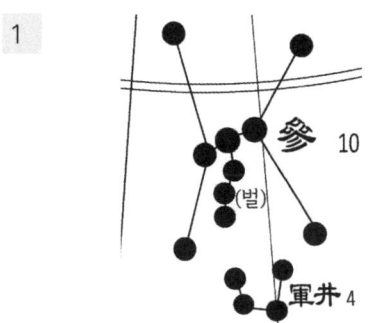

삼수(7개)와 '벌(3개)'은 다른 천문도에서는 두 개의 별자리로 구분되었는데, '參十(삼, 별은 10개)'라고 씀으로써 하나의 별자리로 보았다.

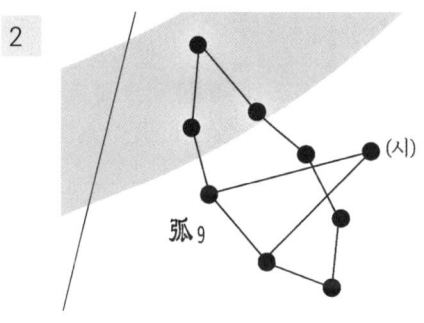

'호'와 '시'는 다른 천문도에서는 두 개의 별자리로 구분되었는데, '弧九(호, 별은 9개)'라고 씀으로써 하나의 별자리로 보았다.

2) 네 군데의 자체 모순

(1) 네 군데의 주장

앞서 별들을 연결하는 연결선과 별자리 표기 등이 서로 맞지 않는다고 했는데, 더욱 문제가 되는 것은 이러한 불합치가 「천상열차분야지도」에서는 네 군데나 각기 다른 의견으로 주장하고 있다는 점이다.

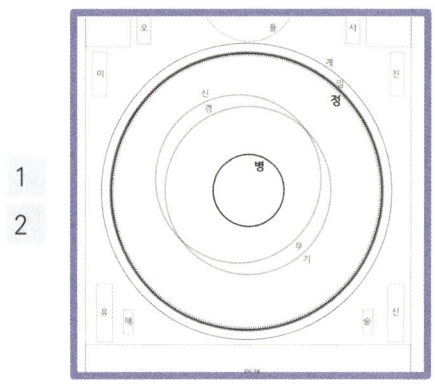

1
2
「병」원과 「정」원 안에서의 모순: 그려진 '①별자리 연결선' 과 '②별자리 이름 및 개수 표기'가 불일치 함.

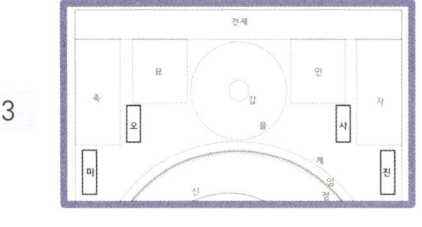

3
「진」·「사」·「오」·「미」직사각형 내용의 모순 : ③동방·북방·서방·남방7수에 대한 별 개수가 그림의 별 개수와 다름

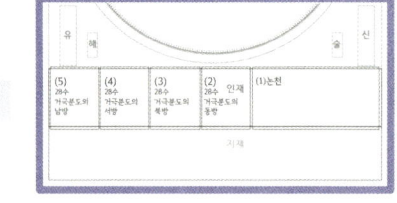

4
「인재」의 모순 : ④동방·북방·서방·남방7수에 대한 별 개수 표기가 그림 및 「진」·「사」·「오」·「미」직사각형에 표기된 별 개수와 다름

즉 「병」원과 「정」원 안에서의 ① 별을 연결한 선과 ② 별 이름과 개수를 표기한 글이 다르고, ③ 「진」·「사」·「오」·「미」직사각형 등에서 기술한 내용과 ④ 「인재」에 기술한 내용이 각기 다른 주장을 하는 것이다.

(2) 주장이 다른 이유

같은 한 면의 천문도에서 이렇게 네 곳의 표현이 각기 다른 이유는 무엇일까?

결론적으로 말하면, ① 별과 별을 연결한 선과 ③ 「진」·「사」·「오」·「미」 직사각형의 내용은 태조가 받은 탁본에 있던 고대 우리나라의 천문내용으로 둘이 서로 통하고, ② 별 그림에 별 이름과 개수를 표기한 글자와 ④ 「인재」의 내용은 조선 초기에 보편적으로 알고 있던 천문지식을 기록했다는 것이다.[20]

고구려 시대에는 아직 별자리 세분화가 덜 이루어졌고, 조선 초기에는 조상으로부터 물려받은 천문지식에 외국의 천문지식이 융합되어 세계 최고수준을 자랑했기 때문에, 고구려 시대의 별자리와 조선 초기의 천문학 지식에 의한 별자리에 대한 구성이 달

20] 28수가 현재의 별체제로 확실해진 것은 진(晉 265~419년)나라 이후의 일이다. 실제로 「인재」의 내용은 『진서晉書』나 『구당서舊唐書(940~945년 편찬)』의 내용과 거의 흡사하다.

랐을 것이다.

그렇다 해도 같은 천문도에서 왜 이런 일이 발생했을까?「천상열차분야지도」를 제작할 당시에는 몰랐을까? 여러 가능성을 유추해 볼 수 있지만 다음과 같은 두 가지가 가장 유력하다고 본다.

첫 번째 가능성은, 아마도 고구려 시대 탁본의 천문그림을 먼저 새기고, 그 위에 조선의 천문지식으로 별자리 이름 등 글자를 새기는 과정에서 선을 미처 지우지 못했다는 것이다.

두 번째 가능성은 탁본 천문도의 내용을 남김으로써, 조상으로부터 유래된 천문의 역사를 남기려는 의도였다는 것이다. 선을 그대로 남긴 채 글자를 최신 천문지식에 의해 씀으로써, 우리 조상의 천문지식과 현재의 새로운 천문지식을 동시에 나타낼 수 있다는 것이다. 그러나 이 두 번째 추측은 가능성이 별로 없다. 그랬다면「진」·「사」·「오」·「미」직사각형의 내용을 고쳤을 것이기 때문이다.

3) 방위별 자체 모순

앞서 설명한 예외적인 예를 28수에 적용해서, 각 방위별로 분석하면 「천상열차분야지도」의 자체 모순이 더 확실하게 눈에 띄며, '첫 번째 가능성'에 더욱 무게를 싣게 된다.

(1) 동방 청룡칠수의 자체 모순

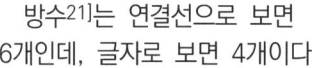
① 별 그림 연결선과 ② 글자의 주장

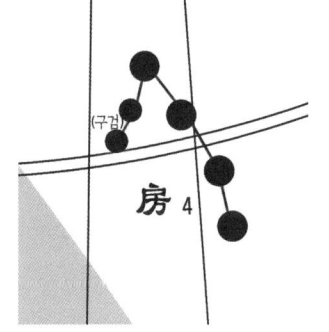
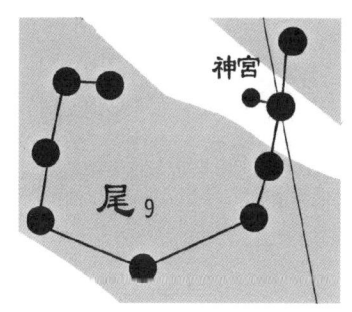

방수21]는 연결선으로 보면 6개인데, 글자로 보면 4개이다.

미수22]는 연결선으로 보면 10개인데, 글자로 보면 9개이다.

∴ ① 연결선으로 보면 33개이다.
  → 각(2개)+항(4개)+저(4개)+방(6개)+심(3개)+미(10개)+기(4개)
② 글자로 보면 30개이다.
  → 각(2개)+항(4개)+저(4개)+방(4개)+심(3개)+미(9개)+기(4개)

21] 방수(4)와 '구검(2)'을 선으로 연결해 놓고는 '房四(방, 별은 4개)'라고만 표기하고 '구검'은 이름도 써 놓지 않았다.

③ 「미」 직사각형의 주장   ④ 「인재」의 주장

東方青龍七宿三十二星合七十五度

角二星十二度去極九十一度
亢四星九度去極八十九度
氐四星十五度去極九十七度
房四星五度去極一百八度
心三星五度去極一百十度
尾九星十八度去極一百四十度
箕四星十一度去極一百十八度

동방청룡칠수를 구성하는 별은 32개이다.
→ 각(2개)+항(4개)+저(4개)+방(6개)+심(3개)+미(9개)+기(4개)

동방청룡칠수를 구성하는 별은 30개이다.
→ 각(2개)+항(4개)+저(4개)+방(4개)+심(3개)+미(9개)+기(4개)

결론

① 「인재」에서 언급한 별 개수(30개)와 그림에 글자로 표기한 별 개수(30개)가 일치한다.

② 별자리 그림을 선으로 연결한 별의 개수 33개와 「미」 직사각형에서 말한 32개는 거의 일치한다.[23]

22] 선으로는 미수와 '신궁'을 연결하였는데, '尾九(미, 별은 9개), 神宮(신궁)'이라고 표기하였다. 선으로는 10개의 별을 연결했지만, 미수(9개)와 '신궁(1개)'은 다른 별자리라고 한 것이다.

동방 청룡칠수	28수 이름표기	
	그림	인재
각	左角(2)	角二
항	亢四	亢四
저	氐四	氐四
방	房四(6)	房四
심	心三	心三
미	尾九(+신궁)	尾九
기	箕四	箕四
천문도에 표기된 별 개수	7수 *28성(30성)[24] 75도	
선으로 이어진 별 개수	7수 33성(+신궁 1개) 75도	
「미」직사각형	7수 32성 75도	
「인재」	7수 30성 75도	

23] 미수를 신궁하고 연결해서 10개로 보느냐, 미수와 신궁을 구별해서 9개로 보느냐의 차이이다.

24] 「천상열차분야지도」에는 '角二'라고 표기되어야 할 글자에 '左角'이라고 하였다. 그래서 원래는 '「천상열차분야지도」에 표기된 별 숫자의 합'이 30이 되어야 하는데 28이 되었다.

(2) 남방 주작칠수의 자체 모순

① 별 그림 연결선과 ② 글자의 주장

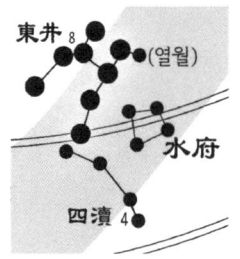 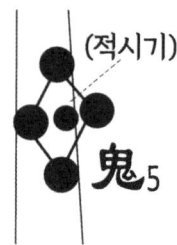 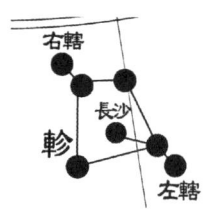

동정수는 연결선으로 보면 9개인데, 글자로 보면 8개이다.25]

귀수는 연결선으로 보면 4개인데, 글자로 보면 5개이다.26]

진수는 연결선으로 보면 7개인데, 글자로 보면 4개이다.27]

∴ ① 연결선으로 보면 63개이다.
→ 정(9개)+귀(4개)+류(8개)+성(7개)+장(6개)+익(22개)+진(7개)

② 글자로 보면 60개이다.
→ 정(8개)+귀(5개)+류(8개)+성(7개)+장(6개)+익(22개)+진(4개)

25] 동정수(8)와 '열월(1)'을 선으로 연결해 놓고는 '東井八(동정, 별은 8개)'이라고만 표기하고 '열월'은 이름도 써 놓지 않았다.

26] 귀수(4)와 '적시기(1)'는 선으로 연결하지 않았는데도 '鬼五(귀, 별을 5개)'라고 해서 하나의 별자리로 보았다.

27] 진수(4)와 '장사(1)'·'좌할(1)'·'우할(1)'은 선으로 연결해 놓고도 별자리 이름을 각기 기재함으로써 네 개의 별자리로 보았다.

③ 「오」 직사각형의 주장　　　　④ 「인재」의 주장

남방주작칠수를 구성하는 별은 64개이다.
→ 정(9개)+귀(5개)+류(8개)+성(7개)+장(6개)+익(22개)+진(7개)}

남방주작칠수를 구성하는 별은 60개이다.
→ 60개{정(8개)+귀(5개)+류(8개)+성(7개)+장(6개)+익(22개)+진(4개)}

결론

① 「인재」의 별 개수 60개와 그림의 글자 표기 별 개수 60개와 일치한다.

② 별자리 그림을 선으로 연결한 별의 개수 63개와 「오」 직사각형에서 언급한 별 개수(64개)가 거의 일치한다.[28]

28] 천문도 그림에는 '귀'라고 표기된 별 이름이 「인재」에는 '여귀'로 표기되었다.

남방 주작칠수	28수 이름표기	
	그림	인재
정	東井八(열월과 연결)	東井八
귀	鬼五(적시기 포함)	輿鬼五
류	柳八	柳八
성	星七	星七
장	張六	張六
익	翼二十二	翼二十二
진	軫四(좌할,우할,장사와 연결)	軫四
천문도에 표시된 별 개수	7수 60성 112도	
선으로 이어진 별 개수	7수 63성(-적시기 1개) 112도	
「오」직사각형	7수 64성 112도	
「인재」	7수 60성 112도	

또 오의 별 개수가 4개나 차이 나는 것은, 동정과 열월(1)을 합해서 9개로 보고, 진수와 좌할(1), 우할(1), 장사(1)를 합해서 7개로 보았기 때문이다. 이들은 천문도에서도 선으로 연결하여 하나의 별자리임을 표시하였다.

또 앞서 언급한대로 「천상열차분야지도」에서 선으로 연결해서 하나의 별자리로 보았을 때 이어진 별자리의 이름을 표기하지 않았는데, 여기서는 '좌할, 우할, 장사' 라는 별자리 이름을 표기하였다. 이는 서방 백호칠수에서 '분묘'와 '이궁' 이라고 별자리 이름을 독립해서 표기한 것과 같은 방법이다. 이런 표기법을 쓴 것은, 북방 현무칠수 중 위수의 '墳墓', 실수의 '離宮六'과 남방 주작칠수의 진수의 '左轄, 右轄, 長沙' 뿐이다.

또 귀수는 다른 천문서에서는 4개의 별로 보고 그 안에 있는 적시기(積尸氣)를 다른 별로 보았는데, 여기서는 그림과 「인재」 모두 하나의 별자리로 본 점이 특이하다.

(3) 서방 백호칠수의 자체 모순

① 별 그림 연결선과 ② 글자의 주장

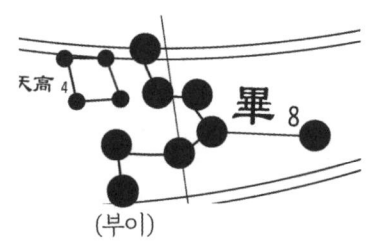
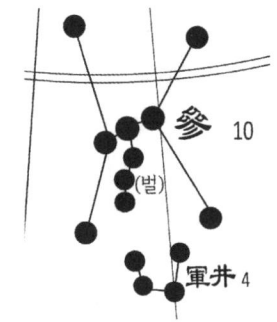

필수는 연결선으로 보면 9개인데,   삼수는 연결선으로 보면 10개이고,
글자로 보면 8개이다.29]   글자로 보아도 10개이다.30]

∴ ① 연결선으로 보면 51개이다.
  → 규(16개)+루(3개)+위(3개)+묘(7개)+필(9개)+자(3개)+삼(10개)

② 글자로 보면 50개이다.
  → 규(16개)+루(3개)+위(3개)+묘(7개)+필(8개)+자(3개)+삼(10개)

29] 필수(8개)와 '부이(1개)'를 선으로 연결해 놓고는 '畢八(필, 별은 8개)'이라고만 표기하고 '부이'는 이름도 써 놓지 않았다. 필수와 '부이'를 9개로 이루어진 하나의 별자리로 본 것이다.

30] 『천문류초』 등 나중에 나온 천문책에는 삼수(7개)와 벌(3개)을 분리해서 보았는데, 「천상열차분야지도」에서는 삼수(10개)를 하나의 별자리로 보았다.

③ 「사」 직사각형의 주장   ④ 「인재」의 주장

서방백호칠수를 구성하는 별은 51개이다.
→ 규(16개)+루(3개)+위(3개)+묘(7개)+필(9개)+자(3개)+삼(10개)

서방백호칠수를 구성하는 별은 50개이다.
→ 규(16개)+루(3개)+위(3개)+묘(7개)+필(8개)+자(3개)+삼(10개)

결론

① 「인재」에서 언급한 별 개수(50개)와 별자리 그림의 글자 표기(50개)와 일치한다.

② 별자리 그림을 선으로 연결한 별의 개수(51개)와 「사」 직사각형에서 말한 별 개수(51개)가 일치한다.[31]

31] 서방 백호칠수에서는 '그림의 이름표기'와 '「인재」'의 별자리의 이름 표기가 모두 일치한다. 더구나 삼수의 별 개수를 벌(3)을 포함해서 열 개로 표기한 것까지

서방 백호칠수	28수 이름표기	
	그림	인재
규	奎十六	奎十六
루	婁三	婁三
위	胃三	胃三
묘	昴七	昴七
필	畢八(부이와 연결)	畢八
자	觜三	觜三
삼	參十	參十
천문도에 표기된 별 개수	7수 50성 80도	
선으로 이어진 별 개수	7수 51성 80도	
「사」직사각형	7수 51성 80도	
인재	7수 50성 80도	

일치한다. 다른 천문서에서는 이를 구별한 곳이 많다.

다만 「사」직사각형의 별 개수와 하나가 차이 나는 것은, 사에서는 필수에 부이(1)를 합해서 아홉 개로 보았기 때문이다. 그림에서는 선으로 연결하였지만, 별 개수 표시만 여덟 개로 하였다.

(4) 북방 현무칠수의 자체 모순

「진」직사각형에서 "북방 현무칠수는 모두 35개의 별로 되어있고, 그 영역은 98과 1/4도에 해당한다." 라고 하였고, 천문도 그림에 선으로 연결된 별이 35개이다.

그런데 그림에 글자로 표기한 별은 25개이고, 「인재」의 별 개수도 25개이다.

① 별 그림 연결선과 ② 글자의 주장

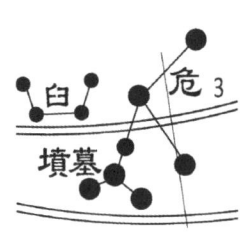 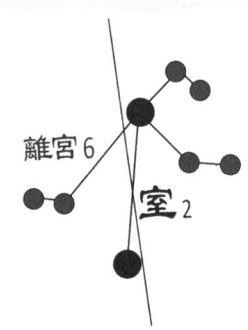

위수는 연결선으로 보면 7개인데, 글자로 보면 3개이다.[32]

실수는 연결선으로 보면 8개인데, 글자로 보면 2개이다.[33]

∴ ① 연결선으로 보면 35개이다.
 → 두(6개)+우(6개)+여(4개)+허(2개)+위(7개)+실(8개)+벽(2개)

② 글자로 보면 25개이다.
 → 두(6개)+우(6개)+여(4개)+허(2개)+위(3개)+실(2개)+벽(2개)

32] 위수(3개)와 '분묘(4개)'를 선으로 연결하였다.

③ 「진」 직사각형의 주장 ④ 「인재」의 주장

북방현무칠수를 구성하는 별은 35개이다.
→ 두(6개)+우(6개)+여(4개)+허(2개)+위(7개)+실(8개)+벽(2개)

북방현무칠수를 구성하는 별은 25개이다.
→ 두(6개)+우(6개)+여(4개)+허(2개)+위(3개)+실(2개)+벽(2개)

결론

① 「인재」에서 언급한 별 개수 25개와 별자리 그림의 글자 표기(25개)가 일치한다.

② 별자리 그림을 선으로 연결한 별의 개수 35개와 「진」직사각형에서 말한 별의 개수 35개가 일치한다.[34]

33] 실수(2개)와 '이궁(6개)'을 선으로 연결하였다.
34] 「천상열차분야지도」에는 '남두, 견우, 실'이라고 표기된 별 이름이 「인재」에는

'별자리 그림을 선으로 연결한 별의 개수 35개와 「진」직사각형에서 말한 별의 개수(35개)가 일치한다'는 부분은, 천문학자라면 놀라운 사실이다. 「신법보천가」, 「구법보천가」는 물론 대부분의 천문서에서는 분리해서 보았는데, 「천상열차분야지도」에서는 위수와 '분묘'를 합해서 한 별자리로 보고, 실수와 '이궁'을 합해서 한 별자리로 인식했고, 또 그 사실을 인정하는 설명을 「진」직사각형에서 했다는 뜻이기 때문이다.

'두, 우, 영실'로 표기되었다.

또 「진」직사각형에서 언급한 별 개수와 10개나 차이 나는 것은, 그림에서 위수와 분묘(4)를 합해서 일곱 개로 보고, 실수와 이궁(6)을 합해서 여덟 개로 보았기 때문이다. 이들은 그림에서 선으로 연결했지만, 별자리 이름을 두 개씩 씀으로써 다른 별자리임을 표시하였다.

또 특이한 점은 「천상열차분야지도」에서 선으로 연결해서 하나의 별자리로 보았을 때, 다른 곳에서는 이어진 별자리의 이름을 표기하지 않았는데, 여기서는 '분묘'와 '이궁'이라고 별자리 이름을 독립해서 표기하였고, '우자미'와 '태일' '천일'을 독립해서 표기하였다.

북방현무칠수	28수 이름표기	
	그림	인재
두	南斗六	斗六
우	牽牛六	牛六
여	須女四	須女四
허	虛二	虛二
위	危三: 분묘(4)와 연결	危三
실	室二:이궁(6)과 연결	營室二
벽	東壁二	東壁二
천문도에 표기된 별 숫자	7수 25성 98도 1/4	
선으로 이어진 별 개수	7수 35성 98도 1/4	
「진」직사각형	7수 35성 98도 1/4	
인재	7수 25성 98도 1/4	

앞서 설명한 예외적인 경우를 28수에 적용해서 요약하면 다음과 같다.

영역	그림		진·사·오·미	인재
	선으로 연결	글자로 표기		
동방칠수	33성 (30성+구검2+신궁1)	30성 *'각'을 '좌각'으로 썼다.*'구검'을 표기 안함.	32성(각2+항4+저4+방6+심3+미9+기4) 방6개=방(4)+구검(2)	30성 (각2+항4+저4+방4+심3+미9+기4)
북방칠수	40성 (30성+분묘4+이궁6)	25성 *'우'를 '견우'로 썼음.	35성(두6+우6+수녀4+허2+위7+영실8+동벽2) 위수(3)+분묘(4), 영실(2)+이궁(6)	25성 두6+우6+수녀4+허2+위3+영실2+동벽2
서방칠수	51성 (50성+부이1) * 삼수(7)와 벌(3)을 구별하지 않음.	50성 *'부이'를 표기하지 않음. 삼수(7)와 벌(3)을 구별하지 않음.	51성(규16+루3+위3+묘7+필9+자3+삼10) 필수(8)+부이(1) 삼수(7)와 벌(3)을 구별하지 않음.	50성 규16+루3+위3+묘7+필8+자3+삼10 삼수(7)와 벌(3)을 구별하지 않음.
남방칠수	62성 (60성+우할1+좌할1+장사1-적시기1) * 여귀(4)와 적시기(1)를 선으로 잇지 않음.	60성 *'열월'을 표기하지 않음. *여귀와 적시기를 구별하지 않음.	64성(동정9+여귀5+류8+성7+장6+익22+진7) 60성+4개(열월1+우할1+좌할1+장사1 *여귀와 적시기를 구별하지 않음.	60성 동정8+여귀5+류8+성7+장6+익22+진4 *여귀(4)와 적시기(1)를 구별하지 않음.

4. 장수왕의 천문도를 계승한 태조

1) 탁본대로 그리고 별이름은 수정했다

앞에서 말한 자체 모순 별자리 외에도, 「천상열차분야지도」에서 선으로 연결한 별자리와 이름이 다르게 표기한 곳이 곳곳에 눈에 띈다. 이것은 무엇을 의미할까? 천문도를 만든 사람들이 서로 의견을 통일하지 못하고 다툰 흔적일까?

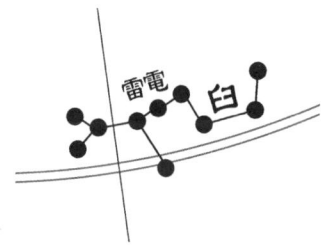

'뇌전'과 '구'를 선으로 연결 하였지만, 한 별자리로 보지 않고 두 별자리로 보았다. 그런데 「진」직사각형에서는 합해서 한 별자리로 보았다.

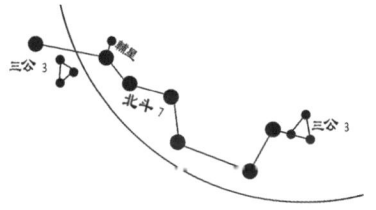

'북두'와 '삼공'을 선으로 연결 하였지만, 한 별자리로 보지 않고 두 별자리로 보았다.

「천상열차분야지도」를 만든 주요 인물은 네 사람이다. 권근이 태조의 명을 받아 「지」를 써서 천문도의 유래와 의의를 밝혔고, 류방택이 중성을 측정하는 등 실무적인 총책임자였고, 설경수는 송설체의 멋진 글자로 천문도에 글자를 씀으로써「천상열차분야지도」를 빛냈으며, 마지막으로 검고 얇은 돌판[35]에 그림과 글씨를 정밀하게 새긴 석공이다.

　실무자의 이름을 모두 드러내서 명실상부를 강조한「천상열차분야지도」에서도, 석공의 이름까지 밝히는 것은 허락하지 않았나 보다. 이는 조선이 고려보다도 백성을 위해 많이 개혁적이었지만, 평민 또는 노비계층까지는 그 개혁의 손길이 미치지 않았음을 뜻하기도 한다.

　「천상열차분야지도」를 살펴보면, 앞서 언급한대로 별자리를 구성하는 연결선은 고구려 시대의 것이고,「진」·「사」·「오」·「미」직사각형 안의 이론 역시 고구려 시대의 것에 해당하며,「인재」의 내용과 별자리 그림에 별자리 이름을 표기한 것은 조선 시대 천문이론에 가깝다고 할 수 있다.

　그래서 ① 우선 석공이 옛 탁본에 있는 대로 별 그림을 돌에 새겼을 것이다. 그리고 ② 류방택과 일관들이 옛 탁본에 있는 별 이름을 바탕으로 새로 도입된 천문이론을 가지고 별자리 이름을 표기하고「인재」의 내용에 반영했다고 볼 수 있다. 그러니까 ②의 과정은, 류방택 등 천문학자들의 관측하고 정리하여 별자리

35] 세로 211cm, 가로 122.7cm, 두께 11.8cm이다. 크고 얇아서 깨지기 쉬운 이 돌판에 앞뒤로「천상열차분야지도」를 새겼다. 그래서 앞「천상열차분야지도」와 뒤「천상열차분야지도」가 있는 것이다. 하나는 태조 때, 하나는 세종 때 새겼다고 알려져 있다.

이름 등을 정하면, 설경수가 송설체의 글씨로 옮기고, 이를 다시 석공이 돌에 새기는 작업이었을 것이다. 그런데 이 과정 중에서, 총괄적인 작업을 지휘해야 할 류방택의 나이가 76세를 넘은 노인이었으므로, 검은 돌에 새긴 내용을 제대로 보지 못했을 가능성이 높다.

「천상열차분야지도」를 새로이 새길 때 정밀하게 고칠 시간을 얻지 못했고, 더구나 이 네 사람이 서로 긴밀한 협조를 하지 못했다고 가정하면, 앞서 말한 「천상열차분야지도」의 자체 모순이 어느 정도 설명된다. 그렇지만 건국의 명분을 세우는 대규모 국책 문화사업을 진행하면서, 서로 협조하지 못하고 각자 따로따로 작업을 할 수 있었을까?

검은 돌에 새겨서 잘 알아보기 어렵다고 해도, 간혹 눈 밝은 사람이 있다면 금방 그 차이점을 알아냈을 것이다. 더구나 천문도 사업은 당시로 끝난 사업이 아니다.

> 관상감(觀象監)에서 천문도(天文圖) 120장을 진상하였다. 정원이 아뢰기를 "천문도의 여분이 30장 있는데, 문신 2품 이상이 51명이니 그중 30명에게 낙점(落點)하소서." 라고 하였다.36]

36] 『조선왕조실록』, 「선조 4년, 10월 19일」

위의 인용문은 관상감에서 필요로 하는 천문도 탁본을, 여분이 있을 경우 평소 아끼는 신하에게도 나누어 주었다는 뜻이다. 대를 이어서, 세종, 숙종 등 기라성 같은 임금들이, 그때 만들어진 천문도를 모본으로 다시 탁본을 떠서 복사하고 신하들에게 기념으로 나눠주는 행사를 이어갔고, 선조 때에도 탁본을 뜨는 행사를 했다는 뜻이다. 그동안 그 많은 탁본을 뜨면서 그 많은 사람들이 보았는데, 이의를 제기하는 사람이 한 명도 없었다는 말인가!!

같은 천문도 안에서 네 군데의 주장이 각기 다르다는 것은, 「천상열차분야지도」가 한 시대에 만들어지지 않았음을 의미한다. 한 시대에 한 사람에 의해 만들어졌다면 일관된 원칙을 세워서 그리고 썼을 것이기 때문이다.

2) 천문도 석판은 탁본용이고 건물 내부 또는 땅속에 보관하였다

조위한(趙緯韓, 1567~1649)이, 관상감 관원이 영사(領事)와 제조에게 의견을 제시한 내용으로 아뢰기를 "본 관상감의 천문도는 천문의 형상을 살피고 기후를 관측하는 부서에 없어서는 안 될 물건입니다. 지난 신미년(1631, 인조9)에 탁본한 것이 오래되어 다 떨어졌길래, 각 해당관청에게 필요한 것을 말하게 하여 탁본을 떠서 가져가게 했습니다. 그런데 지금 또 병란(兵亂)으로 잃어버려서 남아 있는 곳이

전혀 없으므로, 별의 형상변화를 근거하여 살필 수 없게 되어 너무도 염려스럽습니다. ….

　본 관상감에서 탁본을 떠서 몇 장은 관상감에 보관하고, 일관(日官) 등에게 나눠주어서 별의 형상변화로 길흉을 추단하는 방법을 배우고 익히게 하겠습니다."[37]

　앞서 인용한 조위한의 말은 우리에게 여러 가지를 알게 한다. 먼저 ① 조선시대 내내 주기적이고도 연속적으로 탁본을 떠왔다는 사실, ② 탁본을 떠서는 관상감뿐만 아니라 필요한 관청에 나누어 주었다는 사실, 그리고 무엇보다도 중요한 것은 ③ 일관들에게 주어서 연습용 교재나 별의 형상변화가 있을 때 별점을 쳐서 보고하는 용도로 쓰게 했다는 것이다. 천문도 탁본에 혜성이나 별의 변화하는 형상을 그려서 보고 했다는 뜻이 된다.

　그렇다면 장수왕 때 만든 천문도가, 조선 태조까지 1000년이란 세월을 건너 뛰어 남아 있을 수 있을까? 조위한의 다음과 같은 말에서 단서를 찾을 수 있을 것이다.

　그런데 석판(石版)이 경복궁(景福宮) 안에 묻혀있으니, 즉시 파내어 일을 시작하도록 하겠습니다."[38]

---

[37] 『승정원일기』, 「인조 17년, 3월 8일」
[38] 『승정원일기』, 「인조 17년, 3월 8일」

장수왕 때 만들어진 천문도 역시 조선시대 보관법대로, 비바람을 피해 건물 내부, 특히 전시에는 땅 속에 묻어 두었다가, 탁본이 필요할 때 파내서 탁본을 만들고 다시 또 묻어 두는 방식을 택하지 않았을까? 그러니까 광개토왕비 같은 큰 글씨 비석은 항상 볼 수 있게 밖에 세워두고, 천문도 같은 작은 글씨와 가는 선이 많아서 정밀도를 요하는 것은, 비바람을 피해 땅 속에 보관했다가 탁본이 필요할 때 꺼내 쓰는 방식을 썼다는 것이다.

그렇다면 앞서 알아낸 세 가지에 한 가지를 더 추가해야 한다. 즉 "④ 평소 또는 전시에는 경복궁 안에 매장하여 보관하다가 필요시 파내서 탁본을 떴다는 사실이다."

이것이 바로 높이 211cm, 넓이 122.7cm, 두께 11.8cm인, 넓적하고 얇아서 깨지기 쉬운 돌천문도가 지금까지 보관되어 전할 수 있었던 중요한 비법이다.

아마 이런 방법이 아니었다면 장수왕의 돌천문도가 1000년의 세월을 뛰어넘어 조선의 태조에게까지 전달되지 않았을 것이다. 광개토왕비 같은 비석은 글자 하나가 어른 주먹만한 크기였는데도 세월의 마모 흔적으로 못 알아보는 글자가 많았다. 더구나 천문도는 크고 작은 별자리 그림에, 아주 작은 글씨로 이름을 쓰고 또 가는 선으로 연결한 섬세한 작품이 아니던가!

태조 때 만들어진 「천상분야열차지도」는 천문 현상그림(10간 12지)을 석판 윗 쪽으로 치우쳐 새겼고, 세종 때 만들어진 「천상분야열차지도」 역시 전체 천문도 내역을 위로 치우치게 새겨서 석판의 아랫 부분을 비워놓았다는 것이 이것을 증명한다. 즉 「천상분야열차지도」를 비롯한 석각본 천문도는 세워놓고 보는 용도가 아니라 탁본을 뜨기 위한 용도였다는 것이다.

3) 장수왕의 「천상열차분야지도」라는 증거

「천상열차분야지도」는 권근이 말했듯이 "옛날에 만들어져서 평양에 있었지만 전쟁 때문에 강물에 빠졌고, 그 탁본을 간신히 얻었는데, 너무 오래 전에 만든 것이라서 조선 태조 때의 별들과 그 위치가 맞지 않으므로 새로이 작성했다."는 것이 요점이다.

중요한 사실은 옛 탁본 천문도가 별의 위치가 달라질 정도로 오래된 천문도라는 뜻이다. 어느 정도 오래되었을까? 「천상열차분야지도」의 다음과 같은 「지재」 첫머리 글이 실마리를 준다.

> 예전의 천문도 탁본에는 입춘의 초저녁에 묘수(昴宿)가 중성이 되어 중천에 떴으나, 이제는 위수(胃宿)가 중천에 뜨니, 24절기가 모두 차례대로 그 정도 차이가 났다. 그래서 옛 천문도를 바탕으로 해서 중성의 위치를 고쳐서 돌에 새기게 되었다.[39]

39] 「천상열차분야지도」: 舊圖 立春昴中於昏 而今則爲胃 二十四氣以次而差 於是因

천문도를 돌에 새기기 전에 「중성기:中星記」 한 편을 만들어 임금께 올렸다고 하면서 「천상열차분야지도」에 기록한 글이다.

이 인용문의 요점은 무엇인가? 옛 탁본에 기술된 천문현상과 지금(1395년)의 천문현상 사이에 14도가 차이 난다는 말이다. 묘수(昴宿)와 위수(胃宿)는 14도의 도수를 사이에 두고 떠 있는 별자리이기 때문이다. 같은 절기의 같은 시간에 뜨는 중성을 비교해서 도수의 차이를 세면, 지금으로부터 몇 년 전에 별을 관측했는지를 알 수 있게 된다.[40]

세차운동을 감안하면 70.63655년마다 1도 차이가 나므로, 14도 차이난다고 하는 것은 옛 탁본천문도가 약 989년 전에 만들어졌다는 뜻이다.[41] 1394년에 중성을 측정했으므로 989년을 빼면 405년이고, 이때는 고구려 19대 임금 광개토대왕(374~412년)이 한창 영토를 늘리고, 정복한 나라의 백성들을 다독여 고구려의 백성으로 삼는 등 번영의 탄탄대로를 구가하던 시절이다. 그래서 「천상분야열차지도」의 모본인 석각본이 광개토대왕 시절로 추측하는 이유일 수도 있다.

舊圖改中星 鐫石.

40] 천상열차분야지도에 새겨진 주극원과 적도, 지평선, 그리고 별의 위치를 정밀하게 측정하여 계산하면 천문도에 새겨진 별들이 언제 어디에서(위도) 관측된 것인지 확인할 수 있다.(양홍진, 『디지털 천상열차분야지도』, 34쪽)

41] 묘수와 위수의 차이가 14도이므로, 70.63655년×14=약 989년이다.

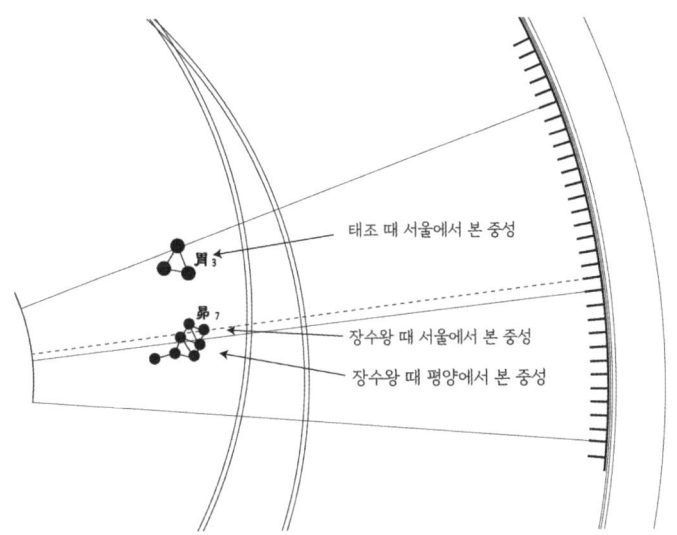

장수왕 시절 입춘 초저녁 때 평양에서 본 중성은 묘수이다.
서울에서 관찰했다면 하루 정도 더 먼저 묘수가 중성인 것을 보게 된다.
1394년 태조의 입춘 초저녁 때 서울의 중성은 위수이다.

    하지만 ㄱ때의 고구려의 서울은 국내성이었다. 태조가 얻었다는 옛 탁본에는 평양하늘의 별자리가 그려져 있었다. 광개토대왕이 평양성에 사찰을 조성하는 등 유난히 평양에 관심을 가졌다지만, 수도인 국내성의 하늘을 두고 평양의 하늘을 측정해서 만들었다는 것은 의아한 일이다.

    옛 그림과 도수차이가 심하다 하여 조선시대에 새로 측정한 장소는 한양(서울)이다. 하지만 주극선 안의 별들만 측정했을 뿐, 주극선 밖의 별들은 평양성에서 측정한 별들을 그대로 새겼다. 천문도를 어서 빨리 만들라는 태조의 명령이 급했던 것이다.

평양은 위도 39도에 동경 125도에 있고, 서울은 위도 37도에 동경 126도쯤에 있으므로, 서울과 평양이 경도로 1도 정도 차이난다. 그런데 위도 37도와 39도 위치에서는, 경도 1도를 1.3/60 정도 감소시키는 효과가 있다. 1도에 70.63655년 정도 차이가 나므로, (1-1.3/60) × 70.63655년 =58.7/60×70.63655년 = 약 69년이다.

그렇다면 앞서 계산한대로 405년에 제작한 것이 아니라, 그 후로 제작되었다는 추측이 가능하다. 405년에 69년을 더하면 474년이고, 장수왕은 413년부터 491년까지 임금자리에 있었으니, 충분히 장수왕 재위시절에 만들어졌다는 추측이 가능해진다.

천문도를 장수왕 때 만들었다면, 국내성 하늘이 아닌 평양의 하늘을 새긴 것이 이해가 간다. 서기 427년 도성을 옮기면서 천도의 명분으로, 천명이 고쳐졌다는 '천문 천명(天文天命)사업'을 했을 가능성이 높기 때문이다.

3장. 태조와 세종의 우주관

1. 삼재와 조선 초기의 우주관

삼재는 우주를 구성하는 세 가지 중요한 요소로, 천재(天才 : 하늘)와 지재(地才 : 땅), 그리고 인재(人才 : 사람)를 뜻한다. 특히 인재는 만물의 영장인 사람은 물론이고, 하늘과 땅 사이에 존재하는 동물과 식물 등 만물을 모두 포함하는 말이다. 천재와 지재가 하늘과 땅이라는 틀을 만들고 공간을 만들면, 그 안에서 인재가 각자의 삶을 영위함으로써 생동감 있는 세상이 되는 것이다

셋이 화합하여 완성된 세계를 만든다는 삼재사상은 모든 일에 응용될 수 있다. 가족에 응용하면 아버지는 천재, 어머니는 지재, 자식은 인재로 볼 수 있다. 또 회사로 보면 사장은 천재, 회사원은 지재, 고객은 인재로 볼 수 있으며, 국가로 보면 대통령은 천재, 공무원은 지재, 일반 국민은 인재로 볼 수 있다.

이 삼재 사상은 삼신할머니 사상과 더불어 우리나라 사람에게 깊이 뿌리 내린 사상으로, 천문도 제작이라는 건국 명분사업을 할 때 접목하여 활용하는 것은 지극히 당연하고 자연스럽다고 할 것이다.

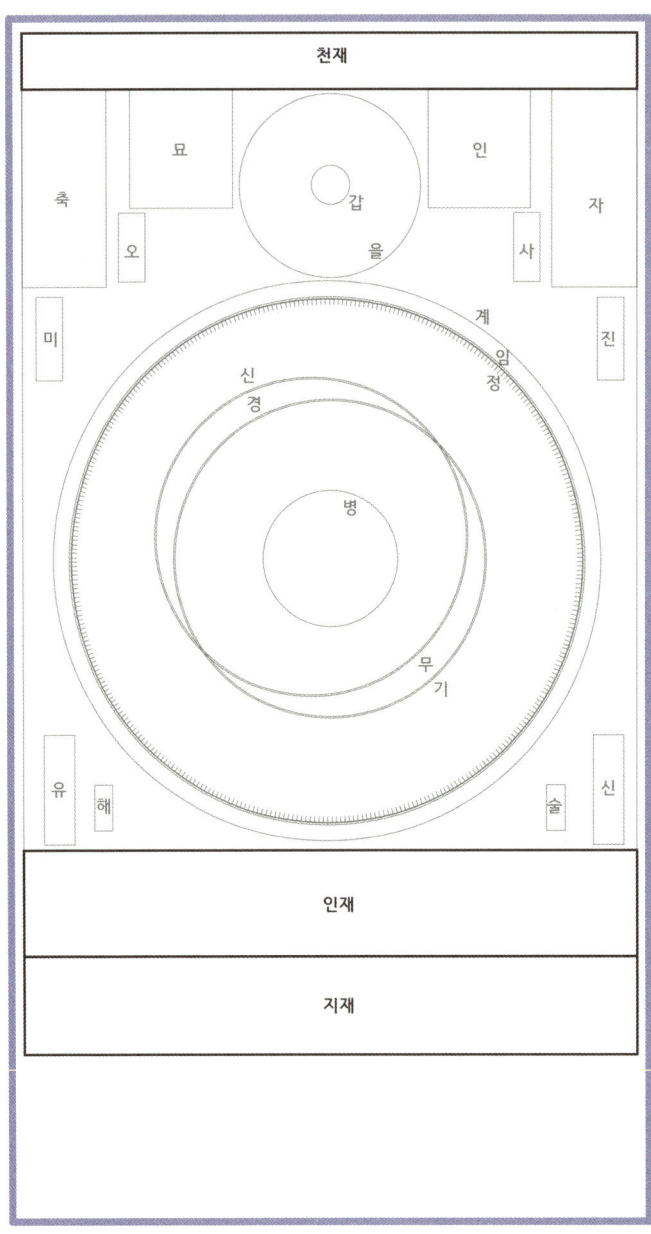

「천상열차분야지도」에서는 가로로 긴 세 개의 직사각형이 삼재를 상징한다. 즉 제일 위에 있는 가로 직사각형은 「천재」, 하단의 두 가로 직사각형이 「인재」와 「지재」이다.

「천상열차분야지도」에서도 가로로 길게 그린 직사각형 셋이 이 삼재를 상징하고 있다. 즉 제일 위에 있는 가로로 긴 직사각형은 「천재」로 '천상열차분야지도'라는 천문도의 제목을 썼다.

「인재」는 중간에 있는 가로로 긴 직사각형이다. 선인들의 천문관 및 우주관을 설명하고, 이어서 천문의 줄기가 되는 28수에 대해서 별의 개수 및 차지하는 영역과 위치를 설명하였다.

제일 아래에 있는 가로로 긴 직사각형이 「지재」이다. 천문도의 모본이 되는 옛 탁본의 입수경위와 수정하게 된 이유, 그리고 수정한 내용과 천문도가 필요한 이유, 그리고 천문도를 작성한 사람들의 관등성명을 적었다.

이 가로로 긴 직사각형 세 개가 삼재를 표시하는 것이 되어야, 해(10간)와 달(12지)과 1,467개의 별이 하늘에 떠 있고, 그 아래에서 삼재가 조화를 이루며 살아가는 모습이 된다. 물론 이때의 「천재」는 인간의 대표로서의 임금, 또는 천문도를 대표하는 이름을 뜻하게 된다.

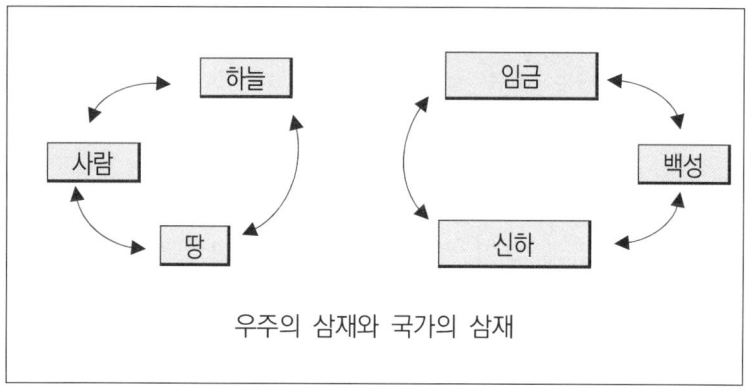

우주의 삼재와 국가의 삼재

1) 태조의 「천상열차분야지도」와 평등사회 우주관

> 태조 때 만들어진 「천상열차분야지도」에는, "임금은 하늘의 뜻을 받들어 인간을 다스리는 하늘의 심부름꾼이자 인간의 대표일 뿐이다."라는 소박한 천명관이 담겨있다.

창경궁에서 발견된 「천상열차분야지도」의 석각본(石刻本, 줄여서 석본)은 두 가지가 있다. 앞면은 태조 때 만들었다는 천문도이고, 뒷면은 세종 때 만들어졌다는 천문도이다. 세종 때 만들어진 것이 조선시대 내내 천문도의 기준이 되었으며, 우리에게 익숙한 「천상열차분야지도」이기도 하다.

태조때 만들어진 석본은 「천상열차분야지도」라는 제목이 중간에 있다.

태조 4년 때 만들어진 천문도라고 생각하는 A면(앞면)을 보면, 8글자로 된 천문도 이름인 「天象列次分野之圖(천상열차분야지도)」와 「그림 15」에 표시한 H1(「인재」 부분)과 H2(「지재」 부분)가 돌의 아랫부분을 차지하고, 나머지(10간 12지 부분)는 돌의 윗부분에 분리되어 있다. 이렇게 분리된 두 부분은 어색하게 보일 정도로 서로 뚝 떨어져 있는데, 그 간격은 46.6cm나 된다.[42]

위의 인용글에서 표현하듯이 '어색함'이 느껴진 이유는, 태조가 생각한 우주관을 표시하기 위한 것이었다. '어색함'을 무릅쓰고 제목을 중간에 새긴, 즉 삼재를 한꺼번에 그린 마음에서 태조가 생각한 우주관을 엿볼 수 있는 것이다.

즉 하늘에서 별들이 각각의 영역을 지키면서 떠 있으면, 그 사이로 해와 달 그리고 오성이 황도를 따라 움직이면서 하늘의 운행을 보여준다. 이것이 바로「천상열차분야지도」의 10간[43] 안에서 벌어지는 우주현상이고, 이것을 설명한 설명문이「천상열차분야지도」의 12지[44] 내용이다.

태조 시대 제작한「천상열차분야지도」는 위에서 말한 '10간, 12지'의 내용 밑에 삼재를 배치했다. 1,467개의 별과 해와 달 및 오성이 운행하는 우주현상 밑에서 삼재가 조화를 이루며 살아가는 것이다.

이렇게「천재」의 위치를 낮춤으로써 삼재가 한자리에서 조화를 이루게 한 것은, 임금이라고 높이 앉아 군림하지 않고 백성과

42] 연세대학교 국학연구원,『동방학지』, 제93집(1996년 9월)
43] 「천상열차분야지도」에는 10개의 원이 있다. 이를 이 책에서는 임의로 '10간'이라고 명명했다.
44] 「천상열차분야지도」에는 12개의 세로로 세워진 직사각형이 있다. 이를 이 책에서는 임의로 '12지'라고 명명했다.「천상열차분야지도」의 10간과 12지에 대해서는, 이 책의 2부 말미에 자세하게 설명하였다.

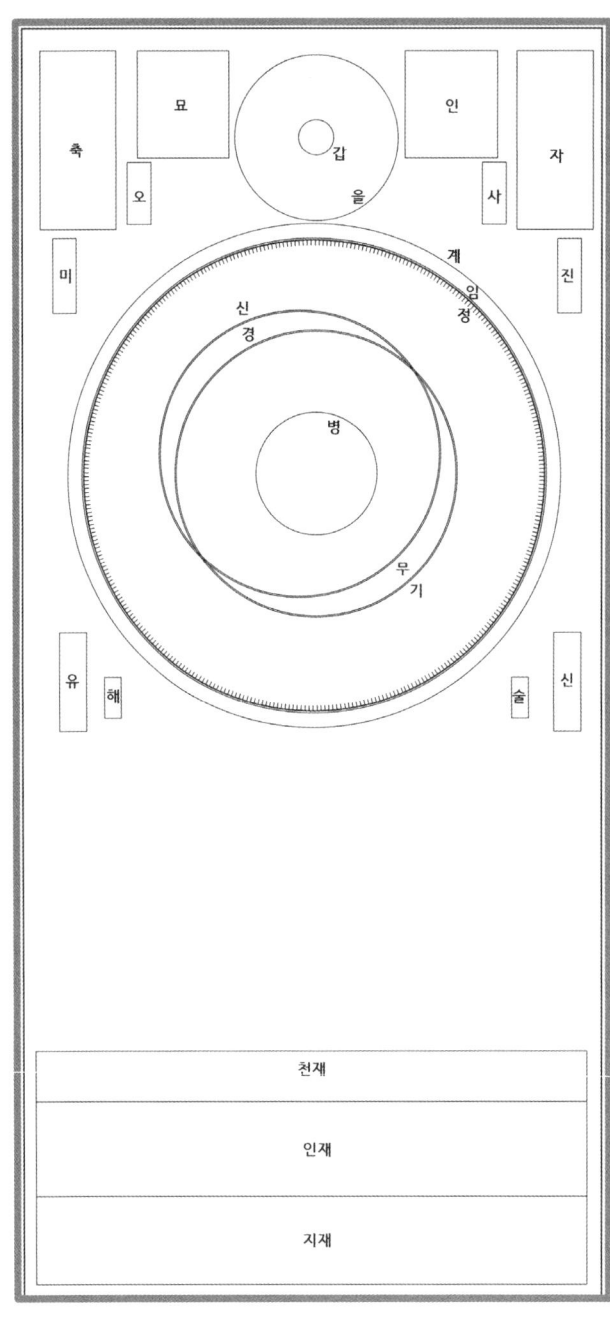

태조때 만들어졌다고 알려진 「천상열차분야지도」. 삼재에 해당하는 가로로 긴 직사각형 셋 모두가 아래쪽에 위치하고 있다.

어울려 하나로 되는 친숙한 정치를 하겠으며, 그러기 위해서 실무자를 우대하는 새로운 국가를 만들겠다는 의지를 보인 것이다.

사실 태조 때만 하더라도 조선은 일종의 주식회사였다. 임금은 주주 중의 한 사람으로서 나라를 대표만 할 뿐이고, 정해진 제도 하에서 신하들이 실무를 맡아 백성을 위하자는 의견이 우세하였다. 정도전이 주장한 '사대부의 나라'와 그가 설계한 '의정부' 등의 제도가 임금의 권한을 축소하고 신하의 권한을 높인 것이었다. 이것이 바로 삼재사상, 특히 '천상열차분야지도' 라는 「천재」를 천문도의 제일 위에 자리하게 하지 않고, 중간 아래로 보낸 중요한 이유이다.

또 하나의 중요한 이유는 「천상열차분야지도」가 탁본을 뜨기 위한 천문도라는 뜻이다. 즉 아래에 있는 삼재는 굳이 탁본을 뜨지 않아도 되기 때문에 10간 12지에 해당하는 부분을 모아서 돌에 새긴 것으로 보인다.

반면에 세종 때 제작한 「천상열차분야지도」는, 서운관에서 천문현상을 기록하기 위해 필요로 하는 천문도 외에도 신하들에게 왕의 권위를 보여주기 위해서 삼재의 내용이 다 필요했던 것이다.

그런데 이렇게 당시의 우주관과 국가관을 담은 소중한 천문도가 왜 사장되다시피 되었을까? 그것은 「천상열차분야지도」가 만들어질 때부터 완성된 이후로 연결되는 조선의 급변하는 정세 때문이라고 볼 수 있다.

　태조 3년(1394년) 8월「신도 궁궐조성도감(新都宮闕造成都監)」을 설치하여 새 수도의 도시 계획을 구상하며, 동시에 천도를 명령하여 그해 10월에 궁권도 짓지 않은 채 도성을 옮겼다. 이듬해에는(1395년)에는「도성축조도감」이라는 관청을 설치하여 성을 쌓기 위한 기초 측량을 하게 했고, 총책임자로 정도전을 임명했다. 태조 5년(1396년) 쌓기 시작한 한양 성곽은 1년여 만에 완성되었다. 그러나 기쁨도 잠시 사랑하던 왕비 신덕왕후 강씨가 죽었다.[45]

짧은 시일에 도성을 옮기는 거국적인 일을 하였고, 더구나 사랑하며 의지하던 왕비를 잃었다. 국가 정세가 다급하게 돌아간 것이다.
　더구나 국가 기간정책을 만들고 실천을 주도하던 정도전에게 문제가 생겼다.

　『진도(陣圖)』를 연습하였다. 그 이전에, 조선에서 명나라 황제에게 표(表)를 올린 내용이 명나라를 기만하고 무시하였다고 하여, 그 글을 쓴 정도전에게 명나라에 들어와 해

45]『조선왕조실록』, 요약(1394~1397년)

명하라고 하니, 정도전이 병이 났다고 핑계대고 가지 않았다.

나중에 명나라 황제의 명을 듣지 않은 죄를 묻는 일이 있을까 두려워하여 임금에게 계책을 올리기를, "군사들이 병법을 알아야 합니다."하고, 『진도』를 직접 저술하여 임금께 올리고, 여러 도(道)의 절제사와 군사들로 하여금 연습하게 하고 사졸을 매질하니, 사람들이 원망하는 이가 많았다.[46]

명나라는 1396년 조선에서 보낸 외교 문서에 자국을 모욕하는 무례한 구절이 있다며, 그 작성자인 정도전을 명나라로 보내라고 요구하자, 정도전은 요동 정벌론을 내세우며 사병혁파 및 병권 집중의 명분으로 삼았다.

사병혁파는 제1차 왕자의 난을 유발할 정도로 개국공신 등 기득권자에게는 목숨이 오가는 중대한 정책이었다. 이렇게 도성 천도, 왕비 사망, 강대국 명나라와의 분쟁, 그로 인해 야기되는 국내 정세의 불안으로 「천상열차분야지도」에 대한 관심이 멀어질 수밖에 없었다.

더구나 삼재를 하단에 모아서 화합을 강조하는 것은 좋았지만, 왕으로서의 체통이 서지 않았고, 무엇 보다도 균형적인 조화미가

46] 『조선왕조실록』「태조 7년, 무인(1398) 윤 5월 29일」

없었다. 이는 세종 때 제작한 「천상열차분야지도」의 완벽미와 비교해보면 미적으로 등급이 떨어짐을 누구라도 금새 느낄 것이다.

2) 세종의 「천상열차분야지도」와 왕권강화 우주관

> 세종 때 만들어진 「천상열차분야지도」에는, "임금은 하늘의 운행과 지상의 형세를 모두 꿰뚫어 아는 사람으로, 그 지식을 바탕으로 신하와 인간을 다스려서 우주의 운행과 조화시키는 사람이다." 라는 적극적인 우주관이 담겨있다.

건국 초기의 '사대부 중심의 나라, 의정부 중심의 나라'는 태종이라는 강력한 임금에 의해 왕권중심으로 바뀌었고, 그 뒤를 이은 세종 때는 어느 정도 왕권(王權)과 신권(臣權)이 균형을 잡으며 조화를 이루어갔다. 왕이 중심이 되어 군림하되 신하의 권한도 늘려준 것이다.

따라서 삼재 중에 「천재(제목)」가 '천상(天象 : 10간과 12지로 구현됨)' 보다 위로 올라가서 다른 모든 것들을 내려 보게 되었다. 명실상부하게 '천상'은 물론 「인재」와 「지재」를 통합해서 다스리는 「천재」가 된 것이다. 왕권이 강화된 것이다.

다만 「인재」와 「지재」의 내용을 고치지 않음으로써, 우주에서는 인간이 가장 중요하며, 그래서 실무자를 우대한다는 건국초기의 정신을 이어갔다. 왕권과 신권의 절묘한 조화를 표시한 것이다.

그 결과 세종 이후의 천문도는 모두 제목(천상열차분야지도)이 제일 위로 올라가서 천문도를 총괄하게 된다. 중간의 어정쩡한 위치가 아니라, 당당하게 제일 위로 올라가서 삼재뿐 아니라 하늘(10간 12지)도 총괄하게 된 것이다.

> 일식이 있다 하여 임금(세종대왕)께서 소복(素服)으로 갈아입고, 인정전의 월대(月臺) 위에 서서 "다시 밝은 해가 떠오르게 해주십시오." 하고 의식을 치렀다. 해가 다시 빛이 나자, 임금께서 섬돌로 내려와서 해를 향하여 네 번 절하였다.[47]

위의 글을 읽어보면 별 문제가 없어 보인다. 천문에서 해는 임금을 상징하는데, 해가 어두워지는 현상이 일어났다는 것은 임금이 정치를 잘 못했다는 것이다. 그래서 반성하는 마음으로 하늘에 빌었더니, 해가 다시 빛났다.

해가 다시 빛났다는 것은 무엇인가? 하늘이 임금을 용서해주고, 다시 임금 노릇을 잘 하라고 재신임(再信任)을 해주었다는 것이다. 하늘이 재신임을 해주었으니, 임금의 권한이 한층 더 위엄 있고 강화되었다는 뜻이다.

당시 천문지식으로도 충분히 일식의 이유와 일식의 시간을 예측할 수 있었다. 그런데도 임금이 신하들을 거느리고 '일식행사'를 했던 것은, 일식현상에 막연한 두려움을 느끼는 백성들에게

47] 『조선왕조실록』, 「세종 4년(1422년), 1월 1일」

'하늘의 재신임'을 과시하기 위한 것이다.

그런데 세종대왕은 평상적인 '일식행사' 보다 14분을 더 길게 하였다. 왜 그랬을까? 당시 일관(천문 관측관)이었던 이천봉(李天奉)이 잘못 계산해서 14분이나 빨리 나오게 된 것이다. 다른 때도 아니고 설날이었다. 한 해를 시작해서 신하들에게 하례를 받다가 중단하고, 추운 날씨에 14분이나 먼저 나와서 벌을 섰던 것이다. 그래서 잘못 계산한 이천봉에게 곤장을 때려서 그 죄를 물었다.

세종대왕은 원나라 때 역법인 수시력으로 계산하면 14분이 빠를 수밖에 없다는 것을 알았다. 당시의 역서(曆書)에 기준해서 계산하면 이천봉 같은 실수를 되풀이 할 것이라는 생각에 새로운 역서를 만들기로 결심했고, 그러려면 외국의 선진 천문자료와 동시에 천문현상을 계산하는 데 기준이 될 우리나라만의 독자적이고도 정확한 관측자료가 바탕이 되어야 함을 깨달았다.

> 정초, 이천, 정인지, 김빈 등이 혼천의를 올리자 임금이 살펴보고…, 이후로 임금과 세자가 매일 간의대에 이르러 천문을 관측하고 토론하기로 했다.[48]

세종대왕은 간의 혼천의 등으로 관찰해서 24절기의 흐름을 알

48] 『조선왕조실록』, 「세종 15년, 8월 11일」

고, 비의 양을 측정해서 농사 등에 대비하고, 해시계와 별시계를 만들어서 누구나 시간을 알 수 있게 하고, 일식 월식 등 하늘의 현상을 미리 예측하였다. 뿐만 아니라 이와 같은 천문현상을 매일 같이 세자(훗날의 문종)와 함께 직접 관측하며 연구한 것이다.

> 옛날부터 지금까지 모든 천문도를 참고 비교하면서 측정하여 바른 것을 취하게 하고, 28수의 도수와 12차의 도수를 모두 수시력(授時曆)에 따라 수정해 고쳐서 석판(石版)으로 간행하게 하셨다.[49]

그동안 천문을 관측하며 얻은 첫 결과물이다. 이전의 천문책과 그림을 참고하여 새로 천문현상을 관측하고, 그 결과치를 돌에 새기는 일을 다시 했다는 것이다(세종 15년). 그것이 「천상열차분야지도」라는 제목을 맨 위로 올려 10간 12지와 삼재를 통어하게 한 천문도이다.[50]

---

[49] 『조선왕조실록』, 「세종 27년, 3월 30일」

[50] 그 후로도 계속 연구하여 12년 후에는 『칠정산내외편』을 만듦으로써 하늘의 현상이 정확하게 예측 가능한 것임을 밝혀냈다. 『칠정산내외편』은 원나라의 수시력에 명나라의 역법, 이슬람의 역법을 참고하고, 여기에 그간 하늘을 관측하여 얻은 자료까지 참고하여 만들은 소중한 역서이다. 이제 명실상부하게 하늘의 운행 이치를 모두 깨달은 것이다.

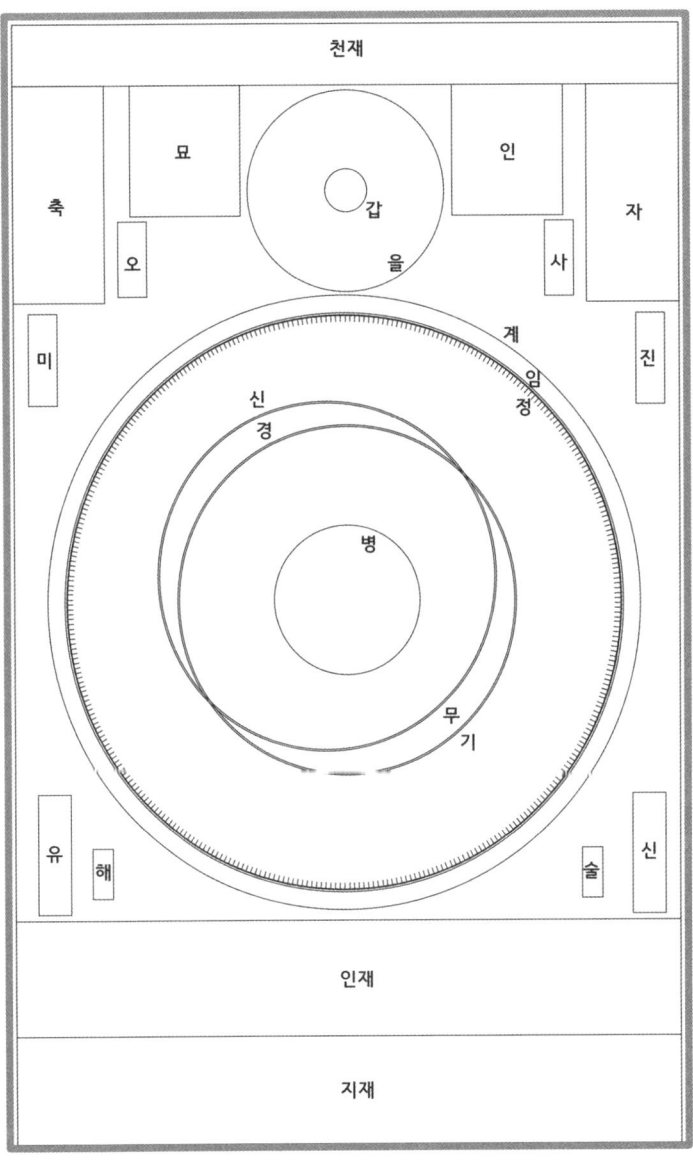

세종 시대에 수정되었다고 알려진 「천상열차분야지도」. 「천재」의 위치가 맨 위로 올라감으로써, 천문도 전체를 아우르는 형상이 되었다.

2. 하늘은 두려움의 대상이 아니라 공경의 대상이다

그리고 하늘의 운행이 예측 불가능한 두려운 현상은 아니지만, 항상 공경하는 마음으로 그 운행의 뜻을 살피고 받아들여야 한다는 뜻으로 흠경각을 지었다.

하늘의 운행과 지구상의 시간이 자동으로 맞물려서 돌아가는 정교한 전자동 천체조형물을 만든 것이다. 흠경각은 세종 20년(1438년) 1월 7일에 완성된 천문 종합 전자동시계이다. 장영실을 실무책임자로 해서 경복궁 침전 옆에 만들었다.

> 흠경각(欽敬閣)이 완성되었다. 이는 대호군 장영실(蔣英實)이 재작한 것이나 그 규모와 내용의 신묘함은 모두 임금(세종)이 설계한 것이며, 흠경각을 경복궁 침전 곁에 두었다. 임금이 우승지 김돈(金墩)에게 명하여 기념하는 글을 짓게 하였다.[51]

아래의 글은 당시 우승지였던 김돈이 세종의 명을 받아 지은 글이다. 흠경각에 대해서 김돈만큼 자세하게 묘사한 글이 발견되지 않았으므로, 그대로 전문을 번역해서 인용한다.

51] 『조선왕조실록』, 「세종 20년(1438년), 1월 7일」

제왕이 정치를 하고 나랏일을 성공시킨 옛일을 살펴보면, 책력을 밝혀서 사람들에게 절기와 시간을 알려주는 것을 급선무로 하였고, 절기와 시간을 아는 요결은 천문을 살피고 기후를 살피는 데에 있는 것이므로, 선기옥형과 간의 및 규표를 설치하였다.

그렇지만 이런 도구를 사용해서 아는 방법은 지극히 정밀하고 복잡해서, 하나의 천체관측 도구만으로 이루어지는 것이 아니었다.

우리 주상 전하께서는 관련 부서에 명하셔서 모든 도구를 다 만들게 하셨고, 대간의와 소간의·혼천의와 혼천상·앙부일구(낮시계)와 일성정시의(밤시계)·규표(그림자 길이 재는 도구)와 금루(빗물 측정기)같은 기구가 모두 정교하여서 이전의 도구들 보다 훨씬 좋았다. 다만 관측하는 방법이 아직 정교하지 못하고, 또 모든 기구를 후원에 설치하였으므로 시간마다 점검하기가 어려울 것을 염려하셨다.

그래서 천추전(千秋殿) 서쪽 뜰에다 한 간 집을 세우고, 방 가운데 풀 먹인 종이로 일곱 자 높이의 산을 만들어 설치하며, 그 산 안에 옥루기(玉漏機:일종의 물시계) 바퀴를 설치하여 물의 힘으로 쳐올리도록 하였다.

금으로 탄알만한 해를 만들어서, 오색구름에 싸여 산허리 윗부분을 지나도록 하였는데, 하루에 한 번씩 돌아서 낮에는 산 위에 나타나고 밤에는 산 속으로 들어갔다. 산 위로 비스듬하게 태양이 떠가는 형세를 상징해서, 북극으로부터의 거리가 멀었다 가까웠다 하면서 뜨고 지며, 절기에 따라 일정한 도수가 있어서 태양의 운행과 합치하였다.

해 밑에는 선녀 인형 넷을 옥으로 만들었는데, 손에는 금 목탁을 잡게 하였고, 동·서·남·북 사방에 각각 구름을 타고 서 있게 하였다. 아침에 해당하는 3시·5시·7시에는 동쪽에 서있는 선녀 인형이 목탁을 치며, 낮에 해당하는 9시·11시·새로 1시에는 남쪽에 서있는 선녀 인형이 목탁을 치고, 서쪽과 북쪽에도 모두 그런 식으로 목탁을 쳤다.

그 밑에는 청룡·주작·백호·현무의 네 가지 동상을 만들어서, 각각 산을 향해 선녀 인형의 곁에 서 있게 하였다. 3시가 되면 청룡신이 북쪽으로 향하고, 5시에는 동쪽으로 향하며, 7시에는 남쪽으로 향하고, 9시에는 다시 서쪽을 향하였다. 또 주작신은 3시에 동쪽으로 향하는 것으로 시작해서 한 바퀴 돌고, 백호신·현무신도 모두 이와 같은 원리로 운행하였다.

산 남쪽 기슭에는 높은 망대가 있어서, 시간을 맡은 인형이 붉은 비단 관복을 입고 산을 등지고 서있다. 또 무사 인형 셋이 갑옷 차림으로 있으면서, 동쪽에 서서 서쪽을 바라보는 무사 인형은 종과 종채를 잡고 있고, 북과 북채를 잡고 있는 무사 인형은 서북쪽에서 동쪽을 향해 서있고, 징과 징채를 잡고 있는 무사 인형은 서남쪽에서 동쪽을 향해 서있다.

그러다가 낮에는 매번 두 시간 마다 시간을 맡은 인형이 종 치는 인형을 돌아보면, 종 치는 인형도 시간을 맡은 인형을 돌아보면서 종을 친다.

또 밤에는 매번 두 시간마다 북을 잡은 인형이 북을 치고, 매 24분[52]마다 징을 잡은 인형이 징을 치는데, 시간을 맡은 인형과 서로 돌아보는 것은 같으며, 1시간이나 24분마다 북 치고 징 치는 수효도 시간을 알리는 법[53]에 따랐다.

또 산 밑 평지에는 열두 방위를 맡은 신들이 각각 제자리에 엎드려 있고, 열두 방위를 맡은 신 뒤에는 각각의 구멍이 있는데 보통 때는 닫혀 있다.

자시가 되면 쥐 모양의 신 뒤의 구멍이 열리면서 선녀 인형이 자시패를 가지고 나오며, 쥐 모양으로 만든 신이

52] 일몰부터 일출까지를 다섯으로 나누어서 5경(1경은 약 2시간)이라고 하고, 1경을 다섯으로 나누어서 점(약 24분)이라고 하는데, 동지 때는 밤이 더 길어지고 하지 때는 짧아져서 그 차이가 약 3시간 30분이나 된다.
53] 인경(人定) 때 64번을 치던 것을 28번으로 고쳐서 쳤고, 바라(罷漏) 때 33번 치던 것을 28번으로 고쳐서 쳤다.

그 앞에 일어선다. 자시가 넘으면 선녀가 구멍에 들어가는 동시에 구멍이 저절로 닫히고, 쥐 모양의 신도 제 위치에 다시 엎드린다.

축시가 되면 소 모양으로 만든 신 뒤의 구멍이 저절로 열리면서 선녀가 나오고 동시에 소 모양의 신도 일어나게 되는 데, 열두 시의 12신이 모두 이렇게 움직인다.

오방위(午方位) 앞에 축대가 있고 축대 위에는 의기[54]를 놓았는데, 의기 북쪽에는 황금병으로 물을 따르는 형상의 인형 관원이 있다. 의기에 시간을 재고 남은 물이 끊임없이 흐르며 채워서, 그릇이 비면 기울고 적당히 차면 반듯해지며, 가득 차면 엎어지는 것이 모두 옛날 의기의 가르침과 같았다.

또 산 동쪽에는 봄 3개월의 경치를 만들었고, 남쪽에는 여름 3개월의 경치를 꾸몄으며, 가을과 겨울 경치도 만들었다. 『시경』의 「빈풍(豳風)」[55]을 묘사한 그림에 의하여,

---

54] 의기(欹器) : 주(周)나라 때, 혹은 삼황시대 때부터 임금을 경계하기 위하여 만들었다는 그릇이다. 물이 알맞게 들어 있어야만 반듯하게 놓여있고, 가득차면 엎어져서 물을 쏟고, 반면에 물이 모자라게 되면 기울어진다고 한다.

55] 『시경』의 편명이다. 성왕의 삼촌 주공이 섭정을 하면서, 주나라의 조상인 후직과 공류의 교화를 서술하는 시 한 편을 지어 성왕을 경계시키고 「빈풍」이라 이

나무를 깎아 인물·새와 짐승·풀과 나무 등 여러 가지 형용을 만들고, 절기에 맞춰 나열해 놓았는데, 「7월」[56]시의 내용을 다 갖추어 놓았다.

집 이름을 '흠경'이라 한 것은 『서경』 「요전」편에 "흠약호천(欽若昊天), 경수인시(敬授人時)"[57]에서 '흠'과 '경'을 따서 '흠경'이라 한 것이다.

요임금·순임금 시대로부터 기후를 측정하는 기구는 각 시대마다 각각의 제도가 있었고, 당나라·송나라 이후로 그 법이 점점 갖추어져서 당나라의 황도유의(黃道遊儀)와 수운혼천(水運渾天), 송나라의 부루 표영(浮漏表影)과 혼천의상(渾天儀象), 원나라의 앙의(仰儀)와 간의(簡儀) 같은 것은 모두 정묘함으로 이름이 났다.

그러나 대개는 한 가지를 측정하는 것일 뿐이고, 두 가지 이상을 종합해서 생각하지는 못했으며, 운용하는 방법도 사람의 손을 빌린 것이 많았다.

름지었다. 여기서는 특히 「7월」이라는 시를 언급했다.

56] 「7월」은 시의 제목으로, 일종의 농사월령가이다. 매 달의 기후와 그 달에 해야 할 일을 시로 표현하였다.

57] 먼저 희씨와 화씨에게 "저 높은 하늘을 공경하라. 해와 달과 별들의 운행을 살피고 본받아, 진실하게 사람들에게 때를 알려주거라(乃命羲和하사 欽若昊天하여 曆象日月星辰하여 敬授人時하시다.)"라고 명령하셨다.

그러나 이 흠경각에는 하늘과 해의 고도와 해시계와 물시계를 청룡·주작·백호·현무의 사신(四神)과 자·축·인·묘 등의 12신과 연결하여 북치는 인형, 종치는 인형, 시간을 맡은 인형, 시간패를 드는 옥녀를 함께 움직이게 했다.

여러 기구들이 차례대로 함께 작동해서, 사람의 힘을 빌리지 않고도 저절로 치고 저절로 운행하였다. 마치 귀신이 시키는 듯하여 보는 사람마다 놀라고 이상하게 여겼으나, 그 원리를 헤아리지 못하였다.

임금님(세종대왕)의 뜻과 하늘의 운행이 털끝만큼도 어긋남이 없었으니, 이를 만드신 임금님의 계획이 참으로 기묘하다 하겠다. 또 물시계로 쓰고 남은 물을 이용하여 의기(欹器)를 운용해서 천도(天道)의 가득 차게 하고 비우게 하는 이치를 보게 하며, 산 사방에 「빈풍」시의 내용을 벌려 놓음으로써 백성들의 농사짓는 어려움을 볼 수 있게 하였으니, 이것은 또 이전의 시대에는 생각지 못했던 아름다운 뜻이다.

임금님께서 좌우 측근들을 만날 때마다 매번 생각을 가다듬으시며, 늦게 자고 일찍 일어나 밤낮으로 백성을 걱정하시니, 어찌 성탕(成湯)임금의 세수 대야에 경계의 글을 새겨서 반성하고[58] 무왕의 방문에 글을 새겨서 스스로를 경계59]하는 것에 그치겠는가? 하늘을 본받고 때를 좇음에 '흠경(欽敬)'하는 뜻이 그럴 수 없이 지극하며, 백성을 사랑하고 농사를 중하게 여기시는 어질고 후한 덕이, 주나라와 같이 아름다워서 무궁토록 전해질 것이다.

흠경각이 완성됨에 신(김돈)에게 명하시어 그 사실을 기록하게 하시니, 삼가 그 줄거리를 적어서 절하고 머리를 조아리며 바치나이다.60]

얼핏 보면 거대한 전자동 물시계를 만들었다고 생각할지 모르지만, 세종 당시의 우주관을 현실화·자동화한 우주 축소판 모형 건물이다. 지구를 작은 모형으로 만들어서 매일같이 해가 뜨고 지며, 사계절마다 경치가 바뀌고, 청룡·현무·백호·주작의 사영신이 시간마다 방향을 바꾸며 움직이며, 시간마다 선녀들과 12신장이 나와서 북 치고 징 치고 춤추면서 시간을 알렸다. 이 모두가 수력(水力)으로 움직였으므로 물시계인 것처럼 보였을 뿐이다.

58] 은나라를 세운 성탕임금이 아침마다 세수하는 대야의 바닥에 "진실로 하루를 새롭게 했으면, 날마다 새롭게 하고 또 날로 새롭게 하라"고 새기고는 세수할 때마다 마음을 다졌다.

59] 무왕이 혁명을 일으키기 전에 단서(丹書)를 받아 천명을 확인하고는 "공경함이 게으름을 이긴다(敬勝怠)"라고 방문에 칼로 새겼다. 그리고 방문을 열고 닫을 때마다 자기를 경계하는 글(호유명戶牖銘)로 삼았다.

60] 『조선왕조실록』, 「세종 20년(1438년) 1월 7일」

시계를 돌리고 남은 물을 이슬처럼 받아 의기에 담음으로써, 오만하면 망하게 하고 모자라면 기울게 한다는 하늘의 가르침까지 생각했으니, 정치하는 철학과 스스로를 경계하는 마음이 모두 담겨 있는 우주 종합 물시계이다.

시간마다 알람이 울리고 '쥐신장, 소신장, 호랑이신장,…' 등등이 나와서 춤추며 시간을 알리는 것은 좋은데, 한밤중에도 쉬지 않고 시간마다 알려주니, 흠경각에는 귀신이 나온다는 소문이 돌 정도였다. 흠경각의 내용을 모르는 사람이 보면, 한밤중에 귀신들이 나와서 북 치고 징 치면서 춤추는 것으로 보였을 것이다. 앞에서 인용한 김돈의 「흠경각기」에 나오는 아래와 같은 글이 이런 사실을 증명한다.

> 때가 되면 사람의 힘을 빌리지 않고도 저절로 북치고 저절로 운행하는 것이 마치 귀신이 시키는 듯 하여 보는 사람마다 놀라고 이상하게 여겼다. ….61]

이때 이미 혼천의와 시계를 연결해서 하늘의 별 운행과 시간을 함께 알 수 있는 혼천시계(천문시계)62]가 탄생한 것이다. 흠경각은

61] 『조선왕조실록』, 「세종 20년(1438년) 1월 7일」
62] 현재는 혼천 물시계뿐만 아니라 추의 힘으로 톱니바퀴를 돌리는 기계식 혼천시계가 고려대박물관에 남아있다. 조셉 니덤이 극찬을 한 시계로(국보 230호), 방 안에서 시간을 보면서 동시에 하늘의 별이 어디에 떠 있는가를 알 수 있는 시계

전자동 우주운행시계인 셈이다.

송이영의 혼천시계(고려대 박물관 소장) : 추의 진동하는 힘으로 돌리는 기계식 혼천시계

로 1669년(현종 10년) 관상감 천문학교수인 송이영이 제작한 것이다.

3. 중국 천문도와의 관계

1) 순우천문도와 다른 점

　돌에 새긴 천문도 석각본으로는 제일 오래되었다고 하는 순우천문도는, 중국 소주(蘇州)시에 있다 하여 '소주천문도' 라고도 하며, 순우(1241~1252) 년간에 만들어졌다 해서 '순우천문도'라고도 한다. 중국에서는 천문도 중에서 가장 오래된 전체하늘천문도라 하여서 자부심이 대단하다. 1190년 황상(黃裳)이 그린 것을 1247년에 왕치원(王致遠)이 돌에 새겼다고 하였으니, 1395년에 제작된 「천상열차분야지도」 보다 148년이나 앞섰다.

　그래서 혹여 「천상열차분야지도」가 순우천문도를 베끼거나 참고로 한 것이 아닌가 하는 생각이 들 수도 있다. 그러나 이 생각은 완전히 틀렸다. 그동안 두 천문도를 비교 연구한 학자들의 말에 따르면, 순우천문도는 북위 34.5도(송나라 수도 개봉)에서 관찰해 그린 것이고 「천상열차분야지도」는 북위 38도(고구려의 서울 평양)에서 관찰해 그린 것이다.

　또 순우천문도는 1,443개의 별을 크기나 밝기에 상관하지 않고 일정한 크기로 그렸지만, 「천상열차분야지도」는 1,467개의 별을 크기와 밝기에 따라 크고 작게 그렸다.

　또 두 천문도의 별자리 위치가 다른 것이 많고 별자리 구성도 다른 것이 많다. 물론 은하수의 위치와 모양도 다르다.

또한 「천상열차분야지도」의 별 그림 바깥에는 중국 고대의 12차가 아닌 서양식 황도 12궁이 새겨져 있으며, 전체적인 구성도 「천상열차분야지도」가 훨씬 철학적이고 미적 짜임새가 있다.[63]

특히 유의해서 볼 점은 관측한 별의 개수가 더 많다는 것 외에도, 별자리를 구성하는 연결선과 별의 위치가 다르다는 점이다.

2) 중국이 생각하는 천상열차분야지도

중국에서는 「천상열차분야지도」를 부러워해서 아래와 같은 말로 스스로 위로하였다.

> 고구려 국왕이 중국에 왔다가 얻어갔는데, 당나라 초기에 고구려를 멸하는 전쟁에서 대동강에 빠트렸다. 조선의 왕 태조 이성계가 옛 탁본에 의거해서 다시 돌에 새기게 하고 「천상열차분야지도」라고 이름했는데, 숙종 때에 다시 탁본대로 돌에 새겼다.
>
> 이 천문도는 수나라 당나라 이전의 중국의 별을 그리고 있다. 전해오는 중국의 천문도 중에서 이 천문도가 제일

63] 3개의 가로 직사각형과 10개의 원 및 12개의 세로 직사각형이 미적으로 아름답고 균형 있게 어우러져서, 우주에는 3재와 10간 및 12지가 운행하고 있다는 우주관을 표현하고 있다.

오래된 것임이 확실하여서, 과학문화적 가치가 매우 높다.…."[64] "수나라 당나라 시대에는 이런 천문도가 많았다."

말하자면 '「천상열차분야지도」가 제일 오래된 천문도인 것은 확실하다. 하지만 수나라 당나라 시대에 중국 하늘의 별을 중국 사람이 새긴 중국의 천문도이며, 그 당시에는 중국에서 흔했던 천문도이다. 그런데 그 천문도가 하필 대한민국에만 남아 있기 때문에, 할 수 없이 「천상열차분야지도」를 모본으로 해서 수나라와 당나라 때의 천문상을 추론할 때 아주 중요한 자료로 쓴다.'는 주장이다.

하지만 아무리 부럽고 샘이 나도 이건 지나친 억지다. 중국인들의 이런 어이없는 주장을 반박할 근거는 아주 많다. 「천상열차분야지도」는 서울(중심부의 별)과 평양(주변부의 별)의 하늘을 새겼고, 지금은 전해지지 않는 옛 탁본 역시 평양의 하늘을 새겼으며, 별들도 중국 천문에서는 잘 쓰지 않는 '종대부'나 '토공' 등의 별자리를 표시했다. 28수에 종속되는 별들도 다르고, 서양식 황도 12궁을 표시하였으며, 별의 밝기에 따라 크고 작게 그리는 우리 조상들의 천문도 그리는 고유의 기술이 들어가 있다.

중국이 자랑하는 순우천문도는 당나라가 멸망한 때(907년) 보

64] 왕수관(王綏琯), 『중국고천문도록』 27쪽.

다 124년 뒤에 만들어졌음에도 불구하고, 「천상열차분야지도」 보다 별의 개수도 적고 별자리와 그 새긴 형태도 어설프고 정교하지 못하다는 것은, 더 많은 시간이 흘렀음에도 오히려 중국의 천문기술이 퇴보하여 이전보다 더 못한 천문도를 만들었다고 밖엔 설명할 수 없는 일이다.

천문도	제작시기	석각시기	별개수	별크기
「천상열차분야지도」	고구려(0~491년)	1395년	1,467개	다양
순우천문도	581~907년	1247년	1,443개	일정

그러니 수나라 당나라시대[65]에 남의 나라 수도인 평양 하늘의 0년~ 474년의 하늘을 관찰하고 그려서, 그 천문도를 고구려 국왕에게 다시 제공하였다는 주장이 어떻게 이치에 합당할 수 있겠느가? 다만 그들이 부러워할 뿐임을 알겠다.

조선의 태조가 받았다는 옛 탁본 천문도는 전체하늘천문도의 아주 뛰어난 장점을 다 갖춘 천문도로, 우리나라 고유의 천문도 제작 기술을 이어받은 고구려 일관들의 개가이다. 권근의 기록에 의하면, 다른 것은 그대로 놓아두고 중성에 관한 것만 다시 수정

65] 수나라는 581년에 건국하고 당나라는 907년에 멸망했으니, 그 326년 동안(907-581)은 순우천문도 제작시기보다 300~400년 이전의 일이다.

하였다고 하니, 지금 보는 「천상열차분야지도」와 거의 흡사하다고 해도 과언이 아니다.

고구려 시대에 만든 천문도가 지금 우리 눈에도 아름답고 뛰어나 보이니, 그 당시 사람에게는 얼마나 대단하고 당당한 천문도였는지 상상할 수 없을 정도이다.

3) 1/4도의 처리 문제

「천상열차분야지도」 외곽의 선은 365개이다. 이것은 1년이 365와 1/4일이라는 것을 반영한 것이다. 이것을 열두 달의 12로 나누어서, 31도 내지는 30도로 분리하였는데, 학자들 중에는 한 칸을 더 크게 그려서 1/4도를 처리했다고 하는 사람도 있다. 심수 영역이나 미수 끝부분에 좀 더 간격이 큰 선이 있다는 것이다.

그러나 고대의 천문서는 북방7수 안에 1/4도가 있다 했고, 특히 『석씨성경』 등은 "두수의 영역이 26도 1/4"이라고 명시하였다. 고대 천문을 언급한 대부분의 책이 두수 영역에 1/4도가 있다고 한 것이다.

「천상열차분야지도」에서는 1/4도에 대해서 세 번이나 강조하였다.[66]

① 먼저「진(辰)」직사각형에서 "북방현무칠수 삼십오성 합구십팔도 사분도지일"이라고 함으로써, 1/4도가 북방칠수 안에 처리되어 있음을 밝혔다. 그러니까「천상열차분야지도」에서는 북

66] 물론 이 밖에도 "사분도지일(四分度之一)"이라고 기록한 곳이 두 군데 더 있다. 「축」직사각형에서 12국 분야를 마무리 지으면서 "공삼백육십오도 사분도지일(共三百六十五度 四分度之一)"이라고 했는데, 천문도 전체가 '365와 1/4도' 라고 말한 것이지, 1/4도가 있는 곳을 강조한 글은 아니다. 또 「인재」의 '논천'에서 "주천(周天) 삼백육십오도 사분도지일(三百六十五度四分度之一)"이라는 글 역시 1/4이 표시된 곳을 강조한 글은 아니다.

방현무칠수의 영역에 1/4도를 처리했음을 밝힌 것이다.

② 두 번째로 「인재」의 '28수 거극분도'에 "斗六星(두육성) 二十六度四分度之一(이십육도 사분도지일)"이라고 해서 1/4도가 두수의 영역에 있음을 확실히 했다.

③ 마지막으로 「자」직사각형의 '성기 영역(두수 12도부터 여수 7도)'에서 "30과 1/4도"라고 함으로써, 「정」원의 365개 점으로 1년 365와 1/4도를 표시했는데, 1/4도 더 넓은 곳이 두수 12도~여수 7도 사이라는 것을 밝힌 것이다.

이상 ① ② ③의 세 문구를 종합하면 두수 12도부터 두수가 끝나는 점인 우수 1도 사이에 1/4도를 두었음을 알 수 있다.

그런데 「천상열차분야지도」의 '두수 12도부터 우수 1도 사이'를 나눈 선분을 보면 일정한 간격으로 나누어져 있다. 아마도 당시 이곳의 간격을 넓혀서 새기라는 특별한 지시도 없었고, 돌에 별을 새긴 석공 역시 별다른 생각 없이 일정하게 나눈 것 같다.

2부
「천상열차분야지도」의 배경 글

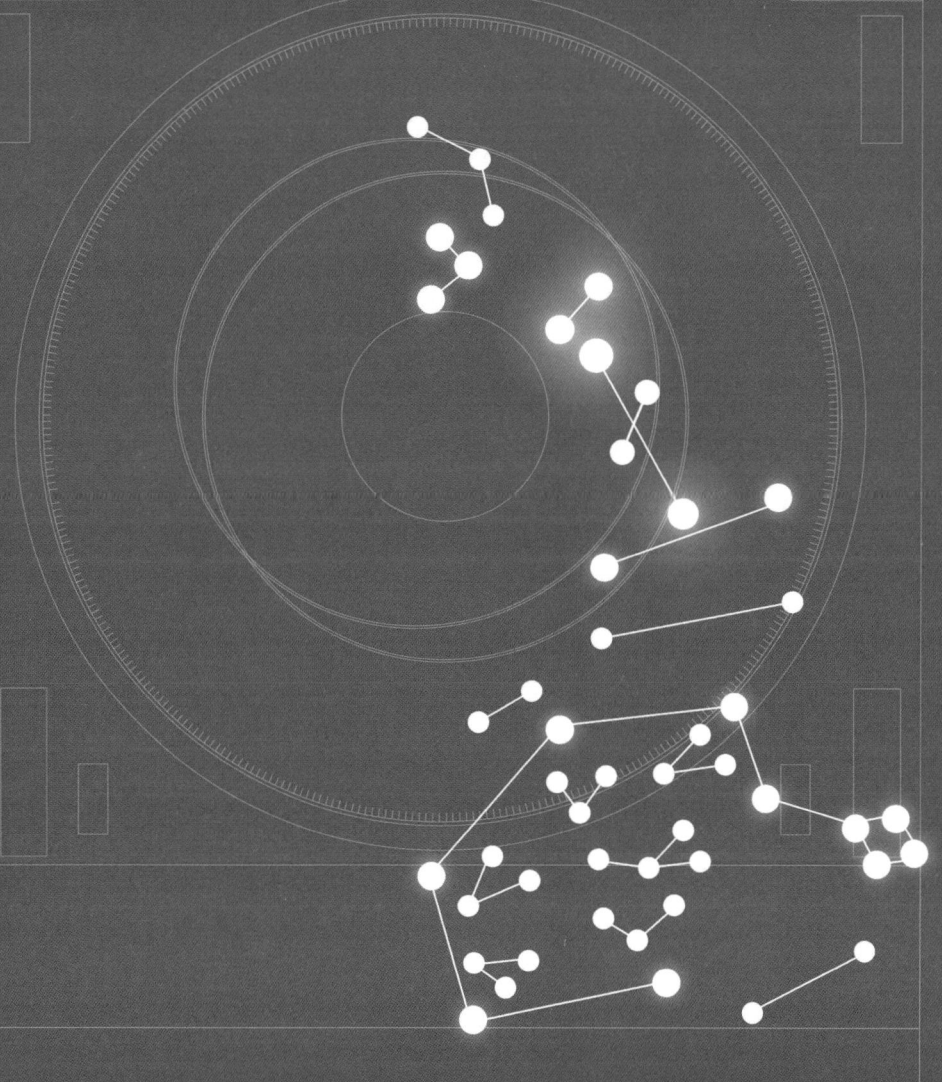

1장. 삼재와 가로 직사각형 셋

가로로 긴 직사각형 셋으로 구성되었다. 맨 위부터 차례로 「천재」와 「인재」, 그리고 「지재」이다.

1. 「천재」

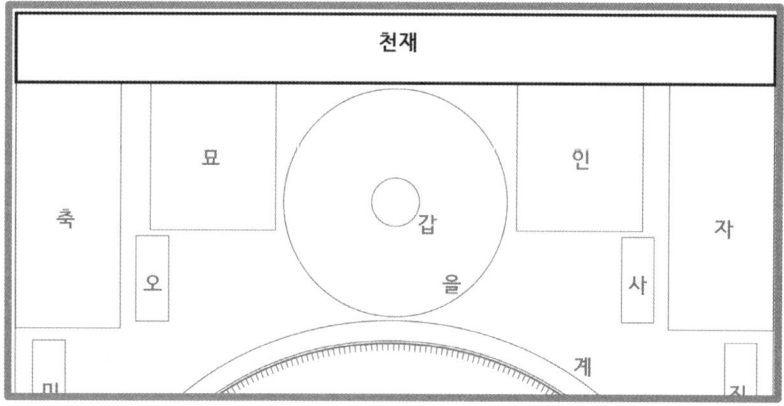

천문도 상단의 「천재」(제목) 부분 : '天象列次分野之圖(천상열차분야지도)'라는 제목이 쓰여 있다.

「천재」는 제일 윗 단의 '천상열차분야지도'라는 제목을 가리킨다. 천문도 전체를 아우르는 제목을 뜻하는 것으로써, 천문도의 목적과 내용을 단적으로 표현했으니,「지재」와「인재」를 이끌어 우주를 운행하는 당당한 기상이 보인다.

'천상열차분야지도'는 '천상'과 '열차' 그리고 '분야'를 그린 그림(지도)이라는 뜻이다. 다시 말해 우주는 '하늘(천상)을 해와 달과 오성이 운행하면서(열차) 계절에 따른 변화를 주면, 땅과 사람이 각각의 처지에 맞게 하늘의 뜻을 받들고 적응하면서(분야) 조화롭게 살아가는 것을 표현한 그림이다(지도).'라고 당시의 우주관을 '천상열차분야지도'라는 제목에서 정의한 것이다.

1) 원문과 풀이

天象列次分野之圖
천 상 열 차 분 야 지 도

* 「천재」는 제일 윗 단의 ① '천상열차분야지도'라는 제목이다.
* 이 제목에서 '천상'은 '하늘 천, 형상 상' 자를 썼다. 글자 그대로 하늘의 형상이다. 천문도에서 그려놓은 하늘의 형상은 붙박이별(항성恒星)밖에 없다. 지구에서 봤을 때 해와 달처럼 시시각각으로 움직이는 별은 고정된 자리에 그릴 수 없기 때문이다. 결국 '천상'은 하늘의 여러 형상 중에 붙박이별을 그려놓은 것으로, 1,467개 항성의 형상(천문:하늘의 별)을 뜻하는 것이다.

* '열차'는 '나열할 렬, 임시 숙소 차'로, 임시 숙소를 나열했다는 뜻이다. 1년은 12달인데, 해와 달이 달마다 다른 곳으로 자리 들어간다고 해서, 하늘 365와 1/4도를 12등분해서 각 달마다 잠자는 곳으로 삼았다.

* 달은 12지지를 써서 자월·축월·인월·묘월·진월·사월·오월·미월·신월·유월·술월·해월이라고 표시하므로, 이를 12곳의 임시 숙소라는 뜻으로 '12지차' 또는 줄여서 '12차' 라고 한다. 그러니까 '열차'는 이 12차를 나열했다는 뜻이다.

* 10간을 표시한 것 중에 「임」원과 「계」원 사이에 이 12차를 표기하고, 하늘의 항성(붙박이별)과의 상관관계를 알아볼 수 있게 하였다. 그러니까 해와 달이 잠을 자러 들어가는 영역을 12등분하여 나누고, 목성이 진행하는 순서에 따라 12지로 표시한 것이다.

* '분야지도'는 '나눌 분, 들 야, 소유격 지, 그림 도' 자를 썼다. 여기서 '분야'는 중국을 12개 나라로 나누었다는 말이다. 하늘의 별자리와 지상의 해당지역을 서로 연결시켜 배당했다는 뜻으로, 12영역에 중국의 12개(실제로는 13개 또는 14개, 진晉과 위魏, 혹은 오吳와 월越을 하나의 나라로 침) 나라를 표시했고[1] 아울러 황도 12궁

1] 대관령박물관에서 소장하고 있는 「천상열차분야지도」에는 천상과 우리나라의 지명을 연결해서 적어 놓았다.
또 대유학당에서 발행한 『천문류초』나 『천문도 해설』, 『세종대왕이 만난 우리 별자리』 등에도 천문과 우리나라 지명을 연결해 놓았다.

을 표시했다.[2]

* 그러니까 '천상열차분야지도'는 '천상'을 '열차' 및 '분야'와 관계를 지어 그린 천문도라는 뜻이다.

2] 이 12차 12분야에 중국의 나라이름을 써놓았고, 「자」직사각형과 「축」직사각형에 중국의 주(州)이름을 써놓았으므로, 「천상열차분야지도」를 중국에서 만들었다고 주장하는 근거로 삼기도 한다.

2. 「인재」(우주관과 거극분도)

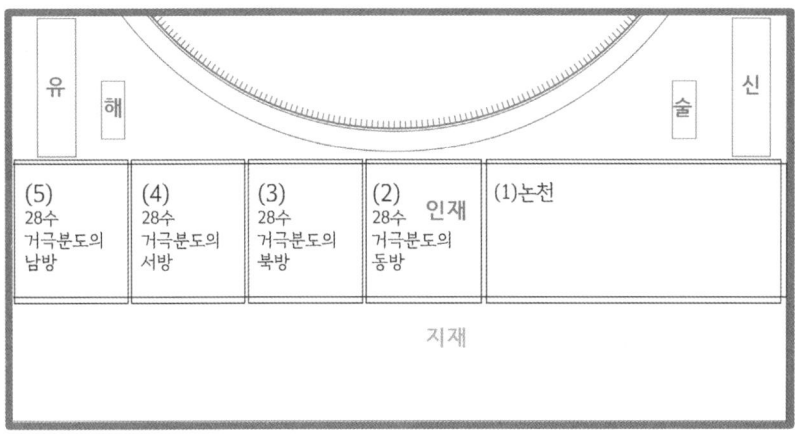

천문도 중하단의 「인재」 부분, 논천과 거극분도가 쓰여 있다.

「인재」는 두 부분으로 나뉜다. 첫 번째는 '논천'이라 하여 옛 학자들의 천문관(우주관)을 말했는데, "하늘의 운행을 크게 여섯 가지로 이해했다. 그 중에서 대표적인 것이 '하늘과 땅의 본체는 새의 알처럼 생겼는데, 하늘이 땅을 에워싼 것이 마치 계란의 흰자위가 노른자위를 둘러싼 것과 같다.' 라고 하는 혼천설이다.

두 번째는 '이십팔수 거극분도'라 하여서 28수의 별 개수 및 28수가 북극으로부터 떨어진 거리를 설명하였다. 이 책에서는 '원문'과 '풀이'로 나누어 설명하였다.

이 둘 모두 중국 진(晉, 265~419년)나라의 천문학 지식을 많이 인용하였다. 특히 역사서인 『진서(晉書)』[3], 「권십일(卷十一), 지

(志)」를 대부분 인용하면서, 그동안 인간이 우주를 연구하고 깨우쳐서 철학적으로 문학적으로 활용한 근본적인 원리를 설명하였다.

특히 '이십팔수 거극분도'의 내용은 1,467개의 별 그림에 기록한 내용과 차이가 있는 것으로 보아, 옛 탁본에 있는 내용도 아니고 조선 초기에 별을 측정한 측정치도 아니며, 당시 유행하고 있는 천문해설서 특히 『석씨성경, 감씨성경, 구당서』 등의 내용을 요약 인용한 것으로 추측된다.

3] 당나라 태종(599~649) 때 만들어진 진나라의 역사서.

1) 「인재」 1(여섯가지 우주관)

(1) 원문과 풀이 1 (혼천설 1)

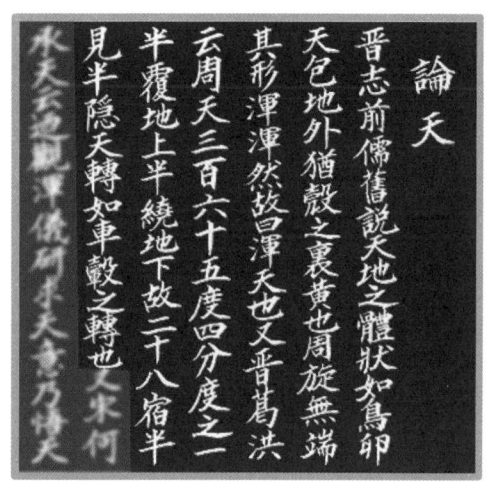

論天
논천

晉志 前儒舊說 天地之體 狀如鳥卵 天包地外
진지 전유구설 천지지체 상여조란 천포지외

猶殼之裏 黃也 周旋無端 其形渾渾然 故曰渾天也
유각지리 황야 주선무단 기형혼혼연 고왈혼천야

又晉葛洪云 周天三百六十五度四分度之一 半覆地上
우진갈홍운 주천삼백육십오도사분도지일 반부지상

半繞地下 故二十八宿 半見半隱 天轉如車轂之轉也
반요지하 고이십팔수 반현반은 천전여거곡지전야

* 하늘을 논함
* 『진서』의 「지」편4]에, "옛 선비들의 천문학설에 의하면 '하늘과 땅의 본체는 새의 알처럼 생겼는데, 하늘이 땅의 외곽을 둘러싼 것이 마치 껍질이 알의 노른자위를 싼 것과 같다. 빙 둘러싸며 시작과 끝이 없어서 그 모습이 둥글면서도 크다. 그래서 혼천이라고 한다.'고 했다."
* 또 『진서』에 진나라 갈홍이 말하기를5] "하늘 한 바퀴가 365와 1/4도인데, (또 그 중간을 나누어 보면) 반은 지평의 위를 덮고 절반은 지하를 둘러쌌다. 그러므로 28수가 반은 보이고 반은 보이지 않으며, 하늘이 굴러가는 것이 마치 수레바퀴가 구르는 것과 같다"라고 하였다.

4] 당태종 문황제 어찬(唐太宗文皇帝 御撰).『진서(晉書)』,「卷十一, 지(志) 第一, 의상(儀象)」: 내용이 같음

5] 당태종 문황제 어찬.『진서』,「권십일, 지 제일, 천체(天體)」: 周天三百六十五度四分度之一 又中分之則 半覆地上 半繞地下 故二十八宿半見半隱 天轉如車轂之運也. 내용이 거의 같음

(2) 원문과 풀이 2 (혼천설 2)

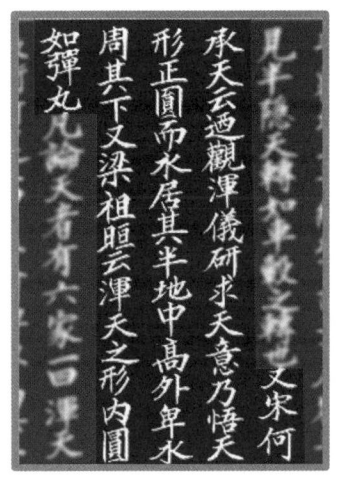

又宋何承天云 迺觀渾儀研求天意 乃悟天形正圓
우송하승천운 내관혼의연구천의 내오천형정원

而水居其半 地中高外卑 水周其下 又梁祖暅云
이수거기반 지중고외비 수주기하 우양조훤운

渾天之形內圓如彈丸[6]
혼천지형내원여탄환

---

[6] 송(宋)나라 요현(姚鉉)이 편저한 『당문수(唐文粹)』, 「혼천법(渾天法)」의 "晉葛洪謂天形如雞子 地如雞子之黃. 周天三百六十五度四分度之一 半覆地上 半繞地下. 二十八宿半隱半見. 宋何承天云 迺觀渾儀研求天意 乃悟天形正圓 水居其半 中高外卑 水周其下. 梁祖暅云 渾天之形 內圓如彈丸 其半出地上半隱地下."와 내용이 거의 같다.

* 또 송나라 하승천이 말하기를[7] "이에 혼천의를 보고 하늘의 뜻을 연구해보니, 하늘 모양이 똑바른 원형이고 물이 그 절반을 차지하며, 땅은 가운데가 높고 외곽은 낮아서 물이 그 밑을 흘러가고 있음을 알 수 있다." 고 하였다.
* 또 양조훤은 말하기를 "혼천의 모습은 속이 둥글어서 탄환 같다." 라고 하였다.

---

[7] 노조(盧肇), 『해조부(海潮賦)』, 「혼천법」의 "宋何承天云 迺觀渾儀研求天意 乃悟天形正圓 水居其半 中高外卑 水周其下 梁祖晅云 渾天之形內圓如彈丸 其半出地上 半隱地下."와 내용이 같다.

(3) 원문과 풀이 3 (여섯 우주관)

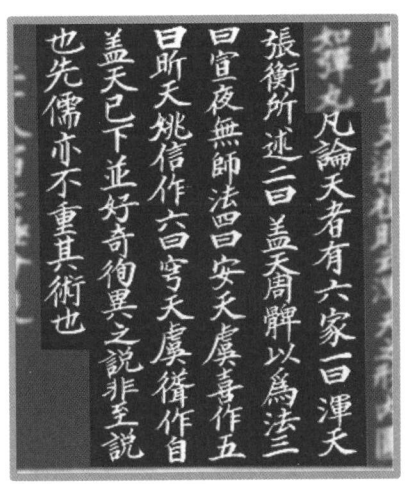

凡論天者 有六家 一曰渾天張衡所述 二曰蓋天周髀
범논천자 유육가 일왈혼천장형소술 이왈개천주비

以爲法 三曰宣夜無師法 四曰安天虞喜作
이위법 삼왈선야무사법 사왈안천우희작

五曰昕天姚信作 六曰穹天虞聳作 自蓋天已下
오왈흔천요신작 육왈궁천우용작 자개천이하

并好奇徇異之說 非至說也 先儒亦不重其術也[8]
병호기순이지설 비지설야 선유역부중기술야

8] 송(宋)나라 왕응린(王應麟)의 『옥해(玉海)』 등 여러 천문서를 종합해서 요약한 것으로 보인다. 혹자는 궁천(穹天)을 우용(虞聳)이 아니라 우병(虞昺)에서 나온 학설이라고도 한다.

* 대저 하늘을 논함에 여섯 계통이 있는데,9] 첫째는 '혼천'이라 하여 장형이 말한 것이고, 둘째는 '개천'이라 하여 『주비산경』에서 본받은 것이고, 셋째는 '선야'라 하는데 현재는 그 방법을 알 수가 없고, 넷째는 '안천'이라 하여 우희가 만든 것이고, 다섯째는 '흔천(昕天)'이라 하여 요신이 만든 것이고, 여섯째는 '궁천'이라 하여 우용이 만든 것이다.
* '혼천'을 뺀 나머지 '개천'부터는 신기하고 색다른 것을 좋아하여 따른 것으로 이치에 맞는 설은 아니며, 옛 선비들 또한 그 방법을 소중히 여기지 않았다.10]

9] 노조, 『해조부』, 「신정해조집해혼천고금정법도(新定海潮集解渾天古今正法圖」: 自古説天有六 一曰渾天(張衡所述) 二曰蓋天(周髀以為法) 三曰宣夜(無師法) 四曰安天(虞喜作) 五曰昕天(姚信作) 六曰穹天(虞聳作) (自蓋天已下 並好奇徇異之説 非至説也 先儒亦不重其術也).

10] 이상은 『진서』와 『해조부』의 내용을 인용하여 선인들이 해한 천문에 대해 말하였다.

2)「인재」2(28수와 거극분도)

(1) 원문과 풀이 4 (제목)

二十八宿去極分度
이 십 팔 수 거 극 분 도

* 28수와 북극으로부터 떨어진 도수[11]

---

[11]「천상열차분야지도」의 중심에 있는 북극성으로부터 천문도의 제일 가장자리까지가 142도다. 천문도 중심부터 가장자리까지를 142등분하여 거극도수(북극으로부터 떨어진 거리의 도수)를 계산하면 28수의 위치가 나온다. 도수를 잴 때 북극부터 해당 별자리 중에서 기준이 되는 별(거성)까지 재는데, 세차운동으로 도수도 달라지지만 특히 기준별을 어느 별로 정하냐에 따라서도 많이 달라진다.
그래서 책마다 시대마다 조금씩 차이가 나고,「천상열차분야지도」에서도「인재」의 거극분도와 실제로 그린 별 그림과도 잘 맞지 않는다. 그러나「인재」에 기록한 거극분도의 내용이『구당서』에서 '구경(舊經:옛 천문을 기록한 책, 즉『석씨성경, 감씨성경』등)'에 있는 도수라고 한 내용과 일치하는 것으로 보아 상당히 오래된 역서에서 인용한 것임을 알 수 있다.

(2) 원문과 풀이 5 (동방청룡칠수)

角二星十二度去極九十一度
亢四星九度去極八十九度
氐四星十五度去極九十七度
房四星五度去極一百八度
心三星五度去極一百八度
尾九星十八度去極一百十度
箕四星十一度去極一百十八度

角二星十二度 去極九十一度 亢四星九度 去極八十
각이성십이도 거극구십일도 항사성구도 거극팔십

九度 氐四星十五度 去極九十七度 房四星五度
구도 저사성십오도 거극구십칠도 방사성오도

去極一百八度 心三星五度 去極一百八度
거극일백팔도 심삼성오도 거극일백팔도

尾九星十八度 去極一百二十度
미구성십팔도 거극일백이십도

箕四星十一度 去極一百十八度
기사성십일도 거극일백십팔도

* 각수는 두 개의 별로 이루어져 있고, 12도의 주천도수를 맡고 있

으며, 북극으로부터 91도 떨어져 있다.[12] 항수는 네 개의 별로 이루어져 있고, 9도의 주천도수를 맡고 있으며, 북극으로부터 89도 떨어져 있다.[13] 저수는 네 개의 별로 이루어져 있고, 15도의 주천도수를 맡고 있으며, 북극으로부터 97도 떨어져 있다.[14] 방수는 네 개의 별로 이루어져 있고, 5도의 주천도수를 맡고 있으

12] 940~945년에 걸쳐 만들어진『구당서舊唐書』,「志第十五, 天文上」에는 "각수는 두 개의 별로 이루어져 있고, 12도의 주천도수를 맡고 있다. 이곳에서 예로부터 적도도수와 황도도수가 일치한다. 옛『성경(星經)』에는 북극으로부터 91도 떨어져 있다고 했는데, 지금은 93과 1/2도 떨어져 있다(角二星十二度 赤道黃道度與古同 舊經去極九十一度 今則九十三度半)."고 하였다. 즉 2와 1/2도가 더 차이 난다고 하였다.
또 1343~1345년에 걸쳐 만들어진『송사(宋史)』에도 "舊經去極九十一度今測九十三度半"라고 해서 2도 반이 더 차이 난다고 한 것으로 보아(다른 별들도 마찬가지이다). 1395년에 완성된「천상열차분야지도」에서「인재」를 쓸 때 '거극도수(북극으로부터 떨어진 도수)'를『진서』혹은『석씨성경』등의 것을 인용한 것으로 보인다.

13]『구당서』,「지 제15, 천문 상」에는 "항수는 네 개의 별로 이루어져 있고, 9도의 주천도수를 맡고 있으며, 옛『성경』에는 '북극으로부터 89도 떨어져 있다'고 했는데, 지금은 91과 1/2도 떨어져 있다(亢四星九度 舊去極八十九度 今九十一度半)."고 하였다. 즉 각수와 마찬가지로 2와 1/2도가 더 차이가 난다고 하였다.

14]『구당서』,「지 제15, 천문 상」에는 "저수는 네 개의 별로 이루어져 있고, 16도의 주천도수를 맡고 있다. 옛『성경』(『석씨성경』,『唐開元占經』등)에는 '북극으로부터 94도 떨어져 있다' 고 했는데, 지금은 98도 떨어져 있다(氐四星十六度 舊去極九十度 今九十八度)."고 하였다. 동방청룡칠수 중에 유일하게 옛『성경』과「인재」의 내용과 다르다.『석씨성경(石氏星經)』이나『당개원점경(唐開元占經)』에는「인재」와 마찬가지로 "15도의 주천도수를 맡고 있다."고 하였다.

며, 북극으로부터 108도 떨어져 있다.[15] 심수는 세 개의 별로 이루어져 있고, 5도의 주천도수를 맡고 있으며, 북극으로부터 108도 떨어져 있다.[16] 미수는 아홉 개의 별로 이루어져 있고, 18도의 주천도수를 맡고 있으며, 북극으로부터 120도 떨어져 있다.[17] 기수는 네 개의 별로 이루어져 있고, 11도의 주천도수를 맡고 있으며, 북극으로부터 118도 떨어져 있다.[18]

15] 『구당서』, 「지 제15, 천문 상」에는 "방수는 네 개의 별로 이루어져 있고, 5도의 주천도수를 맡고 있다. 옛 『성경』에는 '북극으로부터 108도 떨어져 있다'고 했는데, 지금은 110과 1/2도 떨어져 있다(房四星五度舊去極一百八度 今一百一十度半)."고 했다. 방수의 거극도수는 「천상열차분야지도」와 『성경』은 일치하고, 새로이 측정한 것이 옛날 측정치보다 2와 1/2도 더 떨어져 있다는 것이다.

16] 『구당서』, 「지 제15, 천문 상」에는 "심수는 세 개의 별로 이루어져 있고, 5도의 주천도수를 맡고 있다. 옛 『성경』에는 '북극으로부터 108도 떨어져 있다'고 했는데, 지금 측정해보니 111도 떨어져 있다(心三星五度 舊去極一百八度 今一百一十一度)."고 했다. 즉 「천상열차분야지도」의 기록 보다 3도 더 떨어져 있다는 것이다.

17] 『구당서』, 「지 제15, 천문 상」에는 "미수는 아홉 개의 별로 이루어져 있고, 18도의 주천도수를 맡고 있다. 옛 『성경』에는 '북극으로부터 120도 떨어져 있다' 고 하고 혹은 '141도 떨어져 있다'고 했는데, 지금 측정해 보니 124도 떨어져 있다(尾九星十八度 舊去極一百二十度 一云一百四十一度 今一百二十四度)"고 했다. 「천상열차분야지도」 보다 4도 더 떨어져 있다는 말이다.

18] 『구당서』, 「지 제15, 천문 상」에는 "기수는 네 개의 별로 이루어져 있고, 11도의 주천도수를 맡고 있다. 옛 『성경』에는 '북극으로부터 118도 떨어져 있다'고 했는데, 지금 측정해보니 120도 떨어져 있다(箕四星十一度 舊去極一百一十八度 今一百二十度)."고 했다. 「천상열차분야지도」 보다 2도 더 떨어져 있다는 말이다.

	인재	옛 성경	구당서
각	2성, 12도	91도	91도	93과 1/2도
항	4성, 9도	89도	89도	91과 1/2도
저	4성, 15도 (당개원점경)	97도(옛 『성경』은 94도)	94도	16도(구당서, 古今攷, 圖書編, 東洲初稿), 98도
방	4성, 5도	108도	108도	110과 1/2도
심	3성, 5도	108도	108도	111도
미	9성, 18도	120도	120도(혹 141도)	124도
기	4성, 11도	118도	118도	120도

(3) 원문과 풀이 6 (북방현무칠수)

斗六星二十六度四分度之一　去極一百十六度
두육성이십육도사분도지일　거극일백십육도

牛六星八度　去極一百六度　須女四星十二度
우육성팔도　거극일백육도　수녀사성십이도

去極一百六度
거극일백육도

虛二星十度　去極一百四度　危三星十七度
허이성십도　거극일백사도　위삼성십칠도

去極九十九度
거극구십구도

營室二星十六度　去極八十五度
영실이성십육도　거극팔십오도

東壁二星九度 去極八十六度
동벽이성구도 거극팔십육도

* 두수(남두수)는 여섯 개의 별로 이루어져 있고, 26과 1/4도의 주천도수를 맡고 있으며, 북극으로부터 116도 떨어져 있다.[19]
* 우수(견우수)는 여섯 개의 별로 이루어져 있고, 8도의 주천도수를 맡고 있으며, 북극으로부터 106도 떨어져 있다.[20]
* 수녀수(여수)는 네 개의 별로 이루어져 있고, 12도의 주천도수를 맡고 있으며, 북극으로부터 106도 떨어져 있다.[21]
* 허수는 두 개의 별로 이루어져 있고, 10도의 주천도수를 맡고 있으며, 북극으로부터 104도 떨어져 있다.[22]

19] 『구당서』, 「지 제15, 천문 상」에는 "남두수는 여섯 개의 별로 이루어져 있고, 26과 1/4도의 주천도수를 맡고 있다. 옛 『성경』에는 '북극으로부터 118도 떨어져 있다'고 했는데, 지금 측정해보니 120도 떨어져 있다(南斗六星二十六度四分度之一 (『구당서』에는 '四分度之一'이 없다. 石氏, 甘氏의 책에는 있다.)舊去極一百一十六度 今一百一十九度."

20] 『구당서』, 「지 제15, 천문 상」에는 "견우수는 여섯 개의 별로 이루어져있고, 8도의 주천도수를 맡고 있다. 옛 『성경』에는 '북극으로부터 106도 떨어져 있다'고 했는데, 지금 측정해보니 104도 떨어져 있다(牽牛六星八度 舊去極一百六度今一百四度)"

21] 『구당서』, 「지 제15, 천문 상」에는 "수녀수는 네 개의 별로 이루어져있고, 12도의 주천도수를 맡고 있다. 옛 『성경』에는 '북극으로부터 100도 떨어져 있다'고 했는데, 지금 측정해보니 101도 떨어져 있다(須女四星十二度 舊去極一百度今一百一度)"

* 위수는 세 개의 별로 이루어져 있고, 17도의 주천도수를 맡고 있으며, 북극으로부터 99도 떨어져 있다.[23]
* 영실수(실수)는 두 개의 별로 이루어져 있고, 16도의 주천도수를 맡고 있으며, 북극으로부터 85도 떨어져 있다.[24]
* 동벽수(벽수)는 두 개의 별로 이루어져 있고, 9도의 주천도수를 맡고 있으며, 북극으로부터 86도 떨어져 있다.[25]

22] 『구당서』, 「지 제15, 천문 상」에는 "허수는 두 개의 별로 이루어져있고, 10도의 주천도수를 맡고 있다. 옛『성경』에는 '북극으로부터 104도 떨어져 있다'고 했는데, 지금 측정해보니 101도 떨어져 있다(虛二星十度 舊去極一百四度今一百一度)"

23] 『구당서』, 「지 제15, 천문 상」에는 "위수는 세 개의 별로 이루어져있고, 17도의 주천도수를 맡고 있다. 옛『성경』에는 '북극으로부터 97도 떨어져 있다'고 했는데, 지금 측정해보니 97도 떨어져 있다(危三星十七 度舊去極九十七度今九十七度)"

24] 『구당서』, 「지 제15, 천문 상」에는 "실수는 두 개의 별로 이루어져있고, 16도의 주천도수를 맡고 있다. 옛『성경』에는 '북극으로부터 85도 떨어져 있다'고 했는데, 지금 측정해보니 83도 떨어져 있다(室二星十六度 舊去極八十五度今八十三度)"

25] 『구당서』, 「지 제15, 천문 상」에는 "동벽수는 두 개의 별로 이루어져 있고, 9도의 주천도수를 맡고 있다. 옛『성경』에는 '북극으로부터 86도 떨어져 있다'고 했는데, 지금 측정해보니 84도 떨어져 있다(東壁二星九度 舊去極八十六度今八十四度)"

(4) 원문과 풀이 7 (서방백호칠수)

```
奎十六星十六度去極七十七度
婁三星十二度去極八十度
胃三星十四度去極七十二度
昴七星十一度去極七十四度
畢八星十六度去極七十八度
觜三星二度去極八十四度
參十星九度去極九十四度
```

奎十六星十六度　去極七十七度　婁三星十二度
규십육성십육도　거극칠십칠도　루삼성십이도

去極八十度
거극팔십도

胃三星十四度　去極七十二度　昴七星十一度
위삼성십사도　거극칠십이도　묘칠성십일도

去極七十四度
거극칠십사도

畢八星十六度　去極七十八度　觜三星二度
필팔성십육도　거극칠십팔도　자삼성이도

去極八十四度
거극팔십사도

參十星九度 去極九十四度
삼십성구도 거극구십사도

* 규수는 열여섯 개의 별로 이루어져 있고, 16도의 주천도수를 맡고 있으며, 북극으로부터 77도 떨어져 있다.[26]
* 루수는 세 개의 별로 이루어져 있고, 12도의 주천도수를 맡고 있으며, 북극으로부터 80도 떨어져 있다.[27]
* 위수는 세 개의 별로 이루어져 있고, 14도의 주천도수를 맡고 있으며, 북극으로부터 72도 떨어져 있다.[28]
* 묘수는 일곱 개의 별로 이루어져 있고, 11도의 주천도수를 맡고 있으며, 북극으로부터 74도 떨어져 있다.[29]

---

[26] 『구당서』, 「지 제15, 천문 상」에는 "규수는 열여섯 개의 별로 이루어져 있고, 16도의 주천도수를 맡고 있다. 옛 『성경』에는 '북극으로부터 76도 혹은 70도 떨어져 있다' 고 했는데, 지금 측정해보니 73도 떨어져 있다(奎十六星十六度 舊去極七十六度一云七十度今七十三度)"

[27] 『구당서』, 「지 제15, 천문 상」에는 "루수는 세 개의 별로 이루어져 있고, 13도(「천상열차분야지도」에서는 12도)의 주천도수를 맡고 있다. 옛 『성경』에는 '북극으로부터 80도 떨어져 있다' 고 했는데, 지금 측정해보니 77도 떨어져 있다(婁三星十三度 舊去極八十度今七十七度)"

[28] 『구당서』, 「지 제15, 천문 상」에는 "위수는 세 개의 별로 이루어져 있고, 14도의 주천도수를 맡고 있다(胃三星十四度)"

[29] 『구당서』, 「지 제15, 천문 상」에는 "묘수는 일곱 개의 별로 이루어져 있고, 11도의 주천도수를 맡고 있다. 옛 『성경』에는 '북극으로부터 74도 떨어져 있다' 고 했는데, 지금 측정해보니 72도 떨어져 있다(昴七星十一度 舊去極七十四度

* 필수는 여덟 개의 별로 이루어져 있고, 16도의 주천도수를 맡고 있으며, 북극으로부터 78도 떨어져 있다.30]
* 자수는 세 개의 별로 이루어져 있고, 2도의 주천도수를 맡고 있으며, 북극으로부터 84도 떨어져 있다.31]
* 삼수는 열 개의 별로 이루어져 있고, 9도의 주천도수를 맡고 있으며, 북극으로부터 94도 떨어져 있다.32]

今七十二度)"

30] 『구당서』, 「지 제15, 천문 상」에는 "필수는 여덟 개의 별로 이루어져 있고, 17도(「천상열차분야지도」에서는 16도)의 주천도수를 맡고 있다. 옛 『성경』에는 '북극으로부터 78도 떨어져 있다' 고 했는데, 지금 측정해보니 76도 떨어져 있다(畢八星十七度 舊去極七十八度今七十六度)"

31] 『구당서』, 「지 제15, 천문 상」에는 "자휴(觜觿)수는 3도의 주천도수를 맡고 있다. 옛 『성경』에는 '북극으로부터 84도 떨어져 있다' 고 했는데, 지금 측정해보니 82도 떨어져 있다(觜觿三度 舊去極八十四度今八十二度)"

32] 『구당서』, 「지 제15, 천문 상」에는 "삼수는 열 개의 별로 이루어져 있다. 옛 『성경』에는 '북극으로부터 94도 떨어져 있다' 고 했는데, 지금 측정해보니 92도 떨어져 있다(參十星 舊去極九十四度今九十二度)"

(5) 원문과 풀이 8 (남방주작칠수)

東井八星三十三度 去極六十九度
동정팔성삼십삼도 거극육십구도

輿鬼五星四度 去極六十八度 柳八星十五度
여귀오성사도 거극육십팔도 류팔성십오도

去極八十度
거극팔십도

星七星七度 去極九十一度 張六星十八度
성칠성칠도 거극구십일도 장육성십팔도

去極九十七度
거극구십칠도

翼二十二星十八度 去極九十九度
익이십이성십팔도 거극구십구도

軫四星十七度 去極九十八度
진 사 성 십 칠 도 거 극 구 십 팔 도

* 동정수(정수)는 여덟 개의 별로 이루어져 있고, 33도의 주천도수를 맡고 있으며, 북극으로부터 69도 떨어져 있다.[33]
* 여귀수(귀수)는 다섯 개의 별로 이루어져 있고, 4도의 주천도수를 맡고 있으며, 북극으로부터 68도 떨어져 있다.[34]
* 류수는 여덟 개의 별로 이루어져 있고, 15도의 주천도수를 맡고 있으며, 북극으로부터 80도 떨어져 있다.[35]
* 성수(칠성수)는 일곱 개의 별로 이루어져 있고, 7도의 주천도수를 맡고 있으며, 북극으로부터 91도 떨어져 있다.[36]

---

[33] 『구당서』, 「지 제15, 천문 상」에는 "정수는 여덟 개의 별로 이루어져 있고, 33도의 주천도수를 맡고 있다. 옛 『성경』에는 '북극으로부터 70도 떨어져 있다' 고 했는데, 지금 측정해보니 68도 떨어져 있다(東井八星三十三度 舊去極七十度今六十八度)"

[34] 『구당서』, 「지 제15, 천문 상」에는 "여귀(輿鬼)수는 다섯 개의 별로 이루어져 있다. 옛 『성경』에는 '북극으로부터 68도 떨어져 있다'고 했는데, 지금 측정해 보아도 똑같다(輿鬼五星 舊去極六十八度今古同也)"

[35] 『구당서』, 「지 제15, 천문 상」에는 "류수는 여덟 개의 별로 이루어져 있고, 15도의 주천도수를 맡고 있다. 옛 『성경』에는 '북극으로부터 77도 혹은 79도 떨어져 있다'고 했는데, 지금 측정해보니 80과 1/2도 떨어져 있다(柳八星十五度 舊去極七十七度一云七十九度今八十度半)"

[36] 『구당서』, 「지 제15, 천문 상」에는 "칠성(七星)수는 일곱 개의 별로 이루어져 있고, 10도(「천상열차분야지도」에서는 7도)의 주천도수를 맡고 있다. 옛 『성경

* 장수는 여섯 개의 별로 이루어져 있고, 18도의 주천도수를 맡고 있으며, 북극으로부터 97도 떨어져 있다.[37]
* 익수는 스물두 개의 별로 이루어져 있고, 18도의 주천도수를 맡고 있으며, 북극으로부터 99도 떨어져 있다.[38]
* 진수는 네 개의 별로 이루어져 있고, 17도의 주천도수를 맡고 있으며, 북극으로부터 98도 떨어져 있다.[39]

』에는 '북극으로부터 91도 혹은 93도 떨어져 있다'고 했는데, 지금 측정해보니 93과 1/2도 떨어져 있다(七星十度 舊去極九十一度一云九十三度今九十三度半)"

37] 『구당서』, 「지 제15, 천문 상」에는 "장수는 여섯 개의 별로 이루어져 있고, 18도의 주천도수를 맡고 있다. 옛 『성경』에는 '북극으로부터 97도 떨어져 있다'고 했는데, 지금 측정해보니 100도 떨어져 있다(張六星十八度 舊去極九十七度今一百度)"

38] 『구당서』, 「지 제15, 천문 상」에는 "익수는 스물두 개의 별로 이루어져 있고, 18도의 주천도수를 맡고 있다. 옛 『성경』에는 '북극으로부터 97도 떨어져 있다'고 했는데, 지금 측정해보니 103도 떨어져 있다(翼二十二星十八度 舊去極九十七度今一百三度)"

39] 『구당서』, 「지 제15, 천문 상」에는 "진수는 네 개의 별로 이루어져 있고, 17도의 주천도수를 맡고 있다. 옛 『성경』에는 '북극으로부터 98도 떨어져 있다'고 했는데, 지금 측정해보니 100도 떨어져 있다(軫四星十七度 舊去極九十八度今一百度)"

3. 「지재」(「천상열차분야지도」의 제작 경위와 실무자)

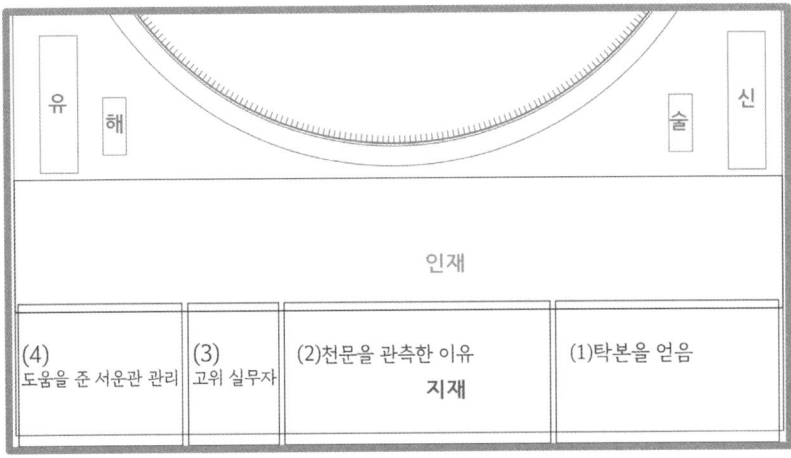

천문도 하단의 「지재」 부분은 4단계로 나누어 볼 수 있다.

「지재」(地才)는 제일 아래 단의 가로로 긴 직사각형으로 '우천문도'로부터 시작된다. 「지재」는 (1) 옛 탁본을 얻고 「천상열차분야지도」를 제작한 경위, (2) 고대의 훌륭한 임금이 천문을 관측한 이유와 태조의 훌륭함, (3) 「천상열차분야지도」를 만든 고위 실무자, (4) 서운관에서 실무적으로 도운 사람들의 명단이라는 네 부분으로 나누어진다.

"우리는 하늘의 뜻을 받들어 공경하는 마음으로 살아갈 것이고, 고려를 멸하고 조선을 세운 것은 조금 더 하늘의 뜻에 가깝게 공경하며, 백성을 사랑하는 나라를 건국하라는 하늘의 뜻이었다. 하늘의 뜻을 받드는 임금님과 일을 기획하는 사람은 물론이고,

그 실무자 한 사람 한 사람까지 모두 존경하며 사랑하는 나라를 만들어 살아가겠다." 하고 약속을 한 것이다.

이 「지재」에 담긴 기록은 「천상열차분야지도」의 놀랄만한 특이점이기도 한데, 수정한 사람들의 이름은 물론이고 수정을 도와준 부서와 직원의 이름까지 적음으로써, 앞으로 조선이라는 나라를 다스림에 있어서 명실상부를 우선으로 하고, 아울러 권력자와 실무자를 동등하게 대우하겠다는 결심을 밝힌 것이어서 주목할 만한 대목이다.[40]

---

[40] 이 중에서 지거원과 김후 등은 태종 때에 서운관 관원으로서는 무능하다는 평판을 들을 정도였지만, 모두 이름을 새겨줌으로써 실제로 일한 사람을 높였다.

1) 「지재」1 (「천상열차분야지도」의 제작 경위)
(1) 원문과 풀이 1 (옛 탁본을 얻었으나 조선의 천문현상과 다름)

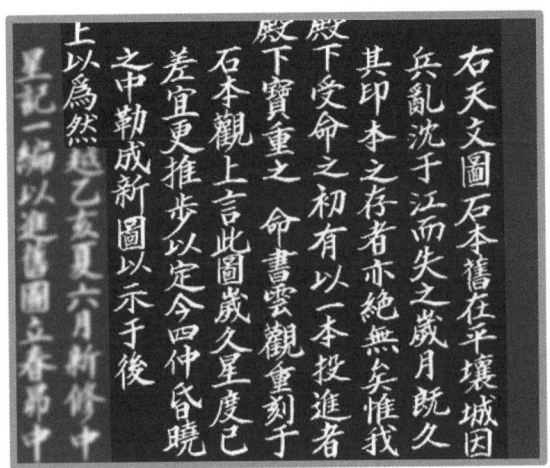

右天文圖石本 舊在平壤城 因兵亂沈于江而失之
우천문도서본 구재평양성 인병란침우강이실지

歲月旣久 其印本之存者 亦絶無矣 惟我
세월기구 기인본지존자 역절무의 유아

殿下[41]**受命之初 有以一本投進者**
전하 수명지초 유이일본투진자

41] '인군, 전하, 상, 명' 등은 왕조시대에 가장 높은 사람이므로, 한 줄을 위로 써서 높인 것이다. 여기서 '전하'는 임금을 뜻하는 말이고, '상' 역시 가장 높은 사람이라는 뜻으로 임금을 가리키며, '명'은 임금이 명령한 것이므로 앞에 '임금께서' 라는 말이 생략된 것으로 본 것이다. 나머지 글들은 쭉 이어진 글이지만 해석의 편의상 띄어쓰기를 하였다.

殿下寶重之　命書雲觀　重刻于石本　觀上言　此圖歲久
전하보중지　명서운관　중각우석본　관상언　차도세구

星度已差　宜更推步　以定今四仲昏曉之中　勒成新圖
성도이차　의갱추보　이정금사중혼효지중　륵성신도

以示于後
이시우후

上以爲然
상이위연

* 위의 천문도 석본(石本:돌에 새긴 천문도)은 옛날에는 평양성에 있던 것인데, 병란(兵亂:고구려 멸망)이 일어날 때 강(대동강)에 빠져서 잃어버렸다. 세월이 이미 오래되어서 그 천문도를 탁본한 것조차 없어졌는데, 우리 전하께서 임금이 되라는 명을 하늘로부터 받으신 초기에 탁본 하나를 바치는 사람이 있었다. 전하께서 그것을 보배처럼 소중히 여기시어 서운관에 명해서 돌에 다시 새기라고 하셨다.

* 이에 서운관에서 전하께 아뢰기를 "이 천문도는 세월이 오래되어 별의 도수에 차이가 나니, 다시 도수를 측정해서 지금의 중춘·중하·중추·중동의 초저녁과 새벽에 뜨는 중성을 바로잡음으로써, 짜임새 있고 쓸모 있는 천문도를 만들어서 후세에 보여주도록 하소서!" 라고 하였다. 임금께서 그 말을 옳게 여기셨다.

(2) 원문과 풀이 2 (천문도를 수정하여 조선의 천문현상과 일치시킴)

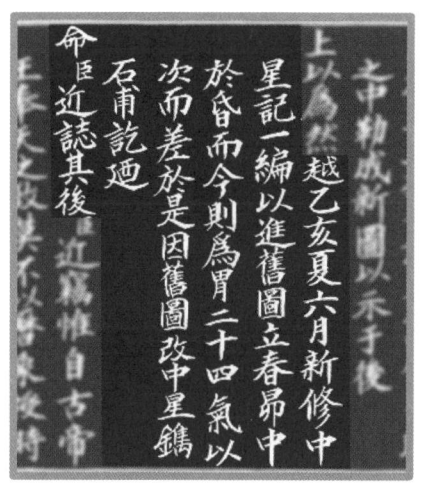

越乙亥夏六月 新修中星記一編以進 舊圖立春
월을해하육월 신수중성기일편이진 구도입춘

昴中於昏而今則爲胃 二十四氣以次而差 於是因
묘중어혼이금즉위위 이십사기이차이차 어시인

舊圖改中星 鑴石 甫訖 迺
구도개중성 전석 보흘 내

命[42]臣[43]近誌其後
명 신 근지기후

42] '인군, 전하, 상' 등과 마찬가지로 '명' 역시 임금이 명령한 것이므로 앞에 '임금께서'라는 말이 생략된 것으로 보아 한 줄을 위로 써서 높인 것이다.

43] '臣(신하 신)' 자는 보통 글씨 보다 작게 써서 낮춘다는 뜻을 보임으로써 군신관계를 명확히 하였다. 이하 '신'자도 마찬가지이다.

* 해가 지나 을해년(1395년) 여름 6월에 새로이 「중성기:中星記」 한 편을 만들어 임금께 올리니, 예전의 천문도 탁본에는 입춘의 초 저녁에 묘수(昴宿)가 중성이 되어 중천에 떴으나, 이제는 위수(胃宿)가 중천에 뜨니44], 24절기가 모두 차례대로 그 정도 차이가 났다.

* 이에 옛 천문도를 바탕으로 해서 중성의 위치를 고쳐서 돌에 새기게 되었고, 거의 끝나갈 무렵에 신하인 근(권근權近)에게 명령하시어 경과를 기록해서(誌)45] 그 뒤에 붙이게 하셨다.

44] 14도가 차이 난다는 말이다. 세차운동을 감안하면 70.63655년마다 1도 차이가 나므로, 옛 탁본천문도는 약 989년 전에 만들어졌다는 것이다. 1394년에 중성을 측정했으므로 989년을 빼면 405년이고, 이때는 고구려 19대 임금 광개토대왕(374~412년)이 한창 번영의 탄탄대로를 구가하던 시절이다. 그러나 옛 천문도는 평양의 하늘이고, 새로 측정한 곳은 한양(서울)이므로 경도로 1도 남짓 차이가 난다. 이를 고려해서 69년을 더하면 장수왕 시절(413~491년)에 만들어졌다고 볼 수 있다.

45] 지(誌) : 사실을 기록해서 알리는 문체의 형식.

2)「지재」2 (천문을 제작한 이유)

(1) 원문과 풀이 3 (요임금 순임금 같은 성왕은 천문을 바로잡음)

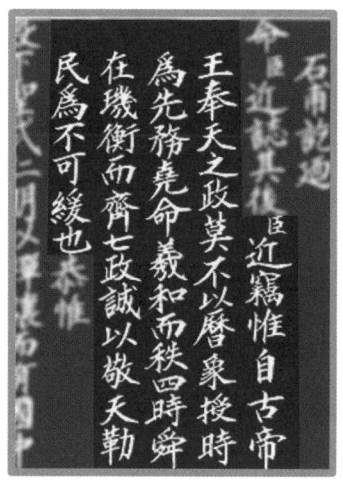

臣近竊惟自古帝王奉天之政 莫不以曆象授時爲先務
신근절유자고제왕봉천지정 막불이역상수시위선무

堯命羲和而秩四時 舜在璣衡而齊七政 誠以敬天勒
요명희화이질사시 순재기형이제칠정 성이경천륵

民爲不可緩也
민위불가완야

* 신하인 근(권근)은 은근하고 깊이 생각하건대, 예로부터 제왕이 하늘을 받드는 정치를 함에 책력의 형상과 때를 알리는 것으로 최우선으로 삼지 않은 분이 없었는데, 요임금은 희씨와 화씨에게 명령해서 사계절을 차례 잡았고, 순임금은 선기옥형으로 칠

정을 바로잡았으니, 참으로 하늘을 공경하고 백성을 이끄는 일에 조금도 게을리 할 수 없었기 때문입니다.

희씨와 화씨에게 명령하셨다. "경건한 마음으로 하늘을 따르라. 해와 달과 별들의 운행을 살피고 본받아, 진실하게 사람들에게 때를 알려주라.…."46]

선기와 옥형을 살펴 칠정을 고르게 하셨다.47]

46] 『서경』, 「우서, 요전」
47] 『서경』, 「우서, 순전」

(2) 원문과 풀이 4 (전하께서도 천문을 다스려 성왕이 될 것임)

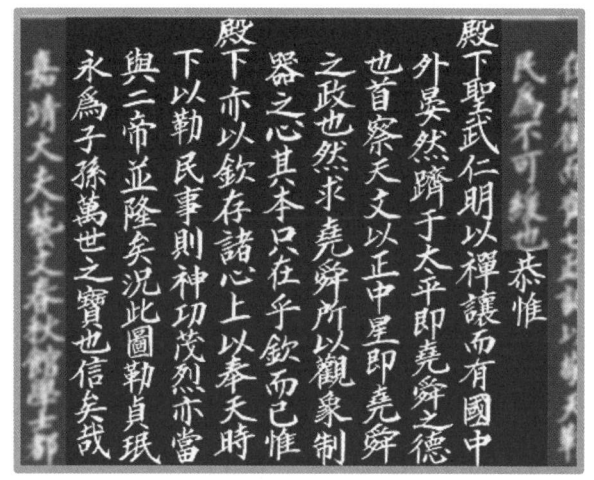

恭惟
공유

殿下聖武仁明以禪讓而有國　中外晏然躋于太平　卽堯
전하성무인명이선양이유국　중외안연제우태평　즉요

舜之德也　首察天文以正中星　卽堯舜之政也　然求堯
순지덕야　수찰천문이정중성　즉요순지정야　연구요

舜所以觀象制器之心　其本只在乎欽而已　惟
순소이관상제기지심　기본지재호흠이이　유

殿下[48]亦以欽存諸心　上以奉天時　下以勒民事　則神功
전하　역이흠존저심　상이봉천시　하이륵민사　즉신공

48] 마찬가지로 '전하'만 한 줄 위로 써서 높이고, 나머지 글은 이어서 썼다.

茂烈 亦當與二帝幷隆矣 況此圖勒貞珉 永爲子孫
무열 역당여이제병융의 황차도륵정민 영위자손

萬歲之寶也 信矣哉
만세지보야 신의재

* 공손히 생각하건대

* 오직 우리 전하께옵서 성스럽고 무력이 뛰어나시며 어질고 밝으셨기 때문에 (고려의 공양왕으로부터) 선양을 받으셔서 왕조를 여심에, 나라의 안과 밖이 편안하고 태평스러웠으니 이것은 요임금과 순임금의 덕이요, 먼저 천문을 살피셔서 중성을 바로잡으셨으니 이것은 요임금과 순임금의 정치입니다. 그러나 요임금과 순임금이 희씨와 화씨를 시켜 하늘의 상을 관찰하고 선기옥형 등으로 칠정을 다스린 마음을 생각하면, 그 근본은 단지 하늘을 공경하는데 있습니다.

* 삼가 생각하건대, 전하께서도 공경함을 마음에 새기시어, 위로는 하늘의 때를 받들고 아래로는 백성을 잘 다스리신다면, 그 신묘한 공덕이 성대하게 빛나서 요임금 순임금과 같이 융성하게 될 것입니다. 더구나 이 천문도를 단단하고 아름다운 돌에 새기시어 영원히 자손만대에 보물로 삼게 하시니, 참으로 공덕이 융성하게 될 것이 틀림이 없습니다.

3) 「지재」3 (고위 실무자)

(1) 원문과 풀이 5 (천문도를 그리는 데 큰 공을 세운 사람)

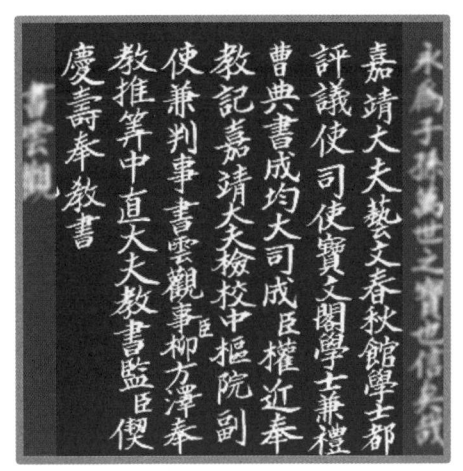

嘉靖大夫 藝文春秋館學士 都評議使司使 寶文閣
가정대부 예문춘추관학사 도평의사사사 보문각

學士兼禮曹典書 成均大司成 臣權近奉教記
학사겸예조전서 성균대사성 신권근봉교기

嘉靖大夫 檢校 中樞院副使兼判書雲觀事 臣柳方澤
가정대부 검교 중추원부사겸판서운관사 신류방택

奉教推算
봉교추산

中直大夫 校書監 臣偰慶壽奉教書
중직대부 교서감 신설경수봉교서

가정대부 예문춘추관학사 도평의사사사 보문각학사 겸 예조전서 성균관대사성의 직책에 있는 신하 권근은 교서를 받들어 글을 지었습니다.

가정대부 검교 중추원부사 겸 판서운관사의 직책에 있는 신하 류방택은 교서를 받들어 (중성을) 추산하였습니다.

중직대부 교서감의 직책에 있는 신하 설경수는 교서를 받들어 글씨를 썼습니다.[49]

---

[49] 권근의 글을 살펴보면, 권근은 총 책임자이고, 류방택이 실질적으로 하늘의 별을 추산하고 계산하여 천문도를 완성하고, 천문도의 글씨는 설경수가 쓴 것을 알 수 있다.

4) 「지재」 4 (서운관에서 도운 사람)

(1) 원문과 풀이 6

書雲觀
서운관

領觀事 特進 輔國崇祿大夫 判門下府事 都評議使司
영관사 특진 보국숭록대부 판문하부사 도평의사사

事 集賢殿大學士 臣權仲和
사 집현전대학사 신권중화

兼判事 嘉靖大夫 商議中樞院事 都評議使司事 臣崔融
겸판사 가정대부 상의중추원사 도평의사사사 신최융

兼判事 嘉靖大夫 檢校 中樞院副使 臣盧乙俊
겸판사 가정대부 검교 중추원부사 신노을준

兼正 嘉善大夫 檢校 戶曹典書 臣尹仁龍
겸정 가선대부 검교 호조전서 신윤인룡

判事 通訓大夫 臣池巨源
판사 통훈대부 신지거원

丞通德郎 臣金推
승통덕랑 신김추

掌漏啓功郎 臣田潤權
장루계공랑 신전윤권

知掌漏進勇副尉 虎勇巡衛司右領別將 臣金自綬
지장루진용부위 호용순위사우영별장 신김자수

權知視日修義副尉 虎勇巡衛司 後領散員 臣金侯
권지시일수의부위 호용순위사 후영산원 신김후

洪武二十八年 十二月 日
홍무이십팔년 십이월 일

서운관[50]에서는

50] 서운관(書雲觀)은 천문(天文)의 재앙과 상서로움을 살피고, 책력을 만들고, 길일을 택하는 일 등을 맡는다. 태조 때의 편제로는 판사(判事)는 정3품으로 2명이고, 정(正)은 종3품으로 2명이고, 부정(副正)은 종4품으로 2명이고, 승(丞)과 겸승(兼丞)은 종5품으로 각기 2명씩이고, 주부(注簿)와 겸주부(兼注簿)는 종6품으로 각기 2명씩이고, 장루(掌漏)는 종7품으로 4명이고, 시일(視日)은 정8품으로 4명이고, 사력(司曆)은 종8품으로 4명이고, 감후(監候)는 정9품으로 4명이고,

영관사 특진[51] 보국숭록대부 판문하부사 도평의사사사 집현전 대학사의 직책에 있는 신하 권중화,

겸판사 가정대부 상의중추원사 도평의사사사의 직책에 있는 신하 최융,

겸판사 가정대부 검교 중추원부사의 직책에 있는 신하 노을준,

겸정 가선대부 검교 호조전서의 직책에 있는 신하 윤인룡,

판사 통훈대부의 직책에 있는 신하 지거원,

승 통덕랑의 직책에 있는 신하 김추,

장루 계공랑의 직책에 있는 신하 전윤권,

지장루 진용부위 호용순위사 우영별장의 직책에 있는 신하 김자수,

권지시일 수의부위 호용순위사 후영산원의 직책에 있는 신하 김후 등이 참여했습니다.

홍무[52] 28년 십이월 일

사신(司辰)은 종9품으로 4명이다. 정3품부터 종9품까지의 벼슬로 총 28명이다.

51] 정2품이다.

52] 홍무는 명나라 태조의 연호이다. 1368년 명나라를 건국하여 홍무라고 연호하였으므로, '홍무이십팔년'은 1395년이 되고, 우리나라로 보면 조선 태조 4년(단기 3728년)이 된다.

2장. 10간과 10개의 원

「천상열차분야지도」에는 열 개의 원이 그려져 있다. 단순히 모양 좋게 하려고 열 개를 채운 것이 아니고, 이에는 10간 12지의 사상이 녹아들어가 있음을 알 수 있다. 옛날에는 하늘에 10개의 태양이 있어서 매일 다른 태양이 뜬다고 생각하였다. 이른바 제준(帝俊)의 10왕자 12공주의 전설이다.

1. 하느님의 열 아들, 열 개의 태양

1) 10간 12지의 전설

중국 고대신화에서는 태양이 원래 열 개였다고 한다.『산해경』에는 제준의 아내로 아황과 희화와 상희가 있었는데, 태양의 신인 희화에게서 10명의 태양을 낳았고, 달의 신인 상희에게서 12명의 달을 낳았다고 하였다.

동해의 바깥 쪽에 감수가 흘러가는 곳에 희화국(羲和國)이 있는데, 희화라는 여인이 산다. 그녀는 태양을 감연(甘

淵)에서 목욕시키는 일을 한다. 희화는 제준의 아내로 10명의 태양을 낳았는데, 10개의 태양은 각기 갑·을·병·정·무·기·경·신·임계의 해로 불린다.53]

지금 10간 12지라고 하는데, 10간은 태양이 열 개였다는 말이고, 12지는 달이 12개였다는 증거라는 것이다. 그러니까 오늘은 갑태양이 떴다면, 내일은 을태양이 뜨고, 모레는 병태양이 뜨고, …, 이런 식으로 계태양까지 10개의 태양이 차례를 지켜 순환을 하면서 하늘을 밝히고, 또 정월에는 인달이 뜨고, 2월에는 묘달이 뜨고, 3월에는 진달이 뜨고, …, 이런 식으로 해달·자달·축달까지 12개 달이 차례를 지켜 순환을 하면서 밤하늘을 밝혔다는 것이다.

그런데 이런 평화는 오래가지 못했다. 매일 반복되는 똑같은 행보에 태양들이 싫증을 느꼈기 때문이다. "우리가 매일 똑같은 길을 똑같은 속도로 다니는 것은 너무 재미없다. 하루에 둘도 뜨고 셋도 뜨고, 아니 우리 형제 모두 한꺼번에 뜨면 재미있을 것이다. 황도로만 다니지 말고, 다른 길도 개척하면서 이리저리 다니면 멋있는 우주쇼가 연출될 것이다." 이렇게 의논을 마친 태양들이 광란의 쇼를 벌이기 시작했다.

53] 『산해경』 「대황남경」

태양들은 모처럼의 자유를 만끽하면서 신이 났지만 지상에서는 난리가 났다. 태양이 하나만 뜰 때는 따뜻하고 좋았지만, 두 개, 심지어 열 개까지 뜨니 그 뜨거움에 도저히 숨을 쉬며 살 수가 없는데다, 태양의 열기 때문에 여기저기 불까지 났다. 그 까맣게 타들어가는 것을 견디다 못한 사람들이 하느님께 기도를 올렸다. "제발 예전같이 태양이 하나만 뜨게 해주세요." 라고.

하느님도 하늘나라에서 지상의 참변을 보고 있었던지라, 곧바로 활을 잘 쏘는 예에게 명령을 내렸다. "10개의 화살과 활을 줄 테니, 이것을 가지고 지상으로 내려가서 태양들을 진정시켜라."

예는 하늘나라의 신선으로 최고의 명사수였다. 더구나 하느님께서 무엇이든 쏘면 백발백중으로 맞히는 신궁을 주셨으므로, 여행 떠나듯 가벼운 마음이었다. 그래서 하늘나라 최고의 미녀로 유명한 아내와 함께 출장여행을 즐기기로 하였다.

그런데 지상에 내려오니 참상을 말로 다할 수 없었다. 화가 난 예가 앞뒤 가리지 않고 신궁에 화살을 재서 태양을 향해 쏘았다. 퍽하는 소리와 함께 황금빛 까마귀가 날개를 퍼덕거리며 지상으로 떨어졌다. 발이 셋 달린 삼족오[54]였다. 다시 또 한 발을 쏘니

---

[54] 발은 셋이고 머리가 하나인 까마귀를 말한다. 여기서 발이 셋이라는 것은 물질의 삼원색인 빨강 파랑 노랑과 빛의 삼원색인 빨강 초록 노랑을 뜻한다. 세상의 모든 빛을 합하면 태양의 백색광이 된다. 물론 색의 삼원색인 빨강 노랑 파랑을 합하면 백색광과 정반대인 흑색이 된다. 그러니까 정신(빛)을 합하면 백색이 되

역시 황금빛 까마귀가 맥없이 떨어지며 죽었다.

깜짝 놀란 태양들이 두려움에 떨며 어쩔 줄을 몰라 했다. 여기서 멈췄으면 좋았겠지만, 사람들의 환호소리와 새까맣게 타들어가는 지상의 참상에 이성을 잃은 예는, 계속해서 태양을 향해 화살을 쏘았고, 그 때마다 어김없이 황금빛 까마귀가 한 마리씩 떨어졌다.

태양이 떨어지는 것을 보고 있던 지상의 임금이 깜짝 놀라서 슬그머니 화살 하나를 숨겼다. 태양이 모두 없어지면 지상의 생명체가 모두 죽을 수 있기 때문이다. 마지막 남은 태양 하나를 남겨두고 활쏘기를 마친 예는, 지상의 임금으로부터 극진한 대접을 받았다. 지상을 구한 영웅이 된 것이다.

마지막 남은 태양은 형제들을 잃었다. 잠시 찬란한 우주쇼를 즐겼을 뿐인데…. 그리곤 조용히 형제들의 이름을 불러 보았다. "갑을병정무기경신임계!" 어떤 태양이 남았을까?

어 황금 까마귀로 상징되는 빛이 되는 것이고, 물질(색깔)을 합하면 흑색이 되어 까만 까마귀로 상징되는 물질이 되는 것이다.
지금도 중국의 가장 오래된 문명인 홍산문화(동이문화) 유물을 보면, 아사달 문양과 더불어 삼족오 모양의 토기가 대량 발굴되었다. 태양의 후손이라는 것이다.

2) 천상열차분야지도의 10간 12지

그림에서 보다시피 「천상열차분야지도」에는 10개의 원과 12개의 세로로 세운 직사각형, 그리고 3개의 가로로 누인 직사각형이 있다.

본고에서는 이 10개의 원을 10간을 형상한 것으로 보고, 각 원에 갑·을·병·정·무·기·경·신·임·계의 이름을 붙여주었다.

10개의 원 중에서도, 특히 「무」원과 「기」원은 적도를 표시하는 하나의 역할을 하므로 굳이 두 개의 원을 쓸 필요가 없고, 또 「경」원과 「신」원 역시 황도를 표시하는 하나의 역할을 하므로 굳이 두 개의 원을 쓸 필요가 없다. 그런데도 두 개의 원을 쓴 이유가 무엇일까?

2mm 간격의 두 원을 써서 적도를 그리고, 역시 2mm 간격의 두 원을 써서 황도를 그린 천문도는 동서고금을 막론하고 찾아볼 수 없는 독특한 디자인이다. 그렇다고 천문도를 아름답게 만들기 위해서 일부러 두 줄 원을 썼다고 보기도 어렵다. 물론 한 줄 원보다 두 줄 원이 더 강조도 되고 일견 아름답고 멋있게도 보인다. 단순히 멋을 위해 두 줄로 그렸을까?

이에 대한 연구는 다음 기회로 미루기로 하고, 우선은 10간을 만들기 위해서라고 풀이하였다. 10간의 10을 채우기 위한 것이라는 거다. 원을 하나만 그려서 적도를 표시하고 황도를 표시하면, 원이 8개밖에 되지 않기 때문이다.

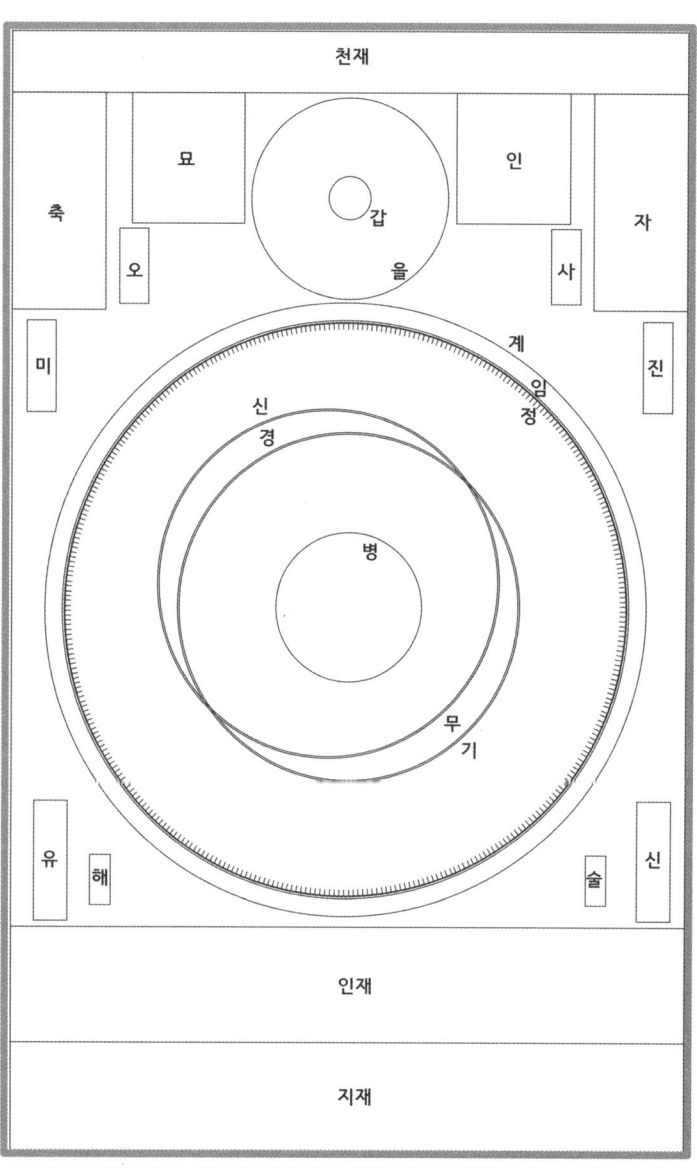

10개의 원(10간)과 12개의 세로로 세운 직사각형(12지), 그리고 3개의 가로로 뉘인 직사각형(삼재)

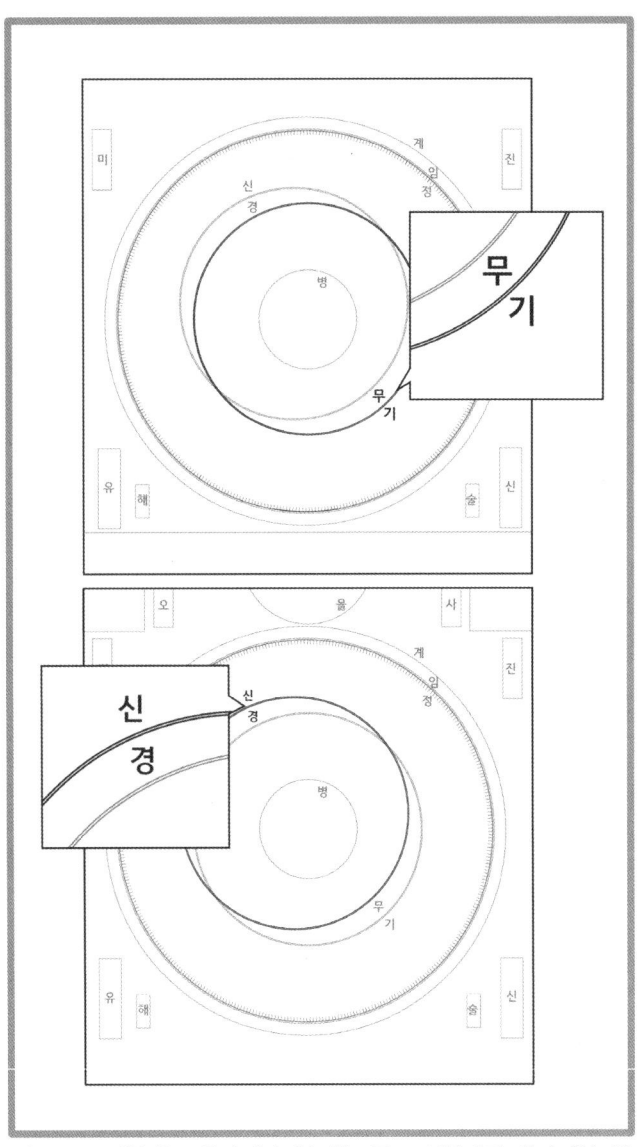

적도를 표시한 「무」원과 「기」원, 황도를 표시한 「경」원과 「신」원의 확대 그림. 황도와 적도를 각각 두 줄씩 그림으로써 총 10개의 원을 만들었다.

2. 「갑」과 「을」

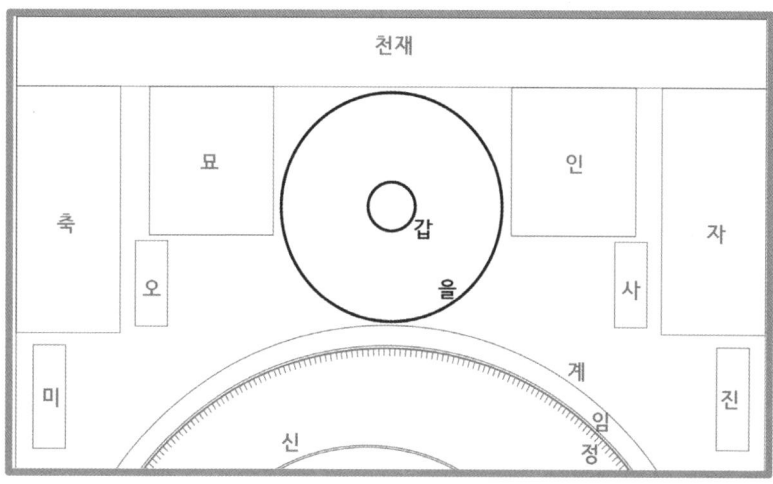

천문도 상단의 「갑」원과 「을」원

「갑」원과 「을」원은 맨 위에 있으면서 하늘을 중심으로 24절기가 돌아감을 표시하는 두 개의 원이다. 그래서 '天(천)' 자를 중심으로 24절기의 해뜰 때와 해질 때의 중성으로 둘러싼 형상이다. 「지재」에서 "중성을 고쳤다"고 자랑한 내용이기도 한다.

'천'자를 둘러싼 원(「갑」원)과 그보다 조금 큰 원(「을」원)의 사이에, 각 절기마다의 새벽과 해질 때의 별의 상관관계를 표시하였다.

1) 「갑」

(1) 원문과 풀이

天
천

'천'은 하늘 전체를 아우르는 말이다. 이 '천'을 중심으로 지구가 돌면서 계절이 발생하고, 나아가 24절기가 발생하여 때를 알게 해준다는 의미이다. 그러기 때문에 태조 때 제작한「천상열차분야지도」에 '천상열차분야지도' 라는 제목을 대신하며 제일 상단에 놓였던 것이다.

2) 「을」

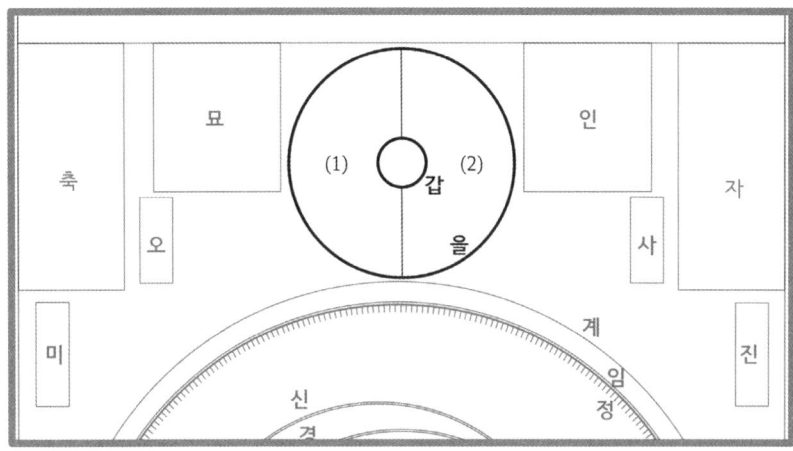

(1)은 동지~망종, (2)는 하지~대설

(1) 원문과 풀이1 (동지~망종)[55]

冬至 昏室曉軫中 **小寒 昏壁曉亢中** **大寒 昏奎曉氐中**
동지 혼실효진중 소한 혼벽효항중 대한 혼규효저중

立春 昏胃曉氐中 **雨水 昏畢曉心中** **驚蟄 昏參曉尾中**
입춘 혼위효저중 우수 혼필효심중 경칩 혼삼효미중

55] 양기운이 발달하는 절기의 중성을 표시한 것이다. 예로부터 전해온 천문도를 수정했다고 말한 곳이 바로 중성인데, 그 중성은 이곳과 적도 황도의 교차도수에 의해서 표시된다. 「천상열차분야지도」를 수정한 가장 중요한 곳이므로, 10간의 시작을 나타내는 「갑」과 「을」의 원으로 그리고 표시하였다.

春分 昏井曉尾中 **淸明** 昏井曉箕中 **穀雨** 昏星曉斗中
춘분 혼정효미중 청명 혼정효기중 곡우 혼성효두중

立夏 昏張曉斗中 **小滿** 昏翼曉牛中 **芒種** 昏軫曉女中
입하 혼장효두중 소만 혼익효우중 망종 혼진효녀중

[56]동지 초저녁에는 실수가, 새벽에는 진수가 중성[57]이 된다.

소한 초저녁에는 벽수가, 새벽에는 항수가 중성이 된다.

대한 초저녁에는 규수가, 새벽에는 저수가 중성이 된다.

입춘 초저녁에는 위수가, 새벽에는 저수가 중성이 된다.

우수 초저녁에는 필수가, 새벽에는 심수가 중성이 된다.

경칩 초저녁에는 삼수가, 새벽에는 미수가 중성이 된다.

춘분 초저녁에는 정수가, 새벽에는 미수가 중성이 된다.

청명 초저녁에는 정수가, 새벽에는 기수가 중성이 된다.

56] 새벽과 저녁으로 구별한 이유는. 새벽은 별이 지는 때이고, 저녁은 별이 뜨기 시작하는 때인데, 별이 뜰 때와 별이 질 때는 누구나 알 수 있기 때문이다.
  이렇게 보면 초저녁에는 서방7수부터 남방7수까지, 한밤중에는 남방7수부터 동방7수까지, 새벽에는 동방7수부터 북방7수의 중간까지 별이 뜬다는 것이다. 즉 양기운이 발달할 때 볼 수 있는 별은 북방7수 가운데 허수와 위수 빼고는 다 볼 수 있다.

57] 하늘 한가운데 떠서 움직이지 않는 자미원의 별들과는 달리, 28수 등은 시계 반대방향으로 돌며 하루에 한 바퀴 돈다. 그렇게 돌다가 하늘의 한 중간(오午방향)에 뜬 별을 중성(中星)이라고 말한다. 류방택 선생을 중심으로 한 「천상열차분야지도」 각석팀이 중점적으로 수정한 곳이 바로 이 중성에 대해서이다.

곡우 초저녁에는 성수가, 새벽에는 두수가 중성이 된다.
입하 초저녁에는 장수가, 새벽에는 두수가 중성이 된다.
소만 초저녁에는 익수가, 새벽에는 우수가 중성이 된다.
망종 초저녁에는 진수가, 새벽에는 여수가 중성이 된다.58]

(2) 원문과 풀이 2 (하지~대설)59]

夏至 昏亢曉危中 小暑 昏氐曉室中 大暑 昏房曉壁中
하지 혼항효위중   소서 혼저효실중   대서 혼방효벽중

立秋 昏尾曉奎中 處暑 昏尾曉胃中 白露 昏箕曉昴中
입추 혼미효규중   처서 혼미효위중   백로 혼기효묘중

58] 24절기는 황도를 24등분한 것을 말한다. 춘분과 추분은 낮과 밤의 길이가 똑같은 것이고, 음과 양이 그 주도권을 교대하는 전환점이다. 동지는 1년 중 밤이 가장 긴 때로 이 때를 기점으로 양기운이 자라나기 시작하고, 하지는 낮이 가장 긴 때로 이 때를 기점으로 음기운이 점차 자라난다.
따라서 동지로부터 하지가 될 때까지의 12절기(동지·소한·대한·입춘·우수·경칩·춘분·청명·곡우·입하·소만·망종)는 점차 낮의 길이가 길어지고 밤의 길이는 짧아진다. 또 하지로부터 동지가 될 때까지의 12절기(하지·소서·대서·입추·처서·백로·추분·한로·상강·입동·소설·대설)는 점차 밤의 길이는 길어지고 낮의 길이는 짧아진다.

59] 음기운이 발달하는 절기이다. 초저녁에는 동방7수부터 북방7수까지, 한밤중에는 북방7수부터 서방7수까지, 새벽에는 북방7수부터 남방7수의 중간까지 별이 뜬다는 것이다. 즉 음이 발달할 때 볼 수 있는 별은 남방7수 가운데 진수와 동방7수 가운데 각수를 빼고는 다 볼 수 있다.

秋分 昏斗曉參中　寒露 昏斗曉井中　霜降 昏斗曉井中
추분 혼두효삼중　한로 혼두효정중　상강 혼두효정중

立冬 昏女曉星中　小雪 昏虛曉張中　大雪 昏危曉翼中
입동 혼녀효성중　소설 혼허효장중　대설 혼위효익중

하지 초저녁에는 항수가, 새벽에는 위수가 중성이 된다.
소서 초저녁에는 저수가, 새벽에는 실수가 중성이 된다.
대서 초저녁에는 방수가, 새벽에는 벽수가 중성이 된다.
입추 초저녁에는 미수가, 새벽에는 규수가 중성이 된다.
처서 초저녁에는 미수가, 새벽에는 위수가 중성이 된다.
백로 초저녁에는 기수가, 새벽에는 묘수가 중성이 된다.
추분 초저녁에는 두수가, 새벽에는 삼수가 중성이 된다.
한로 초저녁에는 두수가, 새벽에는 정수가 중성이 된다.
상강 초저녁에는 두수가, 새벽에는 정수가 중성이 된다.
입동 초저녁에는 여수가, 새벽에는 성수가 중성이 된다.
소설 초저녁에는 허수가, 새벽에는 장수가 중성이 된다.
대설 초저녁에는 위수가, 새벽에는 익수가 중성이 된다.

3. 「병」과 「정」

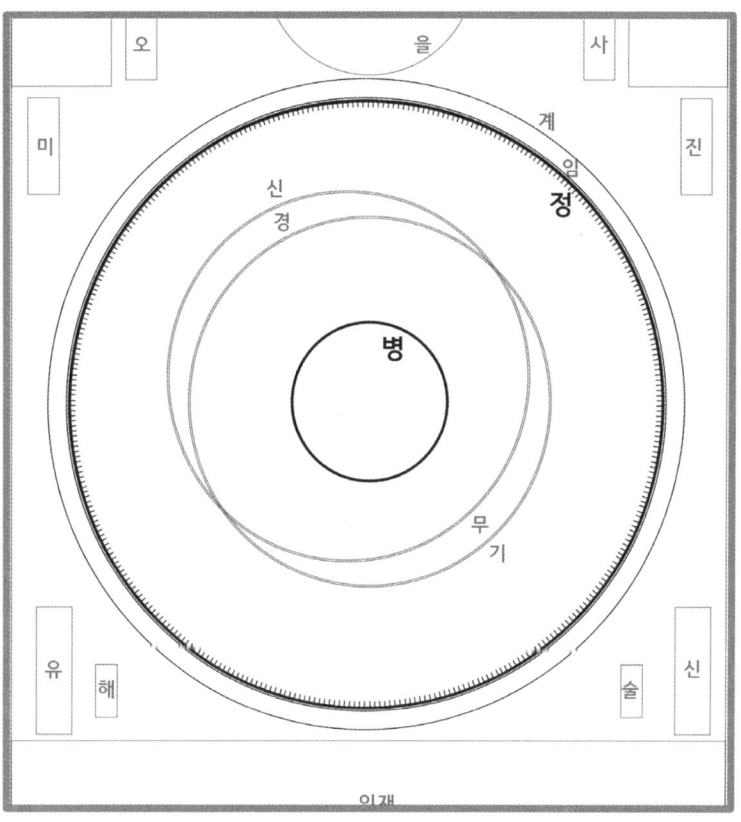

「병」원이 주극선이고 「정」원은 365일을 표시한 일분선이 있는 원이다.
「병」원과 「정」원 사이에 28수 등 항성이 그려진다.

　「병」원은 주극선이고, 「정」원은 천문도의 끝 경계를 표시하면서 동시에 365개의 점을 찍어서 365 1/4일을 상징하는 일분선(日分線)이 있는 원이다.

주극선을 표시한 「병」원 안에 있는 별을 주극성이라 하여서 1년 내내 관찰이 가능하다. 이 주극선을 어떻게 표시했냐에 따라 별을 관측한 위도를 알 수 있다. 위도에 따라서 1년 내내 보이는 별이 다르기 때문이다.

또한 「정」원은 그림상으로는 끝에서 세 번째 원을 말하지만, 실제로는 천문도의 제일 끝 원이다. 지평선 끝자락에서 볼 수 있는 별까지 표시한 원이다. 그러므로 「정」원을 어떻게 표시했느냐에 따라 역시 별을 관측한 위도를 알 수 있다.

즉 「병」과 「정」의 두 원은 하늘 한가운데 떠있어서 항상 볼 수 있는 별과 지평선 끝에 있어서 간신히 볼 수 있는 별을 표시한 원이다. 그래서 10간 중에 화(火 : 밝다, 볼 수 있다)에 속하는 「병」과 「정」으로 이름을 지었다.

「병」원과 「정」원을 잇는 28개의 선이 28수의 영역을 표시하는 '28수 영역표시선'이고, 「정」원을 나눈 365개의 작은 선이 1년 365와 1/4을 나타내는 '일분선'이다. 이 일분선을 하루에 한 바퀴를 돌고 1개 선을 더 지나기 때문에(하루에 365+1개의 작은 선을 지남), 1년 동안 관찰하면 같은 자리에서 천문도에 그린 별을 다 볼 수 있게 된다. 그래서 이를 365와 1/4도라 하여 1년의 도수로 쓰기도 한다.

「병」원과 「정」원은 365로 나누면 365와 1/4일이 되고, 24등분 하면 24절기가 되므로, 천문도의 근간이 되는 뼈대라고 할 수 있다.[60]

4. 「무」와 「기」

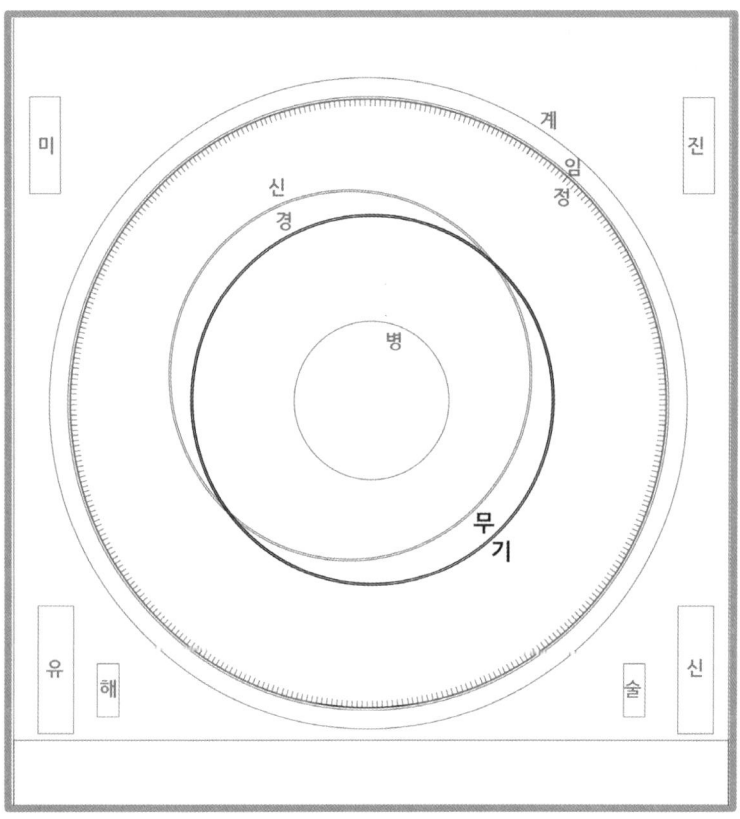

「무」와 「기」는 적도를 표시한 원이다.
다른 천문도에서는 한 줄로 표시하였는데, 「천상열차분야지도」에서는
특이하게 두 줄로 표시하였다.

60] 물론 이렇게 일정하게 나누는 방법(평기법)은 훗날 정기법으로 바뀌면서 절기의 길이가 각기 조금씩 달라진다.

「무」원과 「기」원은 하늘의 적도를 나타내는 두 원이고, 「경」원과 「신」원은 황도를 나타내는 두 원이다. 순우천문도 등 다른 천문도에서는 적도나 황도를 나타내는 선이 하나인데, 「천상열차분야지도」에서는 둘인 것이 큰 특징이다.

「무」와 「기」는 적도를 표시한 두 원을 지칭한다. '무'와 '기'는 오행상으로 토이니, 융합하고 조절하는 역할을 하는데, 적도는 태양이 가는 길인 황도가 얼마나 기울어졌나를 나타내는 기준선이 되므로 「무」와 「기」를 적도에 배당하였다.

이 두 원 중에 안쪽에 있는 원을 「무」원으로, 바깥에 있는 원을 「기」원으로 본 것은, 하도의 5·10토에서 속이 홀수인 5이고 겉이 짝수인 10이기 때문이다.

적도와 황도가 만나는 점이 낮과 밤의 길이가 같아지는 춘분점과 추분점인데, 「천상열차분야지도」는 2mm의 간격으로 두 줄씩의 원으로 그렸다. 이는 춘분점과 추분점을 나타낼 때 근소하지만 정확성에 있어서 혼란을 준다. 이에 대해서는 다음 연구로 기회를 미루기로 한다.

5. 「경」과 「신」

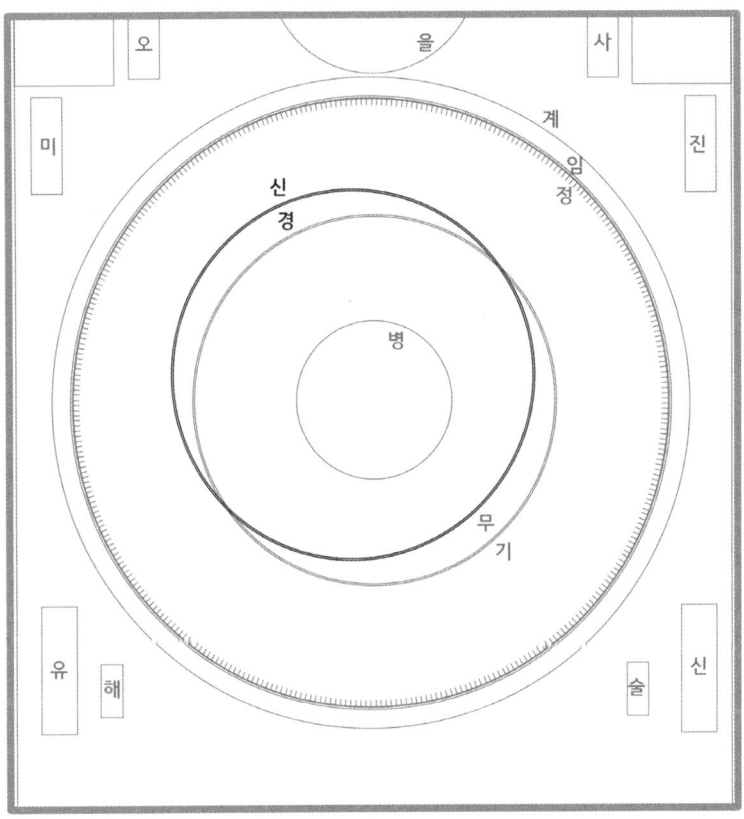

「경」과 「신」은 황도를 표시한 원이다.
「천상열차분야지도」에서는 특이하게 두 줄로 표시하였다.

　「경」과 「신」은 오행상 금이며, 오상으로 보면 의리에 해당한다. 의리는 인위적인 잣대라서, 시대마다 의리가 달라진다. 그러므로 동지에는 낮고 멀리 지나가고 하지에는 하늘 높이 떠서 지나가는 등, 가는 길에 차이를 보이는 황도를 맡는 것이 합당하다고 생각했다.

　이 두 원 중에 안쪽에 있는 원을 '신'으로 보고, 바깥에 있는 원을 '경'으로 본 것은, 하도에서 4·9금을 표기할 때 속이 짝수인 4이고 겉이 홀수인 9로 보았기 때문이다.

6. 「임」과 「계」

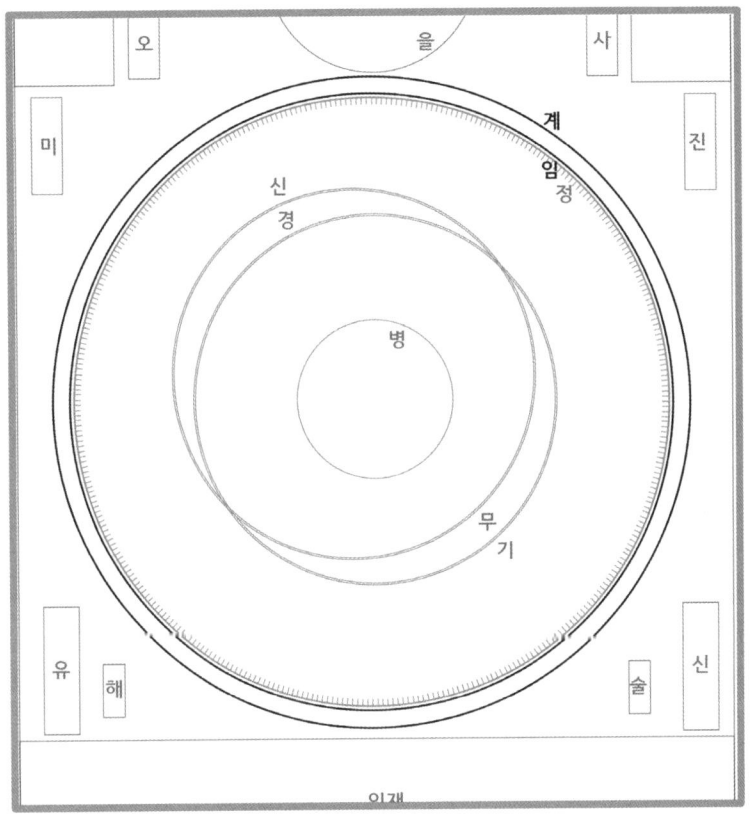

「임」원과 「계」원 : 열차와 분야를 표시하기 위해 12등분하였다.

　「임」원과 「계」원은 천문도의 제일 끝에 12개의 칸을 만들어서 천문과 12분야를 연결하는 원이다. 즉 「천상열차분야지도」의 '열차와 분야'를 표시한 곳이다. 이 열차와 분야를 앎으로써 하늘과 땅이 연결되고, 각 달마다 해와 달이 자러 가는 곳과 그 분야의 길흉을 알 수 있다.

달이 금성(金星)을 범하였다. 임금께서 일관(日官)을 불러 말씀하시기를, "내가 『문헌통고』를 보니, 28수가 하늘에 배열해 있고, 여러 나라가 각기 28수의 도수 안에 있게 되어, 만약 별에 변화가 있게 되면 그 도수 안에 있는 나라가 근심하였다고 한다.

지난번에 달이 목성을 범했을 때 일관이 기도해서 변고를 물리치기를 청하였으나, 나는 '우리나라가 미성(尾星)과 기성(箕星)의 분도(分度) 안에 있고, 또 달이 목성을 범하는 것이 매우 잦으므로 빌 필요가 있겠는가?' 생각하여 기도하지 말라고 명하였다.

지금 달이 금성(金星)을 범했는데, 『문헌통고』를 봐도 이에 대한 풀이가 없다. 5성(五星)의 도수는 어디에 있는가?" 하시니, 일관이 대답하지 못하였다.

측근에 있는 신하에게 "하늘의 변고를 보였다고 반드시 빌 것은 없다. 임금과 신하가 각자 자기의 일을 바르게 하면 그만이다." 하시면서도, 서운관 관리 애순(艾純)을 불러서 "달이 금성을 범하였는데, 무슨 분야에 속하는가?" 하고 물으시니, 애순이 "위(魏)나라의 분야입니다." 하였다.

임금께서 "5성(五星)은 본래 분야가 없는 것인데, 어찌하여 위나라 분야라고 하는가?" 하시니, "달이 금성을 범한 곳이 위나라 분야에 해당합니다."61]

　제일 가장자리 원과 그 안쪽의 원을 「임」원과 「계」원이라고 이름 붙였다. 오행에서 '임'과 '계'는 수에 해당하는데, 「임」원과 「계」원 안에 12분야와 12황도궁을 담았기 때문이다. 즉 '열차'와 '분야'를 나타내는 곳이다. 태양이 다니는 길(황도)을 따라 30도 혹은 31도씩 모두 12로 나누었기 때문에 12황도궁이라고도 한다.
　'임'과 '계'는 오행상 수이며, 오상으로 보면 지혜에 해당한다. 분야를 나누고, 해와 달이 때에 따라 자리 들어가는 곳이 다른 것이, 때와 환경에 맞춰 흐르기도 하고 멈추기도 하는 물의 성질하고 닮았다고 생각했다.
　안에 있는 원이 「임」이고 바깥에 있는 원이 「계」인 것은, 하도의 1·6수에서 홀수인 1이 안에 있고 짝수인 6이 바깥에 있는 원리를 원용한 것이다.

61] 『조선왕조실록』, 「태종 11년, 1월 5일」

1) 원문

雙女宮(巳)楚之分   **天秤宮(辰)鄭之分**   **天蝎宮(卯)宋之分**
쌍녀궁(사)초지분   천칭궁(진)정지분   천갈궁(묘)송지분

人馬宮(寅)燕之分   **磨竭宮(丑)吳之分**   **寶瓶宮(子)齊之分**
인마궁(인)연지분   마갈궁(축)오지분   보병궁(자)제지분

雙魚宮(亥)衛之分   **白羊宮(戌)魯之分**   **金牛宮(酉)趙之分**
쌍어궁(해)위지분   백양궁(술)노지분   금우궁(유)조지분

陰陽宮(申)晉魏分   **巨蟹宮(未)秦之分**   **師子宮(午)周之分**
음양궁(신)진위분   거해궁(미)진지분   사자궁(오)주지분

2) 풀이(12황도궁과 중국의 13나라의 관계)

  12황도궁으로는 쌍녀궁(雙女宮)이고, 12지지로는 사(巳)이며, 중국의 13국 중에는 초나라에 해당한다.(31눈금)

  12황도궁으로는 천칭궁(天秤宮)이고, 12지지로는 진(辰)이며, 중국의 13국 중에는 정나라에 해당한다.(31눈금)

  12황도궁으로는 천갈궁(天蝎宮)이고, 12지지로는 묘(卯)이며, 중국의 13국 중에는 송나라에 해당한다.(30눈금)

  12황도궁으로는 인마궁(人馬宮)이고, 12지지로는 인(寅)이며, 중국의 13국 중에는 연나라에 해당한다.(31눈금)

  12황도궁으로는 마갈궁(磨竭宮)이고, 12지지로는 축(丑)이며, 중국의 13국 중에는 오나라에 해당한다.(30눈금)[62]

  12황도궁으로는 보병궁(寶瓶宮)이고, 12지지로는 자(子)이며, 중

국의 13국 중에는 제나라에 해당한다.(30눈금)

12황도궁으로는 쌍어궁(雙魚宮)이고, 12지지로는 해(亥)이며, 중국의 13국 중에는 위(衛)나라에 해당한다.(31눈금)

12황도궁으로는 백양궁(白羊宮)이고, 12지지로는 술(戌)이며, 중국의 13국 중에는 노나라에 해당한다.(30눈금)

12황도궁으로는 금우궁(金牛宮)이고, 12지지로는 유(酉)이며, 중국의 13국 중에는 조나라에 해당한다.(30눈금)

12황도궁으로는 음양궁(陰陽宮)이고, 12지지로는 신(申)이며, 중국의 13국 중에는 진(晉)나라·위(魏)나라에 해당한다.(31눈금)[63]

12황도궁으로는 거해궁(巨蟹宮)이고, 12지지로는 미(未)이며, 중국의 13국 중에는 진(秦)나라에 해당한다.(30눈금)

12황도궁으로는 사자궁(師子宮)이고, 12지지로는 오(午)이며, 중국의 13국 중에는 주나라에 해당한다.(30눈금)

62] 「자」 직사각형에서는 맡은 영역을 30도와 1/4이라해서 1/4도 더 맡았다 하고, 또 오나라와 월나라에 해당한다고 해서 월나라 분야를 더 더했다. 마갈궁에 1/4도가 들어 있다는 것인데, 천문도의 눈금을 보면 이 부분에 1/4도를 더 넓게 그린 곳이 없다.

63] 「축」 직사각형에서는 '진(晉)나라·위(魏)나라'라고 하지 않고 '진(晉)나라'만 말하였다.

3장. 12지와 열두 개의 직사각형

 십이지는 「천상열차분야지도」 중에 세로로 긴 직사각형 12개를 의미한다. 10간과 대비하는 모양이므로, 12달을 의미하는 12지라고 이름 지었다. 12달은 제준(帝俊)과 상희 사이에 낳은 12명의 딸이다.

> 여자 한 명이 열두 명의 달을 목욕시키는데, 그녀는 제준의 아내 상희(常羲)이다. 열두 명의 달을 낳아서 여기서 목욕시키는 것이다.[64]

 물론 디자인상 보기 좋으라고 12로 나누었다고도 할 수 있지만, 「술」(경성상수)과 「해」(분도형명)처럼 굳이 나누거나 기록하지 않아도 되는 항목도 있고, 「자」(12국 분야 및 성수분도)와 「축」(12국 분야 및 성수분도)의 항목처럼 둘을 하나로 엮어도 되는 항목을 생각한다면, 디자인상의 목적 외에도 12지지라는 철학적 요소를 가미했다고 보는 것이 옳을 것이다.

64] 『산해경』 「대황서경」

앞서 언급한 대로 「천상열차분야지도」에는 가로로 긴 직사각형이 셋이고, 세로로 세운 직사각형이 열두 개이다. 본고에서는 이 12개의 세로로 세운 직사각형을 12지를 형상한 것으로 보고, 각 직사각형에 「자·축·인·묘·진·사·오·미·신·유·술·해」라는 12지의 이름을 붙여주었다.

①「자·축」직사각형은 '12나라와 28수 분도의 관계'를 두 직사각형에 나눠서 말한 것이고, ②「인·묘」직사각형은 '해와 달과 별'에 대한 설명을 두 직사각형에 나눠서 말한 것이며, ③「진·사·오·미」직사각형은 '사방을 상징하는 영물과 별 개수와 차지하는 도수'를 네 직사각형에 나눠서 말한 것이고, ④「신·유」직사각형은 '사방을 지키는 영물의 자세'를 두 직사각형에 나눠서 말한 것이며, ⑤「술·해」의 두 직사각형에 담긴 의미는 '천상열차분야지도'라는 제목에 드러나 있으므로 굳이 표현하지 않아도 되는 것을 두 직사각형에 나눠서 말한 것이다.

직사각형 네 개나 다섯 개면 충분한데 굳이 12개로 만든 것은, 12지에 대한 철학적 의미 외에는 설명할 길이 없다. 이상 12개의 세로 직사각형이 균형 있게 배치됨으로써, 천문도가 더욱 품위 있고 아름다워졌으며 철학적으로 승화되었다.

즉 앞서 말한 10개의 원과 지금 언급한 12개의 직사각형이 합해짐으로써, 하늘은 둥그렇고 땅은 방정하다는 천원지방(天圓地

方)의 논리를 갖췄을 뿐 아니라, 10간(태양)과 12지(달)가 하늘을 운행함으로써 인간 세상이 60갑자의 원리로 돌아가게 되었다는 이론이 서게 되는 것이다.

　12지는 태양같이 항상 둥글지는 못하고, 보름 때만 둥글고 초승이나 그믐에는 둥글지 못하므로 음(직사각형)으로 표시한다. 땅을 상징해서 직사각형으로 표시한 것이다. 세로로 길게 직사각형을 표시한 것은, 자신에게 부족한 양기운을 보충 받으려고 하늘을 향해서 자라는 식물과 성격을 같이 본 것이다.

　그러니까 양기가 많은 동물은 땅의 음기를 받고자 땅에 붙어서 사는 것이고, 음기가 많은 식물은 하늘의 양기를 받고자 하늘을 향해 서는 것이며, 양기와 음기가 고르게 있는 만물의 영장인 사람은 움직일 때는 서서 움직이고 쉴 때는 누워서 쉬는 것이다.

1. 「자」와 「축」

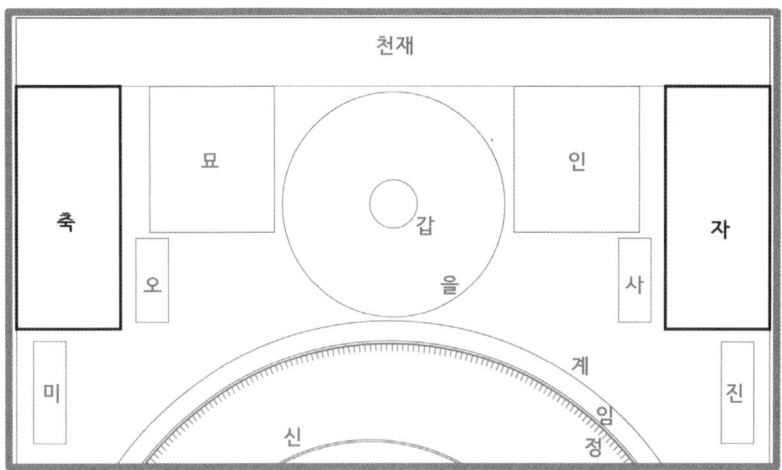

「자」직사각형과 「축」직사각형 : 중국을 13개 나라와 12개주로 나누고
해당하는 하늘의 영역을 도수로 풀이하였다.

「자」와 「축」직사각형은 맨 위의 좌우에 있으면서 중국의 13개 나라[65] 12주로 나누고 28수 도수와의 관계를 설명하였는데, 「자」와 「축」은 서로 연결되는 부분이므로 같이 해설하였다.

「자」직사각형은 제일 위쪽 오른쪽에 배당된 세로 직사각형이고, 「축」직사각형은 제일 위쪽 왼쪽에 배당된 세로 직사각형이다.

---

[65] 여기서는 오(吳)나라와 월(越)나라를 같은 분야로 보았고, 「임」원과 「계」원 사이에서는 진(晉)나라와 위(魏)나라를 같은 분야로 보았다.

1) 「자」

(1) 원문과 풀이

十二國分野及星宿分度
십이국분야급성수분도

自軫十二度 至氐四度
자진십이도 지저사도

合三十一度 爲壽星之次
합삼십일도 위수성지차

鄭之分野 屬兗州
정지분야 속연주

於辰在辰
어신재진

自氐五度 至尾九度
자저오도 지미구도

合三十度 爲大火之次
합삼십도 위대화지차

宋之分野 屬豫州 於辰在卯
송지분야 속예주 어신재묘

自尾十度 至斗十一度 合三十一度 爲析木之次
자미십도 지두십일도 합삼십일도 위석목지차

燕之分野　屬幽州　於辰在寅
연지분야　속유주　어신재인

自斗十二度　至須女七度　合三十度四分度之一
자두십이도　지수녀칠도　합삼십도사분도지일

爲星紀之次　吳越之分野　屬楊州　於辰在丑
위성기지차　오월지분야　속양주　어신재축

自須女八度　至危十五度　合三十度　爲玄枵之次
자수녀팔도　지위십오도　합삼십도　위현효지차

齊之分野　屬靑州　於辰在子
제지분야　속청주　어신재자

自危十六度　至奎四度　合三十一度　爲娵訾之次
자위십육도　지규사도　합삼십일도　위추자지차

衛之分野　屬幷州　於辰在亥
위지분야　속병주　어신재해

　여기서는 '차(次)'를 중심으로 나눈 것이고 '12황도궁'으로 나눈 것이 아니다. 황도를 12등분한 12황도궁과는 달리 하늘의 적도를 12등분하여 목성의 진행방향을 중시하여 표현한 것이다.

(2) 풀이

* 12개 나라의 분야와 28수의 각 별자리가 맡은 도수[66]
* 진수(軫宿) 12도부터 저수(氐宿) 4도까지의 31도가 수성(壽星)[67]의 영역이고, 정(鄭)나라 즉 연주(兗州)의 분야(分野)이며, 때로는 진(辰)에 해당한다(12황도궁으로는 천칭궁이다).

---

[66] 이 분야설은 반고(班固)나 비직(費直), 그리고 채옹(蔡邕) 등의 학설과는 도수나 분야에 있어서 차이가 있고, 『진서(晉書)』의 「십이차도수(十二次度數)」의 내용과는 거의 일치한다.
다만 내용을 기술할 때 『진서』에는 "自軫十二度至氐四度 爲壽星, 於辰在辰, 鄭之分野, 屬兗州"라고 해서 ㉠영역의 별자리 도수를 말하고(진12도~저4도), ㉡영역의 이름(수성)을 말한 뒤에, ㉢12지 중에 해당하는 신을 말하고(진), ㉣해당하는 나라의 분야(정)를 말한 뒤, ㉤해당하는 12주의 이름(연주)을 말했는데, 「천상열차분야지도」에서는 ㉠영역의 별자리 도수를 먼저 말한 것 같고, 그 다음 ㉡영역이 맡은 도수(31도)를 표시하고, ㉢영역의 이름(수성지차)을 말하되 '~지차'를 덧붙여서 12지차 중의 하나라는 것을 밝혔고, ㉣해당하는 나라의 분야(정)와 해당하는 ㉤12주의 이름(연주)을 말한 뒤에야, ㉥12신 중에 해당하는 신을 말하였다(진).
이러한 순서는 나머지 11개 차의 설명에서도 동일한데, 조금 더 짜임새가 있고 자세하다는 것 외에는, 각 차가 맡은 영역의 도수를 표시함으로써 얻는 이익이 무엇인가를 생각하게 한다. 12차는 적도를 12등분 하다시피 한 것이라서 30도(대화, 현효, 강루, 대량, 순수, 순화) 또는 31도(수성, 석목, 추자, 실침, 순미)를 맡게 되기 때문이다.(예외 : 성기 = 30과 1/4도)

[67] 8월의 합(유와 진) : 유월(8월)에는 해와 달이 수성(壽星)의 자리에서 모인다. 수성은 진방이고, 북두의 자루가 유를 가리키는 때이므로, 유와 진이 합이 된다. 수성은 만물이 뻗어나서 현달하기 시작하는 것으로, 각각 자기가 타고난 성명(性命)을 다하는 것이다. 또 28수 중 어른에 해당하므로 '오래살 수(壽)' 자를 썼고, 복과 수명을 주관한다고 한다. 유월과 수성의 소리는 남려(南呂 : 임신하고 성공하는 소리)이다. 12황도궁으로는 천칭궁에 해당한다.

* 저수(氐宿) 5도부터 미수(尾宿) 9도까지의 30도가 대화(大火)[68]의 영역이고, 송(宋)나라 즉 예주(豫州)의 분야(分野)이며, 때로는 묘(卯)에 해당한다(12황도궁으로는 천갈궁이다).

* 미수(尾宿) 10도부터 두수(斗宿) 11도까지의 31도가 석목(析木)[69]의 영역이고, 연(燕)나라 즉 유주(幽州)의 분야(分野)이며, 때로는 인(寅)에 해당한다(12황도궁으로는 인마궁이다).

* 두수(斗宿) 12도부터 수녀수(須女宿, 여수女宿) 7도까지의 30과 1/4도가 성기(星紀)[70]의 영역이고, 오(吳)나라와 월(越)나라 즉 양

68] 9월의 합(술과 묘) : 술월(9월)에는 해와 달이 대화(大火)의 자리에서 모인다. 대화는 묘방이고, 북두의 자루가 술을 가리키는 때이므로, 술과 묘가 합이 된다. 동방칠수 중 청룡의 심장(불)을 상징하는 심수(心宿)는 세 개의 별로 이루어졌는데, 대화는 심수의 세 별 중에서 제일 붉고 크게 빛나는 가운데 있는 별의 이름이다. 심수가 정동방의 묘(卯) 방위에 있는 것은, 화가 목의 중심에서 나오는 형상임을 보인 것이다. 또 28수 중에 제일 밝고 크므로 대화(큰 불), 또는 대신(大辰 : 큰 별)이라고 한다. 술월과 대화의 소리는 무역(無射 : 결실을 맺게 되어 싫어함이 없게 되는 소리)이다. 12황도궁으로는 천갈궁에 해당한다.

69] 10월의 합(해와 인) : 해월(10월)에는 해와 달이 석목(析木)의 자리에서 모인다. 석목은 인방이고, 은하수의 나루터에 해당된다. 북두의 자루가 해를 가리키는 때이므로, 해와 인이 합이 된다. 석목은 만물이 처음 싹터 나오는 때로, 수(겨울)와 목(봄)이 구분된 것이다. 석목의 초입인 미수(尾宿)의 10도부터 기수 사이에서 입동이 된다. 해월과 석목의 소리는 응종(應鐘 : 양기에 화답하기 위해 아래에서 움직이는 소리)이다.

70] 11월의 합(자와 축) : 자월(11월)에는 해와 달이 성기(星紀)의 자리에서 모인다. 성기는 축방이고, 북두의 자루가 자를 가리키는 때이므로, 자와 축이 합이 된다. 성기에서 '기'는 통솔하고 기준이 되고 실마리가 되는 것이니, 일월과 오성이 운행을 마치고 시작하는 곳이라는 뜻이다. 자월과 성기의 소리는 황종(黃鐘 : 양의

주(揚州)의 분야(分野)이며, 때로는 축(丑)에 해당한다(12황도궁으로는 마갈궁이다).71]

* 수녀수 8도부터 위수(危宿) 15도까지의 30도가 현효(玄枵)72]의 영역이고, 제(齊)나라 즉 청주(靑州)의 분야(分野)이며, 때로는 자(子)에 해당한다(12황도궁으로는 보병궁이다).

* 위수(危宿) 16도부터 규수(奎宿) 4도까지의 31도가 추자(娵訾)73]의 영역이고, 위(衛)나라 즉 병주(幷州)의 분야(分野)이며, 때로는 해(亥)에 해당한다(12황도궁으로는 쌍어궁이다).

발동하는 기운에 응해서 땅속에서 울리는 소리)이다.

71] 임과 계에서는 "오나라에 해당한다."고 했는데, 여기서는 월나라 분야를 더 더했다. 또 이 영역(마갈궁)에 1/4도가 들어 있다고 했는데, 천문도의 눈금을 보면 이 부분에 1/4도를 더 넓게 그린 곳이 없다.

72] 12월의 합(축과 자) : 축월(12월)에는 해와 달이 현효(玄枵)의 자리에서 모인다. 현효는 자방이고, 천원(天黿)이라고도 한다. 북두의 자루가 축을 가리키는 때이므로, 축과 자가 합이 된다. 현효에서 '현'은 검고 고요한 것이고, '효'는 소모되고 빈 것을 뜻하니, 북방의 어둡고 고요함을 상징한다. 음기가 성하기 때문에, 만물이 움직이려 하나 아직 나오지 못해서 세상이 공허하니, 소모되었다고 한 것이다. 현효와 축월의 소리는 대려(大呂 : 양의 발동을 도와 짝이 되려고 하는 소리)이다.

73] 정월의 합(인과 해) : 정월(인월)에는 해와 달이 추자(娵訾)의 자리에 모인다. 추자는 해방(亥方)이고, 일명 시위(豕韋)라고도 한다. 이때는 북두의 자루가 인을 가리키는 때이므로, 인과 해가 합이 된다. 추자는 해월이 되어 음이 성해져서 양이 숨는 뜻이니, 만물이 근심스럽고 슬퍼지는 것이다. 또 추자는 제곡(帝嚳)의 둘째 왕비의 성씨이기도 한데 미인을 뜻한다. 정월과 추자의 소리는 태주(太簇 : 기운이 모여 한꺼번에 나오려고 준비하는 소리)이다.

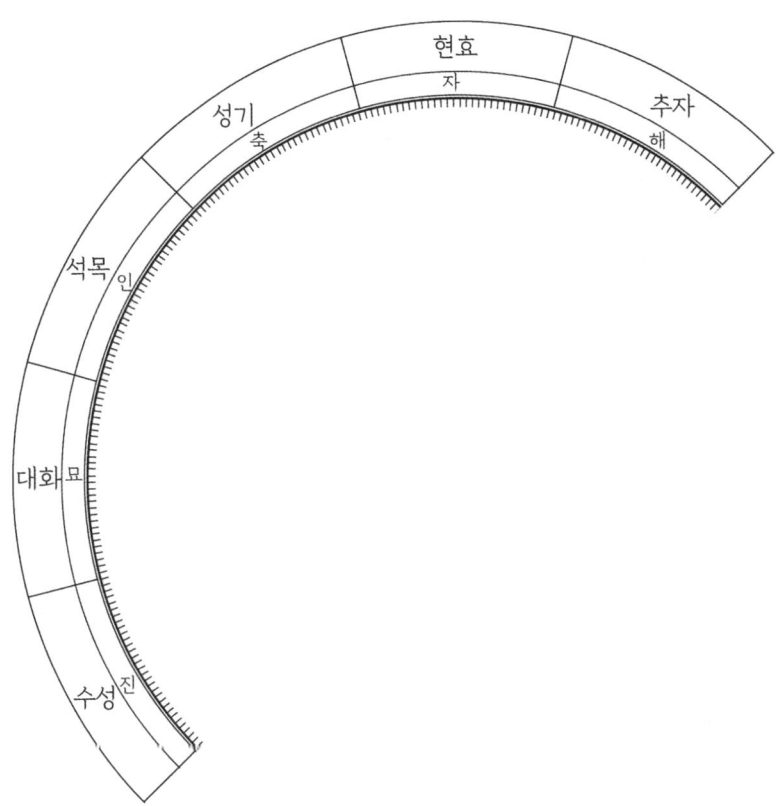

수성, 대화, 석목, 성기, 현효, 추자

2) 「축」

(1) 원문과 풀이

自奎五度　至胃六度
자규오도　지위육도

合三十度　爲降婁之次
합삼십도　위강루지차

魯之分野
노지분야

屬徐州　於辰在戌
속서주　어신재술

自胃七度　至畢十一度
자위칠도　지필십일도

合三十度　爲大梁之次
합삼십도　위대량지차

趙之分野　屬冀州　於辰在酉
조지분야　속기주　어신재유

自畢十二度　至東井十五度　合三十一度　爲實沈之次
자필십이도　지동정십오도　합삼십일도　위실침지차

晉之分野　屬益州　於辰在申
진지분야　속익주　어신재신

206

自東井十六度 至柳八度 合三十度 爲鶉首之次
자동정십육도 지류팔도 합삼십도 위순수지차

秦之分野 屬雍州 於辰在未
진지분야 속옹주 어신재미

自柳九度 至張十六度 合三十度 爲鶉火之次
자류구도 지장십육도 합삼십도 위순화지차

周之分野 屬三河 於辰在午
주지분야 속삼하 어신재오

自張十七度 至軫十一度 合三十一度 爲鶉尾之次
자장십칠도 지진십일도 합삼십일도 위순미지차

楚之分野 屬荊州 於辰在巳
초지분야 속형주 어신재사

自壽星之次 計至鶉尾之次 共二百六十五度
자수성지차 계지순미지차 공삼백육십오도

四分度之一
사분도지일

* 규수(奎宿) 5도부터 위수(胃宿) 6도까지의 30도가 강루(降婁)[74]의

74] 2월의 합(묘와 술) : 묘월(2월)에는 해와 달이 강루降婁의 자리에서 모인다. 강루는 술방이고, 북두의 자루가 묘를 가리키는 때이므로, 묘와 술이 합이 된다. 강루에서 '강'은 내려오는 것이고, '루'는 굽어지는 것이니, 술월을 맞아 음기가 위로 침범하기 때문에 만물이 시들어 늘어지고 구부러지는 것이다. 또 강루는

영역이고, 노(魯)나라 즉 서주(徐州)의 분야(分野)이며, 때로는 술(戌)에 해당한다(12황도궁으로는 백양궁이다).

* 위수(胃宿) 7도부터 필수(畢宿) 11도까지의 30도가 대량(大梁)75]의 영역이고, 조(趙)나라 즉 기주(冀州)의 분야(分野)이며, 때로는 유(酉)에 해당한다(12황도궁으로는 금우궁이다).

* 필수(畢宿) 12도부터 동정수(東井宿) 15도까지의 31도가 실침(實沈)76]의 영역이고, 진(晉)나라77] 즉 익주(益州)의 분야(分野)이며, 때로는 신(申)에 해당한다(12황도궁으로는 음양궁이다).

규수 5도부터 위수(胃宿) 6도까지에 해당하는데, 특히 규수(奎宿)와 루수(婁宿)를 말하기도 한다. 규수는 도랑의 뜻이 있으므로 '내릴 강, 물 넘칠 강(降)'이라고 하였다. 묘월과 강루의 소리는 협종(夾鐘 : 음이 양을 적극적으로 도와서 껍질을 벗게 하는 소리)이다.

75] 3월의 합(진과 유) : 진월(3월)에는 해와 달이 대량(大梁)의 자리에서 모인다. 대량은 유방이고, 북두의 자루가 진을 가리키는 때이므로, 진과 유가 합이 된다. 대량은 강하다는 뜻이다. 유월에 내리는 흰 이슬을 맞고 만물이 단단해지고 강해지는 것이다. 또 대량은 묘수(昴宿)가 그 중심별로, 봄의 말미에 해와 달이 만나는 곳이다. 3월과 대량의 소리는 고선(姑洗 : 묵은 것을 보내고 새롭게 태어나는 소리)이다.

76] 4월의 합(사와 신) : 사월(4월)에는 해와 달이 실침(實沈)의 자리에서 모인다. 실침은 신방이고, 북두의 자루가 사를 가리키는 때이므로, 사와 신이 합이 된다. 실침은 음기가 무겁게 가라앉아서 만물을 열매 맺게 한다는 뜻이다. 또 실침은 고신씨(高辛氏)의 둘째 아들의 이름으로, 삼수(參宿)를 주관하는 신의 이름이다. 사월과 실침의 소리는 중려(中呂 : 속이 차고 커지는 소리)이다.

77] 임과 계에서는 "진(晉)나라·위(魏)나라에 해당한다."고 했는데, 여기서는 진(晉)나라에 속한다고만 했다.

* 동정수(東井宿) 16도부터 류수(柳宿) 8도까지의 30도가 순수(鶉首)[78]의 영역이고, 진(秦)나라 즉 옹주(雍州)의 분야(分野)이며, 때로는 미(未)에 해당한다(12황도궁으로는 거해궁이다).

* 류수(柳宿) 9도부터 장수(張宿) 16도까지의 30도가 순화(鶉火)[79]의 영역이고, 주(周)나라 즉 삼하(三河)의 분야(分野)이며, 때로는 오(午)에 해당한다(12황도궁으로는 사자궁이다).

* 장수(張宿) 17도부터 진수(軫宿) 11도까지의 31도가 순미(鶉尾)[80]의 영역이고, 초(楚)나라 즉 형주(荊州)의 분야(分野)이며, 때로는 사(巳)에 해당한다(12황도궁으로는 쌍녀궁이다).

* 수성의 영역부터 순미의 영역까지를 계산하면 모두 365도와 1/4

78] 5월의 합(오와 미) : 오월(5월)에는 해와 달이 순수(鶉首)의 자리에서 모인다. 슈수는 미방이고, 북두의 자루가 오를 가리키는 때이므로, 오와 미가 합이 된다. 순수의 '순'은 메추라기 또는 주작이라는 뜻이고, '수'는 머리 수자이다. 남방7수의 형상이 새 같아서, 정수(井宿)는 새의 벼슬이고, 류수(柳宿)는 새의 부리가 되므로 주작의 머리에 해당한다는 뜻이다. 오월과 순수의 소리는 유빈(蕤賓 : 양기가 내려감에 손님으로 공경하는 소리)이다.

79] 6월의 합(미와 오) : 미월(6월)에는 해와 달이 순화(鶉火)의 자리에서 모인다. 순화는 오방이고, 북두의 자루가 미를 가리키는 때이므로, 미와 오가 합이 된다. 순화는 양기가 성대한 때이다. 심수의 가운데 별이 해질 때 남중하고, 화성(火星) 역시 크게 뜰 때에 해당한다. 미월과 순화의 소리는 임종(林鍾 : 많고 성숙해지는 소리)이다.

80] 7월의 합(신과 사) : 신월(7월)에는 해와 달이 순미(鶉尾)의 자리에서 모인다. 순미는 사(巳)방이고, 북두의 자루가 신을 가리키는 때이므로, 신과 사가 합이 된다. 순미는 주작의 꼬리에 해당한다는 뜻이다. 신월과 순미의 소리는 이칙(夷則 : 양이 다쳐서 음과 양이 균형을 잃게 되는 소리)이다.

도이다.

강루, 대량, 실침, 순수, 순화, 순미

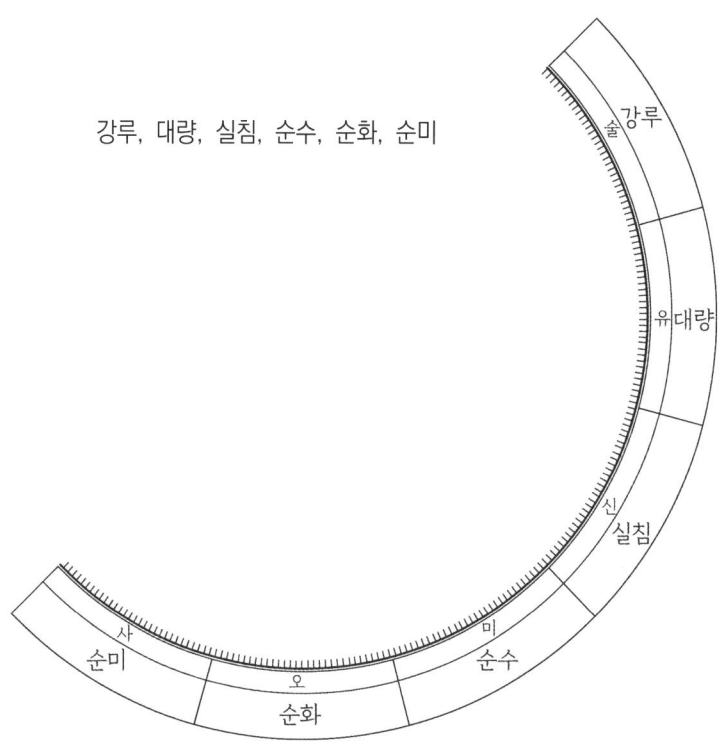

12월과 지지의 합

월		1	2	3	4	5	6	7	8	9	10	11	12
해와 달이 모이는 곳	별	추자	강루	대량	실침	순수	순화	순미	수성	대화	석목	성기	현효
	방위	해	술	유	신	미	오	사	진	묘	인	축	자
북두가 가리키는 곳		인	묘	진	사	오	미	신	유	술	해	자	축

2. 「인」과 「묘」

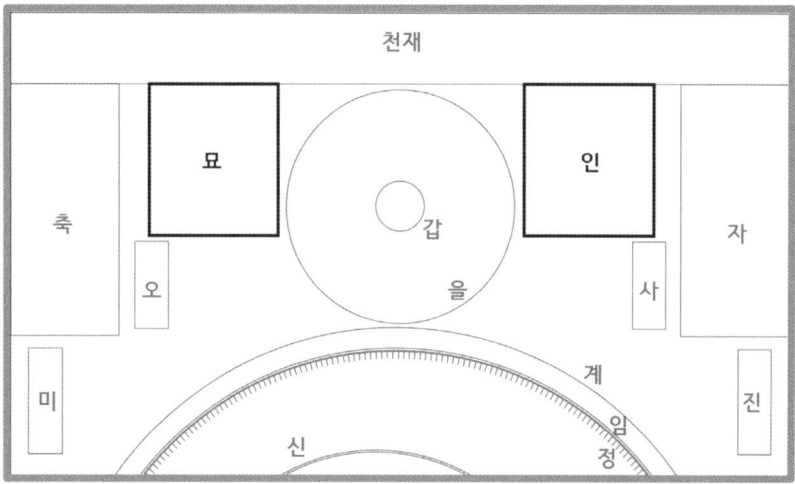

「인」직사각형은 해와 별에 대한 내용이고, 「묘」직사각형은 달과 황도·적도에 대한 내용이다.

「인·묘」직사각형은 태양과 달 및 별의 역할과 운행하는 길을 설명했다.

'인'과 '묘'는 오행으로 볼 때 목에 해당한다. 목은 하늘과 땅이 생겨난 뒤에, 그 안에서 자라나는 만물의 기운이다. 「인」직사각형은 해와 별에 대한 내용이고, 「묘」직사각형은 달과 황도·적도에 대한 내용이다. 해와 달과 별을 삼정(三精)이라고도 하는데, 이들이 작용함에 따라 만물이 자라나므로, 본 책에서는 이들의 내용을 각기 「인」과 「묘」라는 이름으로 배당하였다.

1) 「인」, 태양과 별

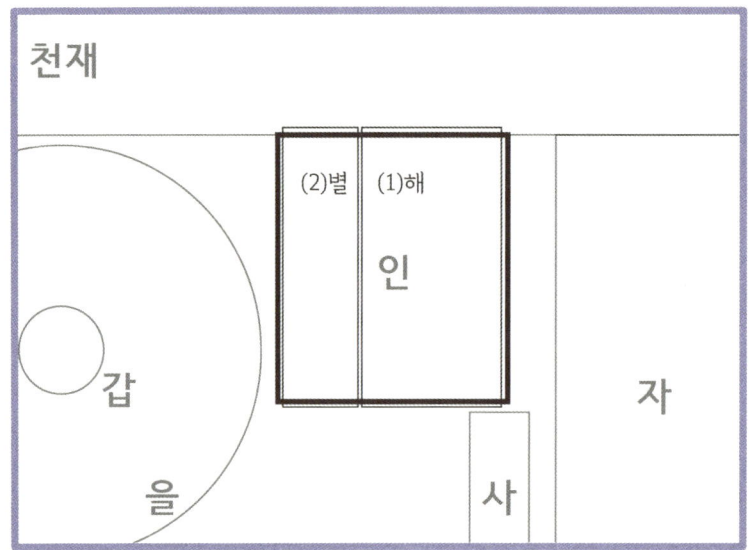

「인」직사각형 : (1)이 해에 대한 내용이고, (2)가 별에 대한 내용이다.

(1) 원문과 풀이1 (태양)

日宿
일수

日爲太陽之精 衆陽之長
일위태양지정 중양지장

去赤道表裏 各二十四度
거적도표리 각이십사도

遠寒近暑而中和
원한근서이중화

陽用事則進北晝長夜短 陽勝故爲溫暑
양용사즉진북주장야단 양승고위온서

陰用事則退南 晝短夜長 陰勝故爲凉寒 若日行南北失
음용사즉퇴남 주단야장 음승고위량한 약일행남북실

道 則進而長爲常寒 退而短爲常燠 主生養恩德
도 즉진이장위상한 퇴이단위상욱 주생양은덕

人君[81]之象 故行有道之國則光明
인군 지상 고행유도지국즉광명

81] '인군'을 높여서 '주생양은덕'의 뒤에 이어서 쓰지 않고 글의 맨 앞으로 썼다. 아래에 있는 '인군' 역시 같다.

人君吉昌 百姓安寧[82]
인군길창 백성안녕

* 해
* 해는 태양의 정수(精髓)이고 모든 양(陽)의 어른이다. 적도를 중심으로 안과 밖으로 각기 24도의 차이를(남쪽에서는 적도 안으로 12도, 북쪽에서는 적도 밖으로 12도) 두고 운행한다. 멀어지면(동지 등) 춥고 가까워지면(하지 등) 더워지며, 중간일 때(춘분 또는 추분)는 온화하다.
* 양이 활동을 하게 되면 북쪽으로 나아가 낮이 길어지고 밤이 짧아지며, 양이 이기는 까닭에 따뜻해진다. 음이 활동을 하게 되면 남쪽으로 물러나서 낮이 짧아지고 밤이 길어지며, 음이 이기는

82] 이 내용은 『진서(晉書)』, 「지, 칠요(七曜)」의 내용과 대동소이하다. 특히 "일위태양지정(日爲太陽之精)", "주생양은덕 인군지상(主生養恩德人君之象)", "행유도지국 즉광명(行有道之國則光明) 인군길창(人君吉昌) 백성안녕(百姓安寧)"은 글자도 똑같다.

"중양지장(衆陽之長)"은 역사서에 자주 나오는 내용이고, "거적도표리(去赤道表裏) 이십사도(二十四度) 원한근서이중화(遠寒近暑而中和)"는 『수서(隋書)』의 「천문 상(天文上)」에 나온다.

또 그 다음부터 "주생양은덕(主生養恩德)" 이전의 글은 『전한서』, 「천문지」의 "양용사즉일진이북(陽用事則日進而北) 주진이장(晝進而長) 양승고위온서(陽勝故爲溫暑) 음용사즉일퇴이남(陰用事則日退而南) 주퇴이단(晝退而短) 음승고위양한야(陰勝故爲涼寒也) 고일진위서 퇴위한(故日進爲暑退爲寒) 약일지남북실절(若日之南北失節) 구과이장위상한(暑過而長爲常寒) 퇴이단위상욱(退而短爲常燠)"과 거의 유사하다.

까닭에 추워진다.

* 만약에 해가 남북으로 오가는 길(황도)을 잃게 되면, (북으로) 나아가 낮이 길어지더라도 항상 추우며, (남으로) 물러나 낮이 짧아지더라도 항상 춥게 된다.

해는 태어나게 하고 기르며 은덕을 베푸는 일을 하니, 임금(人君)의 상이 있다. 그러므로 왕도가 행해지는 나라에는 밝게 비춰주니, 임금은 길하고 번창하며 백성은 안녕을 누리게 된다.

(2) 원문과 풀이 2 (별)

星者 陽精之榮也 陽精爲日 日分爲星
성자 양정지영야 양정위일 일분위성

故其字從日下生也[83] 釋名云星散也
고기자종일하생야　석명운성산야

布散於天
포산어천

* 별(星星)은 양의 정수 중에 꽃에 해당한다. 양의 정수는 해(日)이고, 해를 나눈 것이 별인 까닭에, 그 글자도 일(日) 아래에 생(生)을 썼다(日+生=星). 『석명(釋名, 이름을 풀이한 책)』에 "별은 흩어진 것이다."[84] 라고 하니, 하늘에 흩어져 퍼져 있는 것이다.

---

[83] '星(성)' 자에 대한 풀이는 각 서적에서 『춘추설제사(春秋説題詞)』의 말을 인용하였는데 내용이 대동소이하다.

[84] 한(漢)나라 유희(劉熙) 지음. 『석명(釋名)』, 「석천(釋天)」: 별은 흩어진 것이다. 열을 지으며 넓게 흩어진 것이다(星散也 列位布散也).

2) 「묘」(달과 황도·적도)

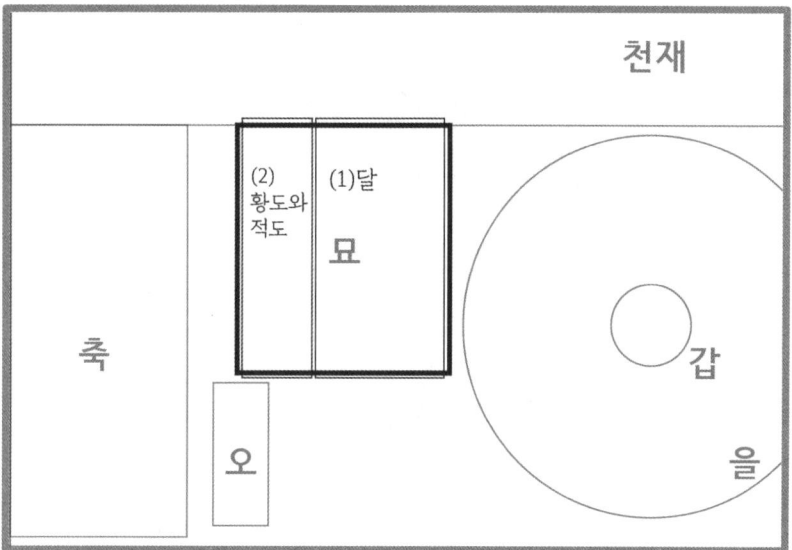

「묘」직사각형 : (1)이 달에 대한 설명이고, (2)가 황도와 적도에 대한 설명이다.

(1) 원문과 풀이1 (달)

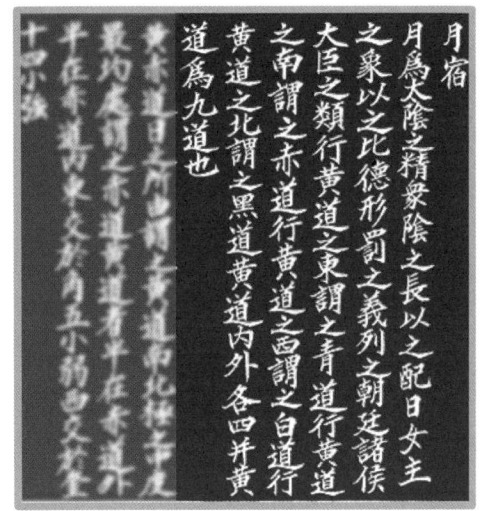

月宿
월수

月爲太陰之精　衆陰之長　以之配日　女主之象　以之比
월위태음지정　중음지장　이지배일　여주지상　이지비

德　刑罰之義　列之朝廷　諸侯大臣之類[85]　**行黃道之東**
덕　형벌지의　열지조정　제후대신지류　　　행황도지동

謂之靑道　行黃道之南　謂之赤道　行黃道之西　謂之白
위지청도　행황도지남　위지적도　행황도지서　위지백

85] 이 내용은 『진서』, 「지(志), 칠요(七曜)」의 내용과 거의 같다. 특히 "月爲太陰之精", "以之配日 女主之象 以之比德 刑罰之義 列之朝廷 諸侯大臣之類"는 글자도 똑같다.

道 行黃道之北 謂之黑道 黃道內外各四 幷黃道爲九
도 행황도지북 위지흑도 황도내외각사 병황도위구

道也[86]
도 야

* 달
* 달은 태음(太陰)의 정수이자 모든 음의 어른이다. 해의 짝이 되니 여왕의 상이고, 덕을 도우니 형벌의 뜻이 있으며, 조정에 배열하면 대신 또는 제후로 본다.
* 달이 황도의 동쪽을 운행하는 길을 청도(靑道)라 하고, 황도의 남쪽을 운행하는 길을 적도(赤道)라 하며, 황도의 서쪽을 운행하는 길을 백도(白道)라 하고, 황도의 북쪽을 운행하는 길을 흑도(黑道)라 한다. 황도의 안과 밖으로 이러한 길이 넷씩 있어서 모두 여덟 길이 되고, 여기에 황도를 합해서 9도(九道 : 달의 아홉 길)라고 하는 것이다.

86] 송나라 학자 심괄(沈括)이 쓴 『몽계필담(夢溪筆談)』의 「상수(象數)」의 "月行黃道之南謂之朱道 行黃道之北謂之黑道 黃道之東謂之靑道 黃道之西謂之白道 黃道內外各四幷黃道為九"와 내용이 같다.

(2) 원문과 풀이 2 (황도와 적도)

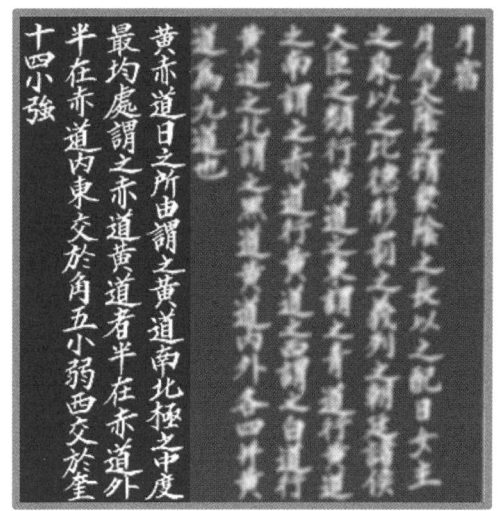

黃赤道 日之所由 謂之黃道 南北極之中度 最均處謂
황적도 일지소유 위지황도 남북극지중도 최균처위

之赤道[87] **黃道者 半在赤道外 半在赤道內 東交於角**
지적도 황도자 반재적도외 반재적도내 동교어각

五小弱西交於奎十四小强[88]
오소약서교어규십사소강

87] 송나라 학자 심괄이 쓴 『몽계필담』의 「상수」에 "日之所由謂之黃道 南北極之中度最均處謂之赤道"와 내용이 같다.

88] 그 다음 글은 『진서』 등의 "半在赤道外 半在赤道內 與赤道東交於角五少弱 西交於奎十四少彊"과 유사하다.

* 황도와 적도
* 태양에서 비롯된 길을 황도라 부르고, 천구의 남극과 북극의 중간 가장 평균되는 곳을 적도라고 이른다. 황도는 절반이 적도의 밖(북반구)에 있고, 절반은 적도 안(남반구)에 있어서, 동쪽에서는 적도와 황도가 각수의 5도 약간 못 미친 곳에서 만나고, 서쪽으로는 규수의 14도 조금 더 나간 곳에서 만난다.

3. 「진」·「사」·「오」·「미」

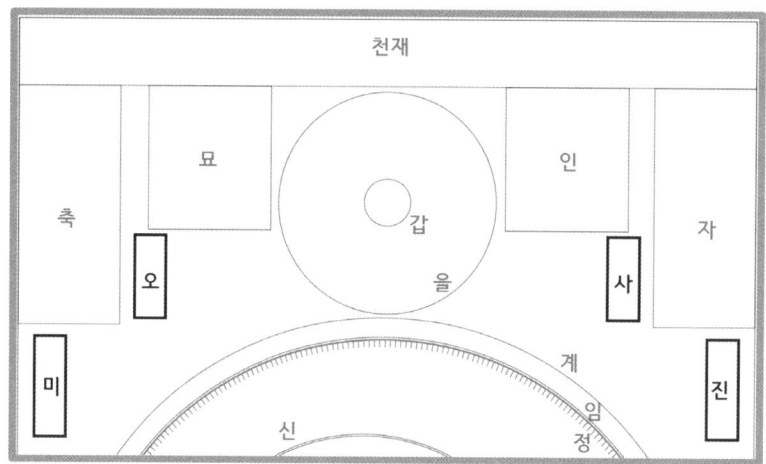

「진」은 북방칠수에 대한 설명, 「사」는 서방칠수에 대한 설명, 「오」는 남방칠수에 대한 설명, 「미」는 동방칠수에 대한 설명이다(내용은 고구려시대 천문이론으로 추측된다).

「진」·「사」·「오」·「미」 직사각형은 동서남북에 28수를 7별자리씩 배당함과 별의 개수 및 도수를 성명했다. 「진」·「사」·「오」·「미」 직사각형에서 설명한 별의 개수가 「인재」의 설명과 달라서, 「진」·「사」·「오」·「미」의 내용이 태조가 받은 옛 탁본의 내용이라고 추측을 해본다.

「진」·「사」·「오」·「미」는 사방을 지키는 사신(四神)과 그를 구성하는 별의 개수 및 도수를 말한 것이다.

「진」은 북방칠수, 「사」는 서방칠수, 「오」는 남방칠수, 「미」는 동방칠수에 배당하여, 북방부터 별이 떠서 서방과 남방을 거쳐 동방에서 마무리하는 것을 보였다.

1) 「진」 원문과 풀이

北方玄武七宿 三十五星
북방현무칠수 삼십오성

合九十八度四分度之一
합구십팔도사분도지일

* 북방현무 칠수는 모두 35개의 별이고, 98과 1/4도에 해당한다.[89]

2) 「사」 원문과 풀이

西方白虎七宿 五十一星 合八十度
서방백호칠수 오십일성 합팔십도

* 서방백호 칠수는 모두 51개의 별이고, 80도에 해당한다.[90]

---

[89] 82쪽 '(4)북방현무칠수의 자체 모순'에 자세한 설명이 있다.
[90] 79쪽 '(3)서방백호칠수의 자체 모순'에 자세한 설명이 있다.

3) 「오」 원문과 풀이

南方朱雀七宿 六十四星 合一百十二度[91]
남방주작칠수 육십사성 합일백십이도

* 남방 주작칠수는 모두 64개의 별이고, 112도에 해당한다.[92]

4) 「미」 원문과 풀이

東方靑龍七宿 三十二星 合七十五度
동방청룡칠수 삼십이성 합칠십오도

* 동방청룡 칠수는 모두 32개의 별이고, 75도에 해당한다.[93]

91] 원(元)나라 황진성(黃鎭成)이 쓴 『상서통고(尙書通考)』의 "東方蒼龍 三十二星 七十五度. 北方玄武 三十五星 九十八度四分度之一. 西方白虎 五十一星 八十度. 南方朱鳥 六十四星 百一十二度."와 내용이 합치된다.

92] 76쪽 '(2)남방주작칠수의 자체 모순'에 자세한 설명이 있다.

93] 73쪽 '(1)동방청룡칠수의 자체 모순'에 자세한 설명이 있다.

4. 「신」과 「유」

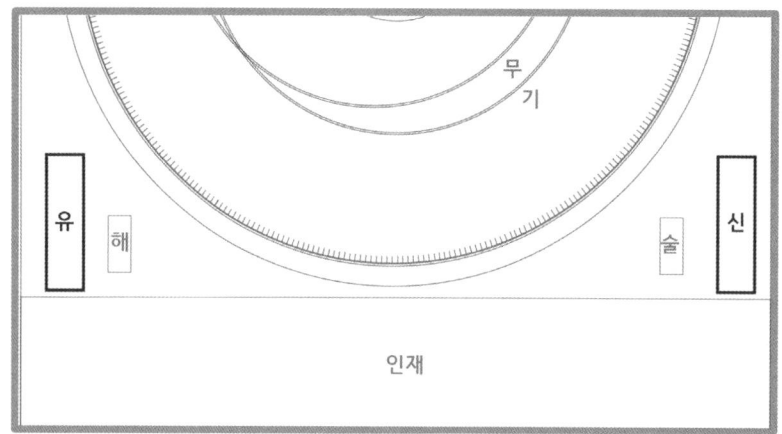

「신」과 「유」는 사신(四神)의 전체적인 형체와 자세를 말해주는데, 「신」은 청룡과 백호의 형체와 자세이고, 「유」는 주작과 현무의 형체와 자세를 설명했다.

「신·유」직사각형은 28수가 각기 청룡·백호·주작·현무라는 사신(四神)의 전체적인 형체와 자세를 말해준다.

1) 「신」 원문과 풀이

四方皆有七宿　各成一形　東方成龍形
사 방 개 유 칠 수　각 성 일 형　동 방 성 룡 형

西方成虎形　皆南首而北尾
서 방 성 호 형　개 남 수 이 북 미

* 사방에 모두 7개씩의 별자리가 있고, 각기 한 가지 형상을 이루고 있다. 동방은 용(청룡)의 형상을 이루고, 서방은 호랑이(백호)의 형상을 이루었는데, 이 둘은 모두 남쪽으로 머리를 향하고 북쪽으로 꼬리를 두었다.

2) 「유」 원문과 풀이

南方成鳥形 北方成龜形 皆西首而東尾
남 방 성 조 형   북 방 성 귀 형   개 서 수 이 동 미

* 남방은 새(주작)의 형상이고, 북방은 거북이(현무)의 형상을 이루었는데, 이 둘은 모두 서쪽으로 머리를 향하고 동쪽으로 꼬리를 두었다.[94]

94] 이 글은 당나라 때의 학자 공영달(孔穎達 : 574~648)의 『상서주소(尙書注疏)』의 「우서(虞書) 요전(堯典)」편이나 위료옹(魏了翁 : 남송 때의 학자, 1178~1237)이 저술한 『상서요의(尙書要義)』의 「요전(堯典), 용호조귀(龍虎鳥龜) 소견지방(所見之方) 여사시상역(與四時相逆)(용과 범과 주작과 현무가 바라보는 방소와 사계절이 서로 반대이다)」편의 "사방개유칠수 각성일형 동방성룡형 서방성호형 개남수이북미 남방성조형 북방성귀형 개서수이동미"와 글자 하나 틀리지 않고 똑같다.

5. 「술」과 「해」

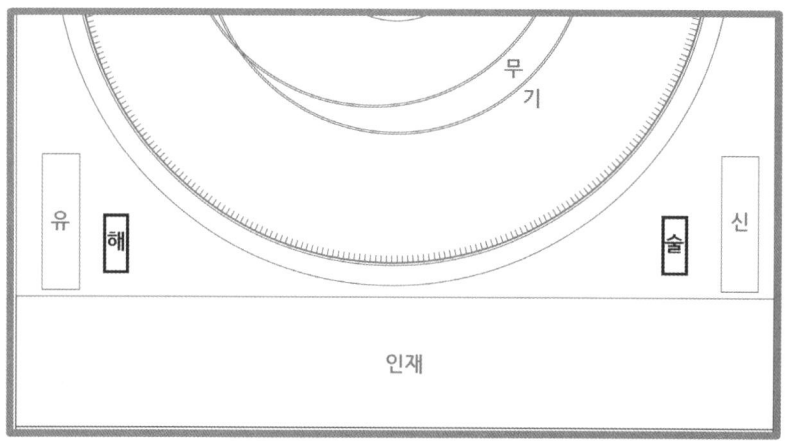

「술」과 「해」는 천문도의 전체 뜻을 나타내는 제목과 같은 내용이다. 한편으로는 세로로 된 직사각형의 숫자를 12개로 맞추기 위해 또는 미적 균형을 위해 만들었다고 생각된다.

「술·해」직사각형은 「천상열차분야지도」가 항성과 별자리와 그 도수 및 생김새와 이름을 다루었음을 나타냈다.

1) 「술」 원문과 풀이

經星常宿
경 성 상 수

* 경성(항성)으로 구성되어 항상한 모양을 갖추어서 별자리로 이름을 지을 수 있는 별들

* 1,467개의 별에 310개[95]의 별자리 이름을 붙였다. '경성'은 항성

이라고도 하는데, 같은 자리에 항상 떠 있는 별이다. '상수'는 별의 개수와 형체를 일정하게 갖추고 있는 별자리를 말한다. 한 개의 경성으로 된 별자리도 있고 여러 개의 경성으로 이루어진 별자리도 있다.[96]

2) 「해」 원문과 풀이

分度形名
분 도 형 명

* 별자리가 하늘에서 맡은 도수와 형상 및 이름
* 「천상열차분야지도」의 바깥 원에는 365개의 작은 눈금이 그려져 있는데, 이 눈금은 1년 365 1/4도를 표시한 것이다. '분도'는 이 365개의 눈금 중에서 청룡·현무·백호·주작이 맡은 각각의 눈금도수를 말하고, '형명'은 청룡·현무·백호·주작의 형태와 이름을 말한다.

95] 이름을 붙인 것은 307개이고, '부이, 구검, 열월'의 세 별자리는 별만 표시하고 별자리 이름은 표기하지 않았다. 이 세 별자리까지 합하면 「천상열차분야지도」의 별자리는 모두 310개이다.

96] 『전한서』의 「천문지(天文志)」에 "경성상수를 구성하는 중앙의 성관(星官)과 외곽의 성관이 모두 118명(별자리)이다. 그들을 구성하는 별은 모두 783개 별인데, 모두 주 또는 제후국의 관리나 그에 소속된 물건 등을 상징한다(經星常宿中外官凡百一十八名 積數七百八十三星 皆有州國官宮物類之象)."고 하였다.

3부
「천상열차분야지도」의 별자리

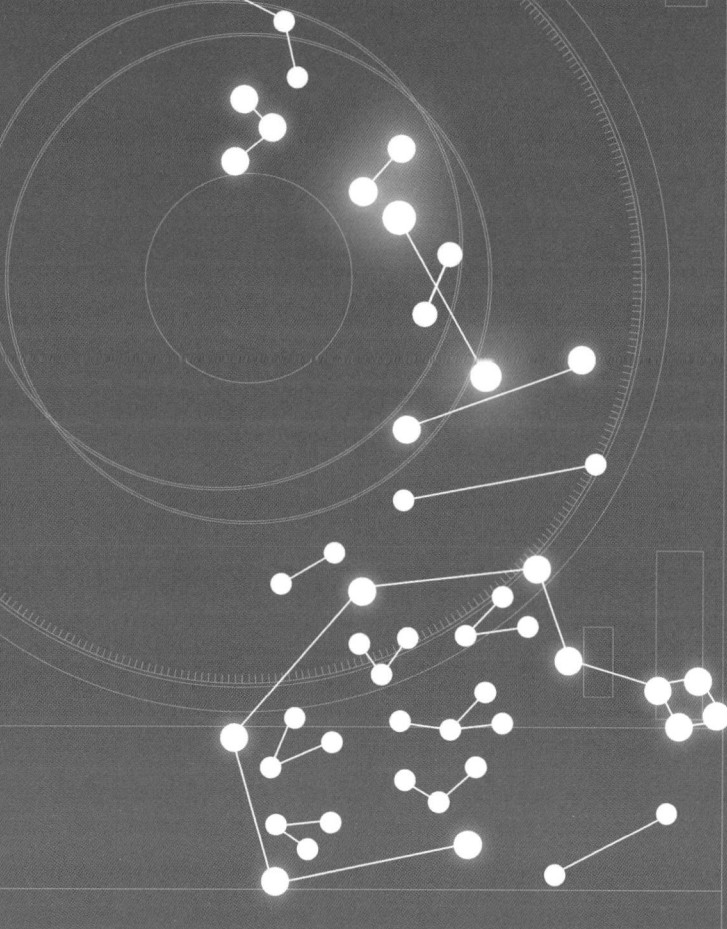

1장. 삼원과 은하수

옛 선현들이 하늘을 3원과 28수로 나누어서 보았으므로, 천문을 살필 때 31(3+28)개 구역으로 나누어 관찰하였다. 삼원은 '석 삼'자에 '담장 원'자를 쓴다. 세 개의 담장이라는 것인데, 담장처럼 둘러싸며 임금별을 보호하기 때문에 붙여진 이름이다. 말하자면 궁궐에 해당한다.

특히 자미원(紫微垣)은 자미원으로 에워싼 부분만 자미원으로 보지 않고, 「병」원(주극선)으로 둘러싸인 안쪽을 모두 자미원으로 본다. 삼원 중에서도 가장 중심이 되고 중요하다는 것을 표시한 것으로, 마치 서울을 표시할 때 사대문 안쪽 뿐만 아니라 그 외곽도 서울로 치는 것과 같다. 자미원의 왼쪽(묘와 인 방향)에는 천시원(天市垣)이, 아래쪽(사 방향)에는 태미원이 자리하여 하늘을 나누어 다스리고 있다.

천황대제(자미원 중심에 있는 별자리로 북극성의 위에 있다)가 있어서 하늘을 다스리는 데, 60년마다 위치를 바꿔가며 다스린다고 한다. 즉 태미원부터 시작하여서, 자미원, 천시원을 차례로 옮겨가며 임금의 역할을 수행하는 것이다. 그래서 태미원을 상원(上元), 자미원을 중원(中元), 천시원을 하원(下元)이라고도 부른다.

또 3원은 임금별을 모신 곳이라 해서 28수 영역보다 우선하였다. 이들 삼원 안에 있거나 삼원의 경계선을 스치면 삼원에 속한 별자리로 보는 것이다. 즉 28수와 경계선이 겹칠 때, 28수 경계선보다 우선하는 것이다. 그래서 태미원 아래에 있는 익수와 진수의 구성별자리가 적은 것이고, 천시원 아래에 있는 방수·심수·미수·기수의 구성별자리가 적은 것이다.

삼원은 모두 좌우로 에워싼 담에 해당하는 별과 그 담 안에 있는 별로 나누어진다.

1. 태미원

삼원의 순서를 말하라고 하면, 태미원이 먼저고, 그 다음이 자미원이며, 끝으로 천시원을 부르는 것이 순서이다. 즉 태미원은 전반기, 자미원은 중반기, 천시원은 하반기에 해당한다.

말하자면 태미원은 준비하고 계획하는 것이고, 자미원은 실천하며 현실화하는 것이고, 천시원은 결산 맺고 마무리 하는 것이다.

태미원은 나라를 세우는 어려운 시기이므로 임금을 호위하는 별들이 많고, 또 행정을 보는 별보다 군인 별들이 많다. 「천상열차분야지도」에서는 태미원의 별을 18수 64성으로 보았고[1], 일반 천문도에서는 19수 78성으로 보았다.

---

[1] '낭장'은 각수 영역에 표시되어 있으나, 태미원 위에 그려져 있기도 하고 '낭위'와의 관련성이 있으므로 태미원에 소속시켰다. 또 '상, 세, 태양수' 등을 다른 천문도에서는 자미원에 귀속시켰다. 「천상열차분야지도」에서는 태미원 입구를 '端門(단문)'이라고 표기하였다. '단문'을 구성하는 별이 있는 것이 아니라, 통로를 그렇게 부를 뿐이다. 「천상열차분야지도」에 새겨진대로 '삼태'는 성수 영역에, '장원, 영대'는 장수 영역에, '명당'은 익수 영역에 소속시켰다.

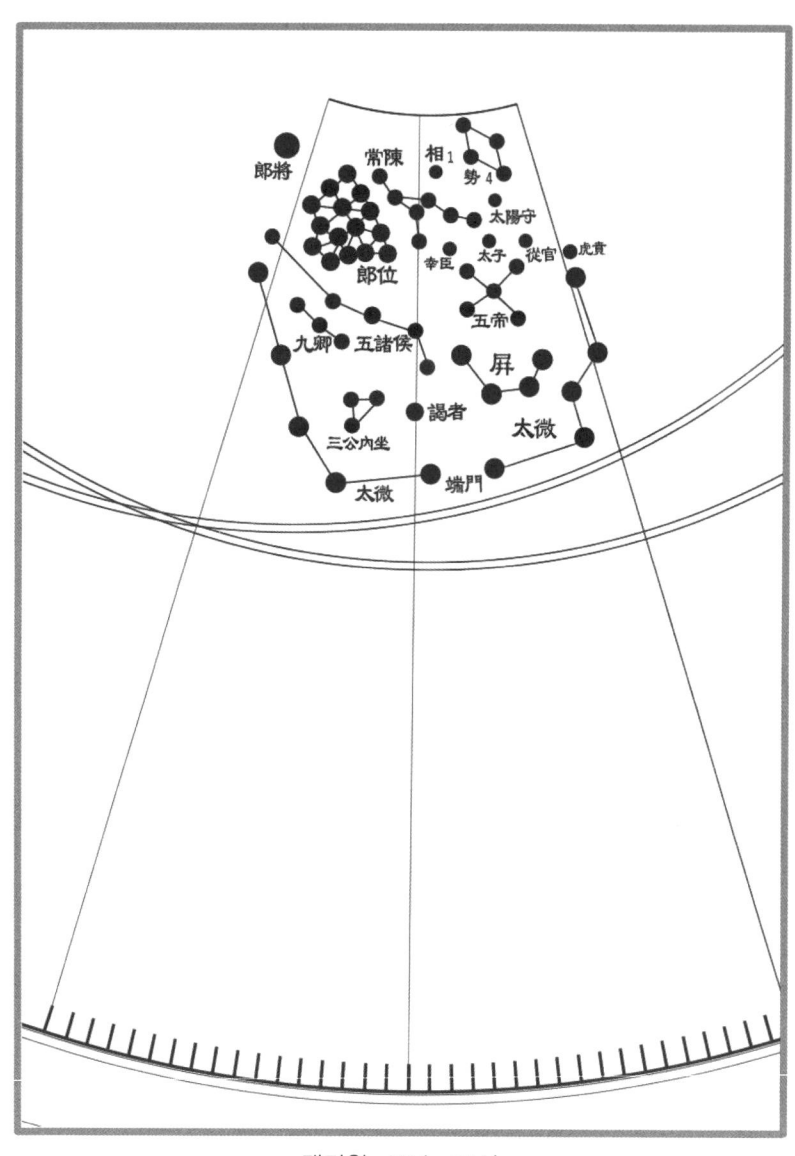

태미원 : 18수 64성

1) 원문과 풀이

郎將 郎位 常陳 五諸侯 九卿 三公內坐 謁者 太微
낭장 낭위 상진 오제후 구경 삼공내좌 알자 태미

太微 端門 相一 勢四 太陽守 幸臣 太子 從官 虎賁
태미 단문 상일 세사 태양수 행신 태자 종관 호분

五帝 屛
오제 병

* 낭장(1개)[2], 낭위(15개)[3], 상진(7개)[4], 오제후(5개)[5], 구경(3개)[6],

2] 낭장(郎將 : 경호대장)은 무기를 점검하며 군사력을 기르는 장군이다. 심하게 밝으면서 별빛이 까끄라기가 일면 자신의 일을 잘 처리하지 못하고, 객성이 범하고 머무르면 낭장이 죽임을 당하며, 유성이 범하면 장군에게 근심이 생긴다. '낭위(郎位)'의 위에 있는데, 한 개의 별로 이루어져 있다.

3] 낭위(郎位)는 각 부서의 국장급 참모이다. 크고 작은 별들이 서로 균일하게 밝고 윤택하면 좋고, 변화가 없으면 길하다. 주로 호위하고 지키는 일을 하므로, 별이 밝고 커지거나 혹은 객성이 들어오면 대신이 난리를 일으킨다. '상진'의 왼쪽에 있는데, 15개의 붉은색(赤色) 별로 이루어져 있다.

4] 상진(常陳)은 천자를 숙위하는 근위병(호분)들이 친 방어막이다. 별이 요동하면 천자가 위급하고, 별이 밝으면 강한 무력을 행사하게 되며, 미약하면 군대가 약해진다. 객성이 범하면 임금이 신하를 주살하게 된다. '오제'의 위에 있는데, 7개의 별로 이루어져 있다.

5] 오제후(五諸侯)는 봉지(封地)를 떠나 도성 안에서 천자를 보필하는 제후를 말한다. 천자와 제후 간에 사이가 좋으면 별이 밝아지고, 별이 없어지면 제후가 쫓겨나게 된다. 다섯 개의 검은색(黑色) 별로 이루어졌는데, '구경'의 위에 있다.

6] 구경(九卿)은 모든 일을 다스린다. 그 역할은 천시원의 '천기(天紀)'와 같다. '삼

삼공내좌(3개)[7], 알자(1개)[8], 태미(좌태미 5개), 태미(우태미, 5개)[9]가 있고, 단문(태미원으로 들어가는 문)[10]이 있으며, 상(相)[11]은 한 개의 별, 세[12]는 네 개의 별로 이루어졌으며, 태양수(1개)[13]가 있고, 행신(1개)[14]과 태자(1개)[15]와 종관(1개)[16]과 호분(1개)[17]이 있으

공'의 위쪽에 있는데, 세 개의 검은색(黑色) 별로 이루어져 있다.

7] 삼공내좌(三公內坐)는 궁중 안에서 조회를 하는 곳이다. 점(占)은 자미원의 '삼공'과 동일하게 본다. '알자'의 위쪽에 있는데, 세 개의 짙은 검은색(烏色) 별로 이루어져 있다.

8] 알자(謁者)는 빈객을 접대하는 일을 맡는다. 별이 밝고 성해지면 사방의 국가들이 조공을 해오고, 별이 보이지 않으면 다른 나라에서 사신을 보내지도 않고 복종도 하지 않는다. '좌집법(태미원 입구에 있는 별을 집법이라고 한다)'의 위에 있는데, 한 개의 검은색(星色) 별로 이루어져 있다.

9] 태미원(太微垣)은 태미원 영역을 표시하는 울타리이다. 열 개의 주홍색 별이 각각 다섯 별씩 양쪽으로 울타리를 치고 있다.

10] 태미원이 양쪽으로 벌어지는 입구를 '단문(端門)'이라고 한다. '단문'을 구성하는 별이 있는 것이 아니다.

11] 상(相 : 재상)은 총리에 해당하며 임금을 보필하는 일을 한다. 별이 밝으면 길하고, 어두우면 흉하며, 별이 없어지면 재상이 쫓겨나게 된다. '태양수'의 옆에 있는데, 한 개의 별로 되어있다.

12] 세(勢)는 거세(去勢)를 당한 사람으로, 궁궐에서 시중을 드는 내시(內侍)이다. 별이 밝지 않으면 길하고, 별이 밝으면 내시가 권력을 전단한다. 네 개의 별로 되어있는데, '천뢰'의 왼쪽에 있다.

13] 태양수(太陽守)는 대장 또는 대신의 상이다. 주로 군사력을 길러서 전쟁 등에 대비하니, 평상의 모습에서 벗어나면 병란이 일어난다. 별이 밝으면 길하고, 어두우면 흉하며, 자리를 옮기면 대신이 주살된다. 객성이나 혜성 또는 패성이 범하면 정권이 바뀌고, 장군 또는 재상에게 근심이 생기며, 병란이 일어난다. '세(勢)'의 밑에 있는데, 한 개의 별로 되어있다.

며, 오제(5개)¹⁸⁾와 병(4개)¹⁹⁾이 있다.

2) 「천상열차분야지도」의 특이점

① 태미원의 총 18개 별자리 중에서 '상'과 '세'의 두 별자리에만 별의 개수를 표시하였다.

② 태미원은 좌태미원 5개 별과 우태미원 5개 별로 담장을 구

14] 행신(幸臣)은 임금이 예뻐하는 신하이다. 별이 밝으면 총애 받는 신하가 일을 주관해서 정치가 문란해지므로, 별이 미세해지면 길하다. '오제'의 위에 있는데, 한 개의 짙은 검은색(烏色) 별로 이루어져 있다.

15] 태자(太子)는 임금의 자리를 물려받을 사람이다. 별이 밝으면서 윤택해지면 태자가 현명하다. 금성 또는 화성이 머무르고 들어오면 태자를 폐하게 되는데, 폐하지 않으면 임금의 자리를 빼앗는 일이 벌어진다. '오제'의 위에 있는데, 한 개의 짙은 검은색(烏色) 별로 이루어져 있다.

16] 종관(從官)은 임금의 시중을 드는 신하이다. 별이 보이지 않으면 임금이 불안해지므로, 평상시와 같으면 길하게 된다. '오제'의 위에 있는데, 한 개의 짙은 검은색(烏色) 별로 이루어져 있다.

17] 호분(虎賁)은 깃발을 앞세우며 선봉에 서서 임금을 호위하는 근위대장이니, 별이 밝으면 경호원들이 임금에게 순종한다. 저수(氐宿)의 '거기(車騎)'와 별점(占)이 같다. 우태미원의 제일 위쪽에 있으며, 한 개의 별로 이루어져 있다.

18] 오제(五帝)의 가운데 있는 별이 황제(黃帝)이고, 밖의 네 별이 창제(蒼帝)·적제(赤帝)·백제(白帝)·흑제(黑帝)이다. 천자가 정치를 잘하면 '오제'가 밝으면서도 빛난다. 태미원의 한가운데에 있는데, 다섯 개의 별로 이루어져 있다.

19] 병(屛)은 임금의 집무실을 가려주는 병풍 또는 울타리이다. '우집법'의 위에 있는데, 네 개의 붉은색(赤色) 별로 이루어져 있다.

성하였다. 다섯 개 별씩 선으로 연결하여서 두 쌍이 되었으므로 태미원을 두 개의 별자리로 보았다.

③ '상, 세, 천뢰, 태양수' 등을 '태미원 영역'에 새겼는데, 다른 천문도에서는 자미원 영역에 귀속시켰다.

④ 「천상열차분야지도」에서 '장원(長垣四), 소미(少微四), 호분(虎賁), 영대(靈臺)' 등 여섯 별자리를 남방칠수 중에 장수 영역에 배당했는데, 이 중에서 본 책은 '호분'만 태미원으로 배당했다. 다른 천문도에서는 '장원, 소미, 호분, 영대' 등은 태미원에 속한 것으로 보았다.

⑤ 또 '태존'에 대해서 『천문류초』에서는 자미원에, 『보천가』에서는 자미원과 장수에 모두 포함시켰고, 『천문요람, 영대비원』 등에서는 장수에 소속시켰는데, 본 책에서는 장수 영역에 배당하였다.

⑥ 「천상열차분야지도」에서 '삼태'는 남방칠수의 '류수, 성수, 장수'의 세 영역에 걸쳐 그려져 있으므로, 성수 영역에 배당하였다.

⑦ 「천상열차분야지도」에서는 태미원 입구를 '端門(단문)'이라고 표기하였다. '단문'을 구성하는 별이 있는 것이 아니라, 태미원의 입구를 그렇게 부른 것이다.

3) 태미원 관련지역과 별점

태미원(太微垣)은 상원 태미궁(上元太微宮)이라고도 한다. 태미원은 천자의 궁궐 뜰이고, 오제(五帝)가 거처하는 곳이며, 열두 제후의 부서가 되고, 그 바깥 울타리가 구경(九卿)이 된다[20]. 또한 하늘의 궁궐이 되니, 명령을 정비하고 집행해서 분쟁을 해결하고, 관리의 승진을 주관 감독하며, 모든 별에게 덕을 주고, 모든 신들에게 부절(신임장)을 주어 절후를 살피게 하고, 모든 사람들의 마음을 표현하게 하며 의심스러운 것을 풀어준다.

태미원 울타리를 이루는 별에 까끄라기가 일면서 동요하면 제후가 반역을 일으킨다. 달 또는 오성이 태미원의 영역 안으로 들어오면 길하고, 가운데 자리로 오게 되면 형벌이 제대로 이루어진다.

객성이 범하거나 들어와서 객성의 색이 누렇게 되면서도 희면 천자가 기뻐하게 된다. 그렇지만 그 외는 다 나빠서, 객성이 단문으로 출입하면 나라에 우환이 생기고, 단문의 왼쪽으로 출입하면 가뭄이 들며, 오른쪽으로 출입하면 나라가 어지러워진다. 또 한가운데로 나가면 명령이 가혹해지고, 병란이 일어난다.

혜성이 범하면 천하가 바뀌게 되고, 나가면 궁궐 안에 우환이 생기며 화재가 나고, 집법(執法)을 범하면 집법을 맡은 자가 내쫓

20] 구경이라서 아홉 개의 별로 구성된 것 같지만, 좌태미를 이루는 붉은색의 다섯 개 별과 우태미를 이루는 붉은색 다섯 개의 별로, 모두 열 개의 별이다.

기게 되며, 중앙을 범하면 임금이 새로이 서게 된다.

　패성이 태미원 울타리로 와서 왼쪽으로 가까이 가면 병사들이 많이 죽게 되고, 오른쪽으로 가면 혁명이 일어나며, '오제좌(五帝座)'쪽으로 가면 나라가 망하고 임금을 시해하게 된다.

　유성이 나가면 대신에게 나라 밖에 해결해야 할 일이 생기고, 단문으로 나가면 많은 귀인(貴人)이 죽게 되며, 태미원 안을 종횡으로 가게 되면 임금은 약하고 신하는 강하게 되고, 단문으로 들어와 비추면 해당하는 지역에 지진이 일어나고 새로운 임금을 세우게 된다.

4) 태미원 영역의 도표 요약

남방주작칠수	「천상열차분야지도」	보천가 등
태미원	郞將(낭장 1개)	郞將(낭장 1개)
	郞位(낭위 15개)	郞位(낭위 15개, 赤色)
	常陳(상진 7개)	常陳(상진 7개)
	五諸侯(오제후 5개)	五諸侯(오제후 5개, 黑色)
	九卿(구경 3개)	九卿(구경 3개, 黑色)
	三公內坐(삼공내좌 3개)	三公(삼공 3개, 烏色)
	謁者(알자 1개)	謁者(알자 1개, 皂色)
	太微(태미 5개)	太微(태미 5개), 太微(태미 5개)
	太微(태미 5개)	
	端門(단문)	端門(단문)
	相一(상 1개)	→ 자미원
	勢四(세 4개)	→ 자미원
	太陽守(태양수 1개)	→ 자미원
	→ 성수	三台六(삼태 6개)
	幸臣(행신 1개)	幸臣(행신 1개, 烏色)
	太子(태자 1개)	太子(태자 1개, 烏色)
	從官(종관 1개)	從官(종관 1개, 烏色)
	虎賁(호분 1개)	虎賁(호분 1개)
	→ 장수	少微四(소미 4개, 赤色)
	五帝(오제 5개)	五帝(오제 5개)
	屛(병 4개)	屛(병 4개, 赤色)
	→ 장수	長垣四(장원 4개)
	→ 익수	明堂(명당 3개)
	→ 장수	靈臺(영대 3개, 黑色)
천문도에 표기된 별 숫자의 합	18수 64성	19수 78성
별 개수의 표기 유무	2(표기 함) : 16(표기 안함)	해당 없음
석본에 새겨진 글자수	41자	해당 없음

2. 자미원

자미원의 가장 중심에는 북극(北極, 또는 北辰, 天樞 등으로도 불린다)이 자리하며, 북두성을 통해 오행의 운행을 지시 감찰한다고 한다.

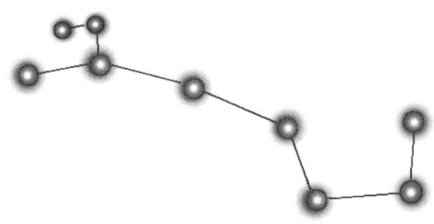

북두성이 가리키는 방향에 따라 월이 정해진다. 새벽에는 두 번째 별에서 첫 번째 별쪽으로 가리키는 방향이 해당월이고, 한밤중에는 세 번째 별에서 네 번째 별쪽으로 가리키는 방향이 해당월이며, 해질 무렵에는 여섯 번째 별에서 일곱 번째 별쪽으로 가리키는 방향이 해당월이다. 예를 들어 해질 무렵에 여섯 번째 별에서 일곱 번째 별쪽으로 가리킨 방향이 인방(寅方)이라면, 그 달은 인월(寅月:정월)이 된다. 또 축방(丑方)을 가리켰다면, 그 달은 축월(2월)이 된다. 매월마다 방향을 달리해 월령(月令)을 지시하는 것이다.

하지만 북극은 하늘의 중심이라는 위치적인 자리에 해당하고, 실질적으로는 북극의 위에 조용히 자리 잡은 '천황대제'가 하늘을 다스린다. 태미원 시대를 지나 어느새 나라의 면모가 갖추어져서, 업무도 많이 나뉘고 신하들도 많다.

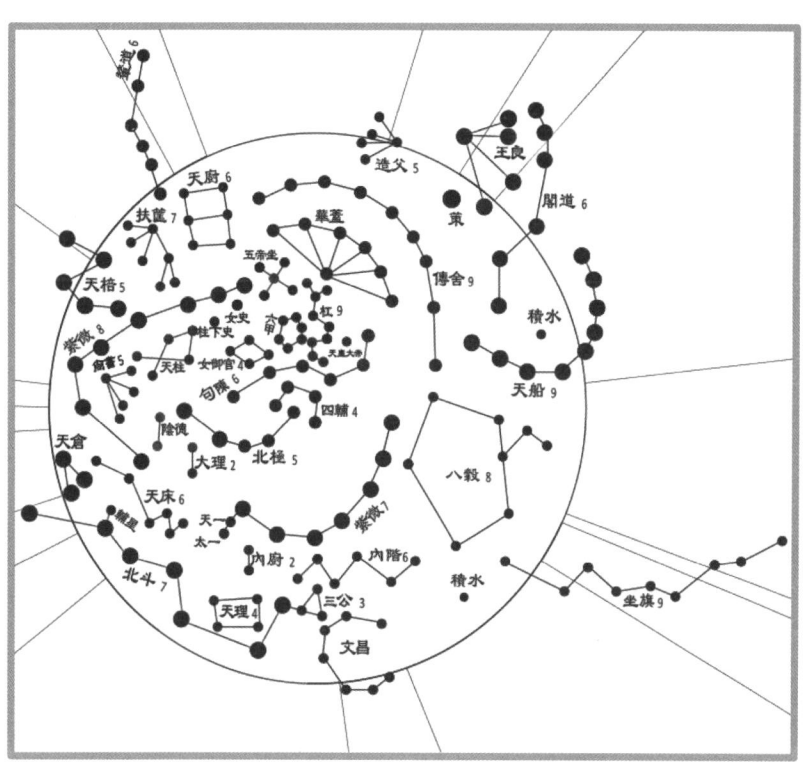

자미원 : 주극선에 별이 하나라도 걸치면 자미원에 속한 별이 된다.

1) 원문과 풀이

北極五 四輔四 句陳六 天皇大帝 杠九 華蓋 傳舍九
북극오 사보사 구진육 천황대제 강구 화개 전사구

閣道六 策 王良 造父五 六甲 五帝坐 天廚六 扶筐七
각도육 책 왕량 조보오 육갑 오제좌 천주육 부광칠

輦道六	天棓五	女史	柱下史	天柱	女御官四	尚書五
연도육	천봉오	여사	주하사	천주	여어관사	상서오

陰德	大理二	紫微八	紫微七	天床六	北斗七	輔星
음덕	대리이	자미팔	자미칠	천상육	북두칠	보성

天倉	天一	太一	內廚二	天理四	內階六	三公三	文昌
천창	천일	태일	내주이	천리사	내계육	삼공삼	문창

積水	坐旗九	八穀八	天船九	積水
적수	좌기구	팔곡팔	천선구	적수

* 북극[21]은 다섯 개의 별, 사보[22]는 네 개의 별, 구진[23]은 여섯 개

21] 북극(北極)은 일명 북신(北辰)이라고도 한다. 하늘의 중심축이므로, 다섯 개의 북극별을 가장 존귀하게 여겼다. 북극은 다섯별을 모두 지칭하지만, '사보' 안에 있는 다섯 번째 별인 천추만을 북극성이라고 부르기도 한다. 실제로는 세차운동의 영향 때문에 다섯 별이 일정한 주기를 두고 번갈아 가며 북극성이 된다. 다섯 별이 밝고 크면 길하고, 변동하면 근심이 생기며, 객성이 들어오면 병란으로 많은 사람이 죽게 되고, 혜성이 들어오면 임금이 바뀌게 되며, 유성이 들어오면 병란이 일어나고 지진이 발생한다. 자미원의 중심에 있고 다섯 별로 이루어져 있다.

22] 사보(四輔)는 '북극'을 보필하는 신하로, '북극'을 보좌하며 명령을 받아 전한다. 별이 조금 밝으면 길하고, 크게 밝거나 별빛의 끝이 뿔처럼 까끄라기가 일면 신하가 임금을 핍박하며, 어두우면 관리가 잘 다스리지 못한다. '북극'의 천추별을 감싸듯이 있는데, 네 개의 별로 이루어져 있다.

23] 구진(勾陳)은 천황대제의 정비(正妃)이며, 또 천황대제가 거처하는 궁궐에 해당한다. 혹은 여섯 장군을 주관하고, 혹은 삼공 또는 삼사(三師)를 맡으니, 만물의 어미가 된다. '구진'의 여섯 별이 서로 가까이 있는 것은 여섯 후궁의 사이가

의 별로 이루어졌고, 천황대제(1개)[24]가 있으며, 강[25]은 아홉 개의 별로 이루어졌고, 화개(7개)[26]가 있으며, 전사[27]는 아홉 개의 별, 각도[28]는 여섯 개의 별로 이루어졌고, 책(1개)[29]과 왕량(5

좋음을 상징하니, 끝의 큰 별이 원비(元妃 : 천황대제와 가깝다)이다. 나머지 별들은 원비가 아닌 후궁이니, 북극성의 보성·필성과 같은 역할을 한다.

별의 색깔이 밝아지면 황후 등 보필하는 신하의 행실이 드세지고, 별이 보이지 않으면 아첨하는 사람이 측근으로 있게 된다. '사보'의 위에 여섯 개의 별이 북두성 모양으로 서있다. 「천상열차분야지도」에서는 勾陳을 句陳으로 표기했다.

24] 천황대제(天皇大帝)는 천황이라고도 하며, 그 신(神)을 요백보(曜魄寶)라고 부른다. 자미원과 모든 별을 다스리는 임금이다. 모든 영혼을 다스리고, 신을 다스려서 일을 도모한다. 평상시에는 잘 보이지 않는데, '천황대제'가 보이면 재앙이 생긴다.

　삼황(三皇) 중에 천황씨(天皇氏)는 '천황대제(天皇大帝)'가 되었고, 지황씨(地皇氏)는 '천일(天一)'이 되었으며, 인황씨(人皇氏)는 '태일(太一)'이 되었다고 한다. '구진'과 '화개'의 사이에 한 개의 별로 이루어져 있다.

25] 강(杠)은 '화개'의 아래에 있는데, 9개의 별로 이루어져 있다. '화개'는 일산의 덮개이고, '강'은 그 자루에 해당한다. 별이 밝고 바르면 길하고, 기울어지고 움직이면 흉하다.

26] 화개(華蓋)는 '천황대제'를 보호하는 큰 양산이다. 별이 밝고 바르면 길하고, 기울어지고 움직이면 흉하다. '천황대제'의 위에 있는데, 7개의 별이 우산을 활짝 편 것처럼 벌려 있다.

27] 전사(傳舍)는 사신의 숙소이다. 주로 북쪽에서 오는 사신이 머무는 곳이다. '화개'의 위에 '화개'를 감싸는 듯한 모양을 하고 있는데, 아홉 개의 검은색 별로 이루어져 있다.

28] 각도(閣道)는 비바람을 막게 사방을 에워싼 고가도로이다. 임금의 수레가 가는 길이며, 별궁으로 쉬러 갈 때 쓰는 길이다. 별이 갖춰지지 않으면 가는 길이 막히며, 움직이고 흔들리면 병란이 일어나고, 혜성이나 패성 또는 객성이 범하면 불안하게 되고 국상(國喪)이 발생한다. '각도'는 은하수의 안쪽으로 여섯 개의 붉

개)30]이 있고, 조보31]는 다섯 개의 별로 이루어졌으며, 육갑(6
개)32]과 오제좌(5개)33]가 있으며, 천주34]는 여섯 개의 별, 부광35]

은색(赤色) 별로 이루어져 있다.

29] 책(策)은 '왕량'이 말을 모는 채찍이니, 주로 임금의 차를 운전하는 운전기사이다. 만약에 별이 자리를 옮기면 큰 전쟁의 조짐이다. 유성·혜성·패성·객성 중의 하나가 범하는 것도 모두 큰 병란이 일어날 조짐이다. 벽수 영역 쪽에 있는 '왕량'의 바로 위에 한 개의 별로 이루어져 있다.

30] 왕량(王良)은 임금의 수레를 모는 관직으로, 주(周)나라 때 말을 잘 몰던 사람이다. 그 정화가 하늘로 올라가 별이 되었다고 한다. 별이 움직이면 전차와 기마가 들에 가득하게 된다. 또 왕량(王梁)이라고도 하는데, '양(梁)'은 큰 다리를 뜻하므로, 바람과 비에 대비하여 물길을 관리한다는 뜻이다. 이런 뜻에서 수로와 관문을 맡은 별과 별점을 같이 보기도 한다. 그래서 그 별이 움직이면 병란이 일고, 또한 말(馬)이 질병을 앓기도 한다. 주홍색의 밝은 다섯 개 별로 '부로'의 오른쪽에 있다.

31] 조보(造父)는 나라에서 쓰는 마굿간과 말, 또는 말에 쓰이는 고삐나 굴레 등 장신구를 맡는다. '조보'를 사마(司馬)라고도 하고, 혹은 백락(伯樂)이라고도 하는데, 조보는 주나라 때 말을 잘 몰기로 이름난 사람이고, 백락 역시 주나라 때 말을 잘 감별한 사람이다. 별들이 자리를 옮기면 병란이 일어나고 말이 귀해지며, 별이 없어지면 말이 크게 귀해진다. 별이 밝으면 길하다. '구(鉤)'의 위에 다섯 개의 검은색(黑) 별로 이루어져 있다.

32] 육갑(六甲)은 음양의 변화를 관찰하여 책력을 만듦으로써, 정치와 교육의 계획을 세우고 농사하는 시기를 알려주는 일을 한다. 별이 밝으면 음과 양이 조화롭고, 별이 밝지 않으면 추위와 더위의 절기가 바뀌며, 별이 없어지면 홍수와 가뭄이 때를 가리지 않고 발생한다. '오제좌'의 아래에 있는데, 여섯 개의 별이 정육각형의 형태를 이루고 있다.

33] 오제좌(五帝座) 또는 오제내좌(五帝內座)는 임금의 뒷배경이 되는 병풍이다. 별이 밝고 형상이 바르면 길하고, 변동하면 흉하게 된다. '좌자미원'의 제일 위쪽(北門)의 위에 있는데, 다섯 개의 별로 이루어져 있다.

은 일곱 개의 별, 연도36]는 여섯 개 별, 천봉(5개)37]은 다섯 개의 별로 이루어졌고, 여사(1개)38]와 주하사(1개)39]와 천주(5개)40]가

34] 천주(天廚)는 잔치음식을 주관하는 임금과 고위 공무원들의 주방이다. '천주'가 보이면 길하고, 보이지 않으면 흉하며, 없어지면 기근이 든다. 객성 또는 유성이 범해도 기근이 든다. '좌자미원'의 밖 위쪽으로 있는데, 여섯 개의 별로 이루어져 있다.

35] 부광(扶筐)은 뽕잎을 담는 그릇이니, 주로 누에에 관한 일을 맡아서 한다. 별이 나타나면 길하고, 나타나지 않으면 흉하다. 별자리가 옮겨가면 길쌈 등 여자의 일이 잘못되고, 혜성이 범하면 장군이 반란을 일으키며, 유성(流星)이 범하면 옷감이 크게 귀해진다. 일곱 개의 짙은 검은색(烏色) 별로 이루어졌으며, '해중'의 옆에 있다.

36] 연도(輦道)는 임금이 자주 다니는 길이다. 금성 또는 화성이 머무르면 임금이 다니는 길에서 병란이 일어난다. '점대'의 동쪽으로 여섯 개의 별이 '丁(정)' 자 형으로 놓여있다.

37] 천봉(天棓)의 '봉'은 '북채 봉'자로, 전쟁터에서 군사를 지휘할 때 두드리는 북채를 말한다. 선봉장으로, 비상시에 대비하는 일을 한다. 별이 밝으면 근심이 생기고, 별빛이 미미하면 길하다. '천주'의 아래에 있는데, 다섯 개의 붉은색 별로 이루어져 있다.

38] 여사(女史)는 여성 공무원 중에 하위직이다. 혹 시각을 알리고 궁중의 일을 기록하는 일을 하기도 한다. '주하사'와 점치는 내용이 같다. '주하사'의 왼쪽에 한 개의 별로 이루어져 있다.

39] 주하사(柱下史 : 柱史)는 임금의 곁에서 그 언행을 기록하는 사관이다. 별이 밝으면 사관이 올곧게 기록하고, 밝지 못하면 이와 반대로 한다. '오제좌(五帝座)'의 아래에 있는데, 한 개의 별로 이루어져 있다.

40] 천주(天柱)는 오행의 법칙을 세우고, 초하루와 그믐 및 낮과 밤의 운행을 주관하는 직책이다. 일설에는 정치와 교육을 제대로 세우고 법도(法度)를 만드는 부서라고도 한다. 별이 밝고 바르면 길하니, 백성이 편안하고 음양이 조화로워지며, 그렇지 않으면 책력이 음양의 흐름과 차이가 있게 된다. '여사'의 아래에 다

있으며, 여어관(4개)[41]은 네 개의 별, 상서[42]는 다섯 개의 별로 이루어졌고, 음덕(2개)[43]이 있으며, 대리[44]는 두 개의 별로 이루어졌다.

* 자미(좌자미)는 여덟 개의 별로 이루어졌으며, 자미(우좌미)는 일곱 개의 별로 이루어졌다.[45]
* 천상[46]은 여섯 개의 별로 이루어졌으며, 북두[47]는 일곱 개의 별

섯 개의 별로 이루어져 있다.
41] 여어관(女御官, 여어女御)은 임금을 모시는 후궁으로, 별이 밝으면 총애를 받는 후궁이 많아진다. '주하사'의 아래에 네 개의 누런색 별로 이루어져 있다.
42] 상서(尙書)는 임금의 비서관이다. 혹은 각 부서의 장관을 뜻하기도 한다. '사보(四輔)'와 역할이 비슷하다. '음덕'의 왼쪽 위에 있는데, 다섯 개의 누런색 별로 이루어져 있다.
43] 음덕(陰德)은 남 몰래 곤경에 빠진 사람을 구제하고 어루만져주는 일을 주관하니, 별이 밝지 않은 것이 좋다. 좌추의 왼쪽 위에 있는데, 두 개의 누런색 별로 이루어져 있다.
44] 대리(大理)는 형벌을 판결하는 판사이다. 별이 밝으면 형벌과 법이 평등하고, 밝지 못하면 원망이 심해진다. 두 개의 짙은 검은색(烏色) 별로 이루어졌는데, 음덕의 오른쪽에 있다.
45] 자미원(紫微垣)은 태제(太帝 : 천황대제)의 자리이고, 임금이 거주하며 정치를 하는 곳으로, 자미원 영역을 나타내는 울타리이다. 북극의 중심에 있는데, 좌자미원은 8개 별이고, 우자미원은 7개 별로 이루어져 있다.
46] 천상(天床)은 잠을 자고 휴식을 취하는 침대, 또는 잔치를 벌이며 쉬는 곳이다. 별자리가 바르고 크면 길하고, 임금에게 경사가 있으며, 별자리가 기울어지면 임금이 지위를 잃게 된다. 좌추의 아래에 여섯 개의 짙은 검은색(烏色) 별로 이루어져 있다.
47] 북두성(北斗星)은 칠정(七政)의 축이 되고 음양의 뿌리가 된다. 하늘의 한 가운

로 이루어졌고, 보성(1개)[48]과 천창(3개)[49]과 천일(1개)[50]과 태일(1개)[51]이 있으며, 내주[52]는 두 개의 별로 이루어졌고, 천리[53]는

데를 운행하여 사방을 제어함으로써, 사시를 바르게 세우고 오행을 균일하게 한다. 북두를 칠정(七政)이라고 하니, 별이 밝으면 나라가 번창하고, 밝지 못하면 나라에 재앙이 있다.

북두성의 곁에 별이 많으면 평안해지고, 북두성 주변에 별이 적으면 사람들이 윗사람을 원망하게 되며, 달이 범하면 병란이 일어나 많은 사람이 죽게 되고 대사면령이 내리며, 별이 '북두성'을 거스르면 임금이 위태롭게 된다. '북두성'은 '태일'의 아래에 있는데, 7개의 별로 이루어져 있다. 여섯 번째 별에 붙어 있는 '보성(輔星)'과 '필성(弼星)'을 합하여 9개의 별로 보기도 한다.

48] 보성(輔星)은 '북두성'을 돕는 일을 하니, 승상의 상이다. '보성'은 밝은데 '북두성'이 밝지 못하면, 신하는 강하고 임금이 약하게 된다. '북두성'이 밝은데 '보성'이 밝지 못하면, 임금은 강하고 신하가 약하게 된다. 한 개의 별로 이루어졌고, '북두칠성'의 제 6성인 개양(闓陽)의 옆에 있다.

49] 천창(天槍)은 천월(天鉞)이라고도 하니, 군사력을 준비하여 어려움을 막는 일을 한다. 별이 어둡고 작으면 병사들이 패배하고, 별빛의 끝이 까끄라기가 일면서 움직이면 병란이 일어난다. 객성이나 혜성 또는 유성이 범하면 병사들이 기근에 시달린다. '현과'의 위에 있는데, 세 개의 붉은색 별로 이루어져 있다.

50] 천일(天一)은 하늘의 큰 신이다. 전투를 주관하고 길흉을 미리 안다. 별이 밝으면 음양이 조화롭고, 만물이 흥성하며, 임금이 길하게 된다. 별이 없어지면 천하에 난리가 난다. 천을(天乙)이라고도 하는데, 지황씨(地皇氏)의 정화가 하늘로 올라가 되었다고 한다. 자미원의 남쪽 문 아래에 있는데, 한 개의 별로 이루어져 있다.

51] 태일(太一) 역시 하늘의 큰 신이다. 열여섯 신을 부려서 음양을 조화롭게 한다. 별이 밝으면서 빛이 있으면 음양이 화합을 하고, 만물이 잘 자라며, 임금이 길하게 된다. '태일'이 자리를 이탈하면 홍수와 가뭄이 든다. '천일'과 대략 점치는 내용이 같다. 태을(太乙)이라고도 하며, 인황씨(人皇氏)의 정화가 하늘로 올라가 별이 되었다고 한다. 자미원의 좌추와 우추의 사이에 한 개의 별로 되어있다.

네 개의 별로 이루어졌으며, 내계[54]는 여섯 개의 별로 이루어졌고, 삼공[55]은 세 개의 별로 이루어졌으며, 문창(7개)[56]과 적수(1개)[57]가 있고, 좌기[58]는 아홉 개의 별로 이루어졌으며, 팔곡[59]은

52] 내주(內廚)는 궁궐 안의 음식을 맡는다. 혜성이나 패성 또는 유성이 범하면 음식에 독이 있게 된다. 우추(右樞) 오른쪽에 있는데, 두 개의 검은색(黑色) 별로 이루어져 있다.

53] 천리(天理)는 귀인(貴人)을 가두는 감옥이다. 별이 밝고 요동치거나, '천리'의 별자리 안에 별이 들어가 있으면 귀인이 옥에 갇히게 된다. '천뢰(天牢)'는 고관들의 감옥이고, '천리(天理)'는 황족의 감옥이다. 네 개의 짙은 검은색(烏色) 별로 이루어졌는데, '북두성'의 괴(魁)의 안에 있다.

54] 내계(內階)는 '천황대제'가 머무는 뜰이다. 밝으면 좋고, 기울어지거나 움직이면 흉하다. 혜성·패성·객성·유성 중의 하나가 범하면 임금이 피난하는 상이다. '우자미원'의 밖 오른쪽으로, 여섯 개의 별로 이루어져 있다.

55] 삼공(三公)은 다른 천문도에서는 삼사(三師)라고 하였다. 임금의 덕을 널리 베풀고, 칠정(七政)을 조화롭게 하며, 음양을 조화롭게 하는 관직이다. 별이 자리를 옮기면 불길하고, 안 보이면 흉하다. '문창'의 위에 있다.

56] 문창(文昌)은 하늘의 여섯 부서이니, 주로 하늘의 법도를 총체적으로 계획한다. 별이 밝고 윤기가 있으며 크고 작은 별들이 가지런하면, 상서로운 조짐이 모여들고, 온 세상이 평안해진다. 색깔이 푸르고 검으면서 미세하면 해로움이 많아지고, 요동을 하면서 자리를 옮기면 대신에게 근심이 생긴다. '북두'의 위쪽에 하현달과 유사한 형상을 하고 있는데, 일곱 개로 이루어진 별자리이다.

57] 적수(積水)는 술과 음식을 공평하게 공급함을 주관하니, 별이 보이지 않으면 재앙이 있게 된다. 일설에는 물로 인한 재앙에 대한 조짐을 주관한다고도 한다. 자미원의 '문창'과 '팔곡' 사이에 있는 한 개의 검은 색 별이다. 같은 자미원 영역에 그려진 '천선' 안에 있는 '적수'와는 다른 별이다.

58] 좌기(坐旗)는 임금과 신하가 앉는 자리를 표시하는 깃발이다. 별이 밝으면 나라에 예절이 있게 된다. '좌기(坐旗 또는 座旗)'는 자수의 위에 아홉 개의 짙은 검은색(烏色) 별로 이루어져 있다.

여덟 개의 별로 이루어졌고, 천선[60]은 아홉 개의 별로 이루어졌으며, 적수(1개)[61]가 있다.

59] 팔곡(八穀)은 곡식의 작황을 주관한다. 별이 밝으면 곡식이 잘되고, 어두우면 여물지 않는다. 한 개의 별이 없어지면 한 가지 곡식이 흉년들고, 여덟 개의 별이 보이지 않으면 크게 기근이 든다. 객성이 들어오면 곡식이 품귀하고, 혜성이 들어오면 홍수가 난다. '내계'의 위쪽에 있는데, 여덟 개의 별로 이루어져 있다.

60] 천선(天船)은 홍수와 가뭄을 주관한다. '천선'이 은하수 안에 없으면 수로가 통하지 못하고 강물이 범람해서 넘치게 된다. 가운데 있는 네 별이 균일하게 밝으면 천하가 평안하고, 그렇지 못하면 병란이 일어난다. 만약에 보이지 않거나 자리를 옮겨도 역시 병란이 일어난다. '대릉'의 위쪽에 아홉 개의 붉은색 별로 이루어져 있다.

61] 적수(積水)는 물로 인한 재앙의 조짐을 맡는다. 밝거나 움직이면 홍수로 인해 배를 사용해야 할 일이 생기고, 화성이 범하면 홍수가 있게 된다. '천선'의 가운데에 있는 한 개의 검은색(黑色) 별이다. 정수 영역 위쪽 자미원 영역에 있는 '적수'와는 다른 별이다.

2) 「천상열차분야지도」의 특이점

① 자미원 영역을 자미원 울타리 안으로만 보는 시각도 있지만, 주극선 안을 모두 자미원 영역으로 보는 것이 일반적인 시각이다. 여기서도 주극선에 걸친 별자리(문창, 좌기, 천선, 각도, 왕량, 조보, 연도, 천봉, 북두)는 모두 자미원 영역으로 보았다.

② 다만 '칠공(七公)'은 일곱 별 중에 한 별만 자미원 영역에 있고 나머지 여섯 별은 천시원 영역에 있으므로 천시원 영역에 배당하였다(자미원과 천시원은 모두 삼원에 해당하므로 동등하게 봄).

③ '부광(扶筐)'을 다른 천문도에서는 북방칠수의 여수 영역에 해당한다고 하였다.

④ 「천상열차분야지도」상에서는 주극선 안에 '부광, 연도, 조보, 적수(정수井宿 영역 위의 '적수'), 천선, 적수(위수胃宿 영역 위의 '적수' 즉 천선 안에 있는 별)' 등이 표기 되었으나 다른 천문도에서는 자미원에 포함시키지 않았다.

⑤ 다른 천문도에서는 '상, 세, 태양수, 천뢰, 태존, 현과, 삼공' 등은 주극선 밖에 있는 별자리인데도 자미원에 포함시켰다.

⑥ 문창 위에 있는 '삼사'를 '삼공'으로 표기하였는데, 이는 북두의 자루 끝에 있는 '삼공'과 헷갈려서 잘못 표기한 것 같다.

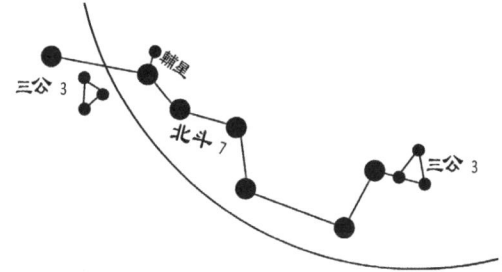

삼공과 삼사(오른 쪽 북두의 괴 옆에 있는 삼공)

⑦ 「천상열차분야지도」에는 '句陳六(구진은 여섯 개 별로 이루어졌다)'고 새겨져 있는데, 여기서 '句(귀절 구)'는 '勾(굽을 구)' 자의 오자로 보인다.

⑧ 또 '天槍(천창)'을 '天倉(천창)'으로 표기한 것도 잘못 표기한 것 같다. 이밖에도 '주사'를 '주하사'로, '어녀'를 '여어관'으로 달리 표기하였으며, 자미원의 황제인 '천황'을 '천황대제'라고 좀 더 자세히 표기하였다.

⑨ '문창'의 별 개수를 『설부(說郛)』 등에는 일곱 개로 보았고, 『진서』, 『당개원점』, 『천원발미』 등에서는 여섯 개라 하였다.

⑩ 주목할 점은 '천일'과 '태일'을 자미원(우자미원)과 선으로 연결시켰다는 것이다. '천일'과 '태일'은 '천황대제, 북극'과 더불어 하늘의 가장 높은 신으로 추앙받았으므로, 「천상열차분야지도」에서 특별히 선으로 연결하여 동급으로 본 것 같다.

⑪ 또 자미원을 구성하는 15개 별을, 각기 8별과 7별씩 선으로 연결하여서 두 개의 별자리로 보았다.

3) 자미원의 관련지역과 별점

자미원(紫微垣)은 '천황태제(天皇大帝)'가 있는 궁궐이고, 임금이 항상 거주하는 곳이다. 하늘 별들의 모든 도수(度數)와 나라의 운명을 관장한다.

자미원을 이루고 있는 열다섯 별이 균일하게 밝으면, 안에서 보필하는 사람들이 일을 잘한다. 그러나 자미원이 곧게 직선의 모습을 띠면 임금이 친히 전쟁터로 나가야 하고, 자미원의 문이 넓게 열려 있으면 병란이 일어난다.

유성이 자미원을 나가는 것은 어명을 띤 사신이 나가는 것이니, 그 가는 분야(分野)를 보아서 점을 친다. 달 또는 목성이 자미원을 범하면 많은 사람이 죽고, 금성 또는 수성이 범하면 세상이 뒤바뀌며, 화성이 자미원에 머무르면 임금이 지위를 잃게 되고, 객성이 머무르면 신하가 정권을 찬탈하며, 혜성이 범하면 이민족의 임금이 중국의 임금이 되고, 유성이 범하면 병란으로 인해 많은 사람이 죽으며, 홍수와 가뭄이 발생한다.

4) 자미원 영역의 도표 요약

삼원	「천상열차분야지도」	보천가 등
자미원	北極五(북극 5개)	北極(북극 5개)
	四輔四(사보 4개)	四輔(사보 4개)
	句陳六(구진 6개)	勾陳(구진 6개)
	天皇大帝(천황대제 1개)	天皇(천황 1개)
	杠九(강 9개)	杠(강 9개)
	華蓋(화개 7개)	華蓋(화개 7개)
	傳舍九(전사 9개)	傳舍(전사 9개, 黑色)
	閣道六(각도 6개)	→ 규수
	策(책 1개)	→ 규수
	王良(왕량 5개)	→ 규수
	造父五(조보 5개)	위수(危宿)
	六甲(육갑 6개)	六甲(육갑 6개)
	五帝坐(오제좌 5개)	五帝坐(오제좌 5개)
	天廚六(천주 6개)	天廚(천주 6개)
	扶筐七(부광 7개, 烏色)	→ 여수
	輦道六(연도 6개)	→ 우수
	天棓五(천봉 6개)	天棓(천봉 5개, 赤色)
	女史(여사 1개)	女史(여사 1개)
	柱下史(주하사 1개)	柱史(주사 1개)
	天柱(천주 5개)	天柱(천주 5개)
	女御官四(여어관 4개)	御女(어녀 4개, 黃色)
	尙書五(상서 5개)	尙書(상서 5개)
	陰德(음덕 2개)	陰德(음덕 2개, 黃色)
	大理二(천리 2개)	大理(천리 2개, 烏色)
	紫微八(자미 8개)	紫微(자미 8개), 紫微七(자미 7개)
	紫微七(자미 7개)	
	天床六(천상 6개)	天床(천상 6개, 烏色)
	北斗七(북두 7개)	北斗(북두 7개)
	輔星(보성 1개)	輔星(보성 1개)
	→ 항수	三公(삼공 3개)

삼원	「천상열차분야지도」	보천가 등
자미원	天倉(천창 3개)	天槍(천창 3개, 赤色)
	→ 저수	玄戈(현과 혹은 천과天戈, 1개, 紅色)
	天一(천일 1개)	天一(천일 1개)
	太一(태일 1개)	太一(태일 1개)
	內廚二(내주 2개)	內廚(내주 2개, 黑色)
	天理四(천리 4개)	天理(천리 4개, 烏色)
	內階六(내계 6개)	內階(내계 6개)
	三公三(삼공 3개)	三師(삼사 3개)
	文昌(문창 7개)	文昌(문창 7개)
	積水(적수 1개)	→ 정수
	坐旗九(좌기 9개)	→ 자수
	八穀八(팔곡 8개)	八穀(팔곡 8개)
	天船九(천선 9개)	→ 위수(胃宿)
	積水(적수 1개)	→ 위수(胃宿)
	→ 태미원	相(상 1개)
	→ 태미원	勢(세 4개)
	→ 태미원	太陽守(태양수 1개)
	→ 장수	天牢(천뢰 6개)
	→ 장수	太尊(태존 1개)
천문도에 표기된 별 숫자의 합	42수 197성	38수 163성
별 개수의 표기 유무	27(표기 함) : 15(표기 안함)	
석본에 새겨진 글자수	112자	해당 없음

3. 천시원

천시원은 일을 마무리 하며 결산하는 하원에 해당한다. 만들어 놓은 제품을 거래하는 일과 조상을 모시는 일을 한다.

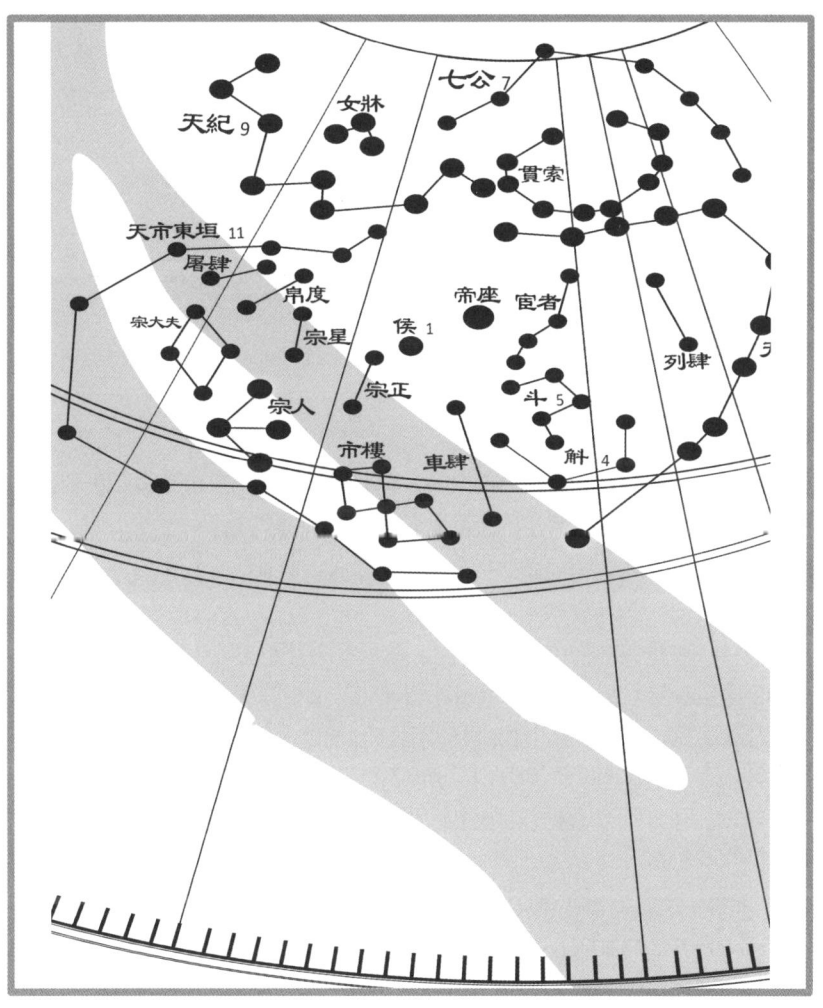

천시원 : 시장 또는 모든 일의 결산, 임금의 일가친척을 뜻한다.

1) 원문과 풀이

女牀 天紀九 七公七 貫索 屠肆 帛度 宗大夫 宗星
여상 천기구 칠공칠 관삭 도사 백도 종대부 종성

宗正 宗人 市樓 天市東垣十一 天市十一 侯一 帝座
종정 종인 시루 천시동원십일 천시십일 후일 제좌

宦者 車肆 列肆 斗五 斛四
환자 거사 열사 두오 곡사

* 여상(3개)[62]이 있고, 천기[63]는 아홉 개의 별, 칠공[64]은 일곱 개의

62] 여상(女床 혹은 女牀)은 후궁 또는 궁궐 안에서 일을 보는 여자 관리이다. 별이 밝으면 후궁들이 방자하게 행동하고, 별이 흩어져 있으면 첩이 황후를 대신하며, 별이 보이지 않으면 여자들에게 질병이 돈다. 별이 움직이면 참소하는 여인네의 말을 믿게 된다. '천기'의 위쪽에 있는데, 세 개의 주홍색 별로 이루어져 있다.

63] 천기(天紀)는 구경(九卿)에 해당한다. 정부의 기강을 맡아서 원통한 송사가 없도록 다스린다. 별이 밝으면 송사가 많아지고, 별빛의 끝에 까끄라기가 일면 정사가 잘못되고 나라의 기강이 어지러워진다. 별이 흩어지고 끊어지면 지진이 일어나고 산이 붕괴되며, '여상'과 가까워지면 임금이 예절을 잃게 되고, 여인네의 참소를 믿게 된다. '칠공'의 왼쪽에 있는데, '칠공'보다 더 밝은 아홉 개의 별로 이루어져 있다.

64] 칠공(七公)은 부총리 등으로 칠정(七政)을 맡아 다스린다. 별이 밝으면 보좌하는 신하가 강대해지고, 별이 크면서도 움직이면 병란이 일어난다. 별자리가 가지런하고 바르면 법이 평등하게 시행되고, 자리를 어기고 있으면 감옥 안에 원망하는 사람이 많아진다. '관삭'과 이어져 있으면 난리가 일어나고, 은하수 안으로 들어가면 쌀 등의 곡식이 귀하여 백성들이 기근에 시달린다. '관삭'의 위에

별로 이루어졌고, 관삭(9개)[65]과 도사(2개)[66]와 백도(2개)[67]와 종대부(4개)[68]와 종성(2개)[69]과 종정(2개)[70]과 종인(4개)[71]과 시루(6

감싸듯이 있는데, 일곱 개의 별로 이루어져 있다.

[65] 관삭(貫索)은 천한 사람들의 감옥이다. 일명 연삭(連索) 또는 연영(連營) 또는 천뢰(天牢)라고도 하니, 법률을 지켜 흉악한 행동을 금지시키는 일을 한다. 감옥의 입에 해당하는 별이 감옥의 문이 되는데, 간격이 벌어져 열려 있으면 좋다. 아홉 개의 별이 다 밝으면 옥마다 사람들이 가득차고, 일곱 별만 보이면 작은 사면령이 있으며, 다섯 별 또는 여섯 별만 보이면 대사면령이 있게 된다. 별이 움직이면 사형을 집행하게 되고, 별자리의 가운데가 비면 새 임금을 맞이하는 경사가 있게 된다.

일설에 의하면 '관삭'이 열려 있으면 사면령이 있고, 별이 보이지 않으면 옥사(獄事)도 간단해서 감옥이 비게 된다고 하며, 만약에 입구를 닫고 있거나 별이 '관삭'의 안으로 들어오면 많은 사람이 연루되어 죽는 일이 생긴다. '관삭'이 은하수 안으로 들어가면 기근이 생기며, '관삭'의 가운데에 별이 무리지어 있으면 죄수가 많아진다. '우천시원'의 위에 있는데, 아홉 개의 붉은색 별로 이루어져 있다.

[66] 도사(屠肆)는 가축을 도살하는 일을 주관한다. 별이 밝고 커지면 도살하는 일이 많아진다. '백도'의 위에 있으며, 두 개의 별로 이루어져 있다.

[67] 백도(帛度)는 물건의 양을 헤아리고, 매매를 공평하게 해서 재물을 바꾸는 일을 맡는다. 별이 밝고 커지면 도량형이 공평하며 상인이 속이지를 않는다. 객성 또는 혜성이 머무르면 실이나 옷감 등이 크게 귀하게 된다. '종성'의 위에 두 개의 누런색 별로 이루어져 있다.

[68] 종대부(宗大夫)는 '종정'과 별점을 같이 본다. 북방현무칠수 중 벽수 영역에 있는 '토공(土公)'과 더불어 대부분의 천문도에서는 언급을 하지 않은 별자리이다. 「천상열차분야지도」의 독창성을 말할 때 언급된다.

[69] 종성(宗星)은 임금의 친척이면서 임금을 보필하는 신하이다. 객성이 머무르면 종친들이 불화하고, 별이 어두우면 종친들의 세력이 약해진다. '종인'의 위에 두 개의 붉은색 별로 이루어져 있다.

개)72]가 있다.

* 천시동원은 열한 개의 별, 천시(천시서원)도 열한 개의 별로 이루어졌다.73]
* 후74]는 한 개의 별로 이루어졌고, 제좌(1개)75]와 환자(4개)76]와

70] 종정(宗正)은 임금 친척의 잘잘못을 다스리는 관리이다. 별이 밝으면 종실사람들의 질서가 잡히고, 어두우면 국가가 흉하게 된다. '시루'의 위에 있는데, 두 개의 붉은 별로 이루어져 있다.

71] 종인(宗人)은 임금 친척의 제사를 주관하는 일을 한다. 만약에 별에 아름다운 무늬가 있으면서 밝고 바른 모습이면 친척들이 위계질서를 지키고, 움직이면 임금의 친척에게 변괴가 생기며, 객성이 머무르면 귀인(貴人)이 죽게 된다. 네 개의 붉은색 별로 '종정'의 왼쪽에 있다.

72] 시루(市樓)는 시장을 맡은 별이다. 시장을 여닫고, 도량형 등 장사의 규정을 지키게 하는 일이다. 별이 밝으면 길하고, 어두우면 시장을 맡은 관리가 이치에 어긋난 일을 한다. 혜성 또는 객성이 머무르면 시장의 문이 많이 닫히게 된다. 천시원의 남쪽 문 안에 있는데, 여섯 개의 검은색 별로 이루어져 있다.

73] 천시원(天市垣)은 시장을 뜻하고, 결산을 하는 곳이며, 임금의 친척을 주관하는 별이다. 천시원 안에 별들이 많고 윤택하면 풍년이 들고, 별이 드물면 흉년이 든다. 천시원은 '좌천시원'과 '우천시원'으로 구성되는데, 각기 11개의 붉은색 별(총 22개)로 이루어져 있다.

74] 후(候)는 음과 양을 관찰하는 일을 한다. 별이 밝고 커지면 보필하는 신하의 세력이 강해지고, 중국 변방국가들의 세력이 커진다. 반면에 작고 미미해지면 중국이 편안해지나, 별이 없어지면 임금이 지위를 잃게 되며, 자리를 옮기면 임금이 불안해진다. '종정'의 오른쪽에 있는데, 한 개의 붉은색 별로 이루어져 있다.

75] 제좌(帝坐)는 정치를 하는 곳으로, 자미원의 '천황대제'가 외궁으로 나갈 때 머무는 자리이다. 별이 빛나면서 윤택이 나면 임금이 길하고, 명령이 위엄있게 행해진다. 별이 미세하면 임금에게 근심이 생기고, 달이 범해도 임금에게 근심이

거사(2개)[77]와 열사(2개)[78]가 있으며, 두[79]는 다섯 개의 별, 곡[80]은 네 개의 별로 이루어졌다.

2) 「천상열차분야지도」의 특이점

① 「천상열차분야지도」에는 '侯(제후 후)'로 표기되어 있는데, '물을 후(候)' 자의 오기로 보인다.

② 「천상열차분야지도」에서는 '천시동원, 천시'라고만 표기했는데, 다른 천문도에서는 '천시좌원, 천시우원'이라 표기했다. 그

생긴다. 천시원의 한가운데에 있는데, 한 개의 붉은색 별로 이루어져 있다.

76] 환자(宦者)는 임금의 곁에서 보필하는 내시이다. 별이 미미하면 길하나, 평상의 모습을 잃으면 내시에게 우환이 생긴다. 점치는 내용은 태미원의 '세(勢)'와 동일하다. '제좌'의 오른쪽에 있는데, 네 개의 희미한 붉은 색 별로 이루어져 있다.

77] 거사(車肆)는 수레와 트럭 등 화물차를 관리하는데, 별이 밝지 못하거나, 특히 객성 또는 혜성이 머무르면 트럭이 모두 징발된다. 또 장사하는 사람들의 구역이 되기도 한다. '시루'의 오른쪽에 있는데, 두개의 누런색 별로 이루어져 있다.

78] 열사(列肆)는 보옥(寶玉)과 같은 재물을 주관한다. 별자리를 옮기면 보물 등 재물의 값이 안정되지 않는다. '환자'의 오른쪽에 있는데, 두 개의 별로 이루어져 있다.

79] 두(斗)는 곡식의 양을 공평하게 재는 일을 맡는다. 남쪽으로 입구를 벌리고 엎어져 있으면 곡식이 잘 익고, 자미원 쪽으로 입구를 벌리고 있으면 수확이 적다. '제좌'의 아래에 있는데, 다섯 개의 별로 이루어져 있다.

80] 곡(斛)을 천곡(天斛)이라고도 부르니, 곡식의 양을 재는 일을 맡는다. 별이 밝지 못하면 흉하고, 없어지면 1년 동안 기근이 든다. 점치는 내용은 '두'와 동일하다. '두'의 아래에 있는데, 네 개의 별로 이루어져 있다.

리고 '천시좌원'의 위에서부터 '위(魏)·조(趙)·구하(九河)·중산(中山)·제(齊)·오와 월(吳越)·서(徐)·동해(東海)·연(燕)·남해(南海)·송(宋)'을 표기했고, '천시우원'을 밑에서부터 위로 가며 '한(韓)·초(楚)·양(梁)·파(巴)·촉(蜀)·진(秦)·주(周)·정(鄭)·진(晉)·하간(河間)·하중(河中)'을 표기하였다.

'천시동원'은 천시좌원을 뜻하고, '천시'라고만 쓴 것은 천시우원을 뜻하는데, '天市西垣(천시서원)'이라고 쓰려다가 '서원'을 빠트리고 쓰지 않은 것으로 여겨진다. 각기 11개씩의 별을 선으로 연결하였으므로, 두 개의 별자리로 보았다.

③ 또 다른 천문도에서는 거의 언급을 하지 않는 '종대부'라는 별자리를 더 새겨 넣었다.

④ '칠공(7개)'은 자미원에도 한 개의 별이 들어가 있으나, 대부분(6개)의 별이 천시원에 있고, 자미원과 천시원은 누가 높은 영역인가도 불확실하므로 천시원에 그대로 배당하였다.

3) 천시원의 관련지역과 별점

천시원(天市垣)은 '좌천시원'과 '우천시원'으로 구성되는데, 각기 11개의 붉은색 별(총 22개)로 이루어져 있다. 주로 시장의 도량형을 공평하게 하는 일을 맡으며, 시장을 열어 사람들을 모으는 일을 한다. 사람을 죽이고 형벌 주는 일을 하기도 한다. 천시원 안에 별들이 많고 윤택하면 풍년이 들고, 별이 드물면 흉년이 든다.

화성(형혹성)이 머무르면 불충한 신하를 죽이게 되고, 만약에 노해서 불같은 빛이 일며 머무르면 신하가 임금을 죽이게 된다. 혜성이 머무르면 곡식이 귀하게 되고, 머무르다 나가면 호걸이 병사를 일으키며 시장을 옮기고 도읍을 옮기게 된다. 객성이 들어오면 병란이 크게 일어나고, 머무르면 길이를 재고 무게를 재는 기준이 공평치 못하게 되며, 나가면 귀인이 죽게 된다.

일설에 천시원은 도성의 시장이 되니, 사람과 재물이 모여드는 곳이라고도 한다. 따라서 별이 밝고 커지면 시장을 관리하는 사람이 각박하게 행동해서 상인들에게 잇속이 없게 되고, 홀연히 어두워지면 쌀값이 폭등하게 된다.

달이 들어오면 정령(政令)을 바꾸고, 화폐를 바꾸게 되며, 가까운 신하가 명을 거스르는 죄를 저지르며, 병란이 일어난다. 한가운데에 달이 머무르면 황후에게 근심이 생기고, 대신에게 재앙이 발생한다. 오성이 들어오면 장군과 재상에게 근심이 생기고, 병란이 크게 일어난다. 유성이 들어와서 색깔이 푸르면서 희어지면 물건 값이 오르고, 붉어지면 화재가 발생하고 질병이 돈다.

4) 천시원 영역의 도표 요약

남방주작칠수	「천상열차분야지도」	보천가 등
천시원	女牀(여상 3개)	女牀(여상 3개, 紅色)
	天紀九(천기 9개)	天紀(천기 9개)
	七公七(칠공 7개)	七公(칠공 7개)
	貫索(관삭 9개)	貫索(관삭 9개, 赤色)
	帛度(백도 2개)	帛度(백도 2개, 黃色)
	屠肆(도사 2개)	屠肆(도사 2개, 黃色)
	宗大夫(종대부 4개)	없음
	宗星(종성 2개)	宗星(종성 2개, 赤色)
	宗正(종정 2개)	宗正(종정 2개, 赤色)
	宗人(종인 4개)	宗人(종인 4개, 赤色)
	市樓(시루 6개)	市樓(시루 6개, 黑色)
	天市東垣十一(천시동원 11개)	天市左垣(천시좌원 11개), 天市右垣(천시우원 11개)
	天市十一(천시 11개)	
	候一(후 1개)	侯(후 1개, 赤色)
	帝座(제좌 1개)	帝座(제좌 1개, 赤色)
	宦者(환자 4개)	宦者(환자 4개, 赤色)
	車肆(거사 2개)	車肆(거사 2개, 黃色)
	列肆(열사 2개)	列肆(열사 2개)
	斗五(두 5개)	斗五(두 5개)
	斛四(곡 4개)	斛四(곡 4개)
천문도에 표기된 별 숫자의 합	20수 91성	18수 87성
별 개수의 표기 유무	7(표기 함) : 13(표기 안함)	
석본에 새겨진 글자수	49자	해당 없음

4. 은하수

은하수는 천한(天漢) 또는 은한(銀漢) 등으로도 불리는데, 수많은 별들이 마치 은빛 강물이 흐르는 듯 모여 있다 하여 붙여진 이름이다.

은하수는 묘방향(저수의 9도와 심수의 4도)에서 시작하여서 자미원을 곁으로 한 바퀴 돌다가 오방향(류수의 13도와 장수의 3도 사이)에서 끝난다.

『천문류초』에서는 「보천가」를 인용하여서 "은하수(銀河水 : 天河)를 또한 천한(天漢)이라고도 하니/ 동방의 기수(箕宿)와 미수(尾宿)사이에서 시작해서[81]/ 남과 북의 두길로 나뉘네[82]/ 남쪽 길은 부열(傅說)에서 어(魚)와 천연(天淵)에 갔다가/ 천약(天籥)으로 열어서 천변(天弁)을 쓰고 하고(河鼓)에서 두드리며/ 북쪽 길은 귀(龜)로부터 기수(箕宿)를 관통해서/ 남두(南斗)의 머리쪽(魁)으로 연결해 좌기(左旗)로 덮으니/ 오른쪽으로 남쪽길의 천진(天津) 물가에서 합하네/[83]

81] 기수와 미수를 지나가는 것은 맞지만 「천상열차분야지도」에서는 시작점으로 보지는 않았다.

82] 「천상열차분야지도」에서는 두수 위에 '河間(하간)'이라고 하여서 은하수가 두 갈래로 갈라지는 곳을 표시하였다.

83] 「보천가」는 인(寅)방향으로 5도 정도 더 올라간 지점으로 은하수를 본 것 같다. 「천상열차분야지도」에서는 '적졸, 신궁' 등을 통해 가서 '천진'에서 만났다.

두 길이 서로 합한 후 서남방으로 행하니/ 패과(敗瓜)와 과(瓜)를 끼고 인성(人星)으로 이어지네/ 내저(內杵)의 곁에 조보(造父)를 거쳐 등사(螣蛇)가 정미롭고/ 왕량(王良)에겐 부로(附路)와 각도(閣道)가 평이하니/ 대릉(大陵)을 오르고 천선(天船)을 띄워서/ 곧바로 권설(卷舌)에 이르러 남쪽으로 나서네/ 오거(五車)를 타고 북하(北河)의 남쪽을 향하니/ 동정(東井)의 수위(水位)에 내 말(駿)을 들여 먹이네/ 수위(水位)를 지나쳐 동남으로 노닐며/ 남하(南河)를 지나 궐구(闕丘)로 향하니/ 천구(天狗)와 천기(天紀) 및 천직(天稷)을 지나/ 성수(星宿:七星)의 남쪽가에서 은하수(天河)가 지네"라고 하였다.

앞서 말한대로 오(午) 방향과 묘(卯) 방향을 잇는 두 개의 선이 있는데, 그 두 선의 안쪽이 은하수이다. 「천상열차분야지도」에서는 두 선 안의 돌을 긁어서 밝게 표시하였다.

2장. 28수와 사신

「천상열차분야지도」의 28수를 살피기 전에 유념해 두어야 할 점이 있다. 즉 ① 천문도 그림의 연결선, ② 그림의 별자리 이름, ③「진, 사, 오, 미」, 그리고 ④「인재」의 관계에 있어서 통일성이 없다는 점이다 ('63~86쪽 천상열차분야지도의 자체 모순' 참조).

「천상열차분야지도」의 '자체 모순'이라고 할 정도로 같은 별자리를 놓고도 이름과 별의 개수를 달리 표현했는데, 류방택의 지시를 받아 글씨를 쓴 설경수, 그리고 설경수의 글씨를 받아 돌에 새긴 서공, 끝으로 총책임을 맡은 권근 사이의 소통부족에서도 그 원인을 찾을 수 있을 것이다.

「천상열차분야지도」 작성의 실무 책임자는 류방택이다. 그는 별에 대해서 놀라울 정도의 지식이 있었지만, 이미 76세라는 노인이었다. 그래서 오석(烏石)이라고 하는 검디검은 돌에 새긴 별 그림과 글자를 일일이 확인할 수 없었을 것이다.

추측컨대 류방택이 직접 책임지며 참여한 것은 10간과 12지의 내용이다. 그나마 12지의 내용은 거의 완벽하게 표현했으나, 10간의 내용, 즉 별 그림과 별 이름을 새겨 넣는 부분, 특히「정」원에 365개의 선을 일정하게 긋는 일은 정확하게 표현하지 못한 면이

있다. 이에 대해서는 28수를 살펴보는 가운데 확인할 수 있을 것이다.[84]

1. 동방 청룡 칠수

동방청룡칠수에서 '동방'은 동쪽이라는 방위에 있으면서 동쪽 또는 시작을 담당한다는 것이다.

청룡의 '청'은 동쪽의 색깔이자 봄의 색깔이며, '용'은 신비롭고 변화막측한 동물이다. 모든 일이 막 시작하는 봄은 변화막측하여 신비로운 일이 많이 생긴다는 뜻이다. 칠수의 '칠'은 청룡을 구성하는 별이 일곱 별자리(각수, 항수, 저수, 방수, 심수, 미수, 기수)라는 뜻이고, '수'는 '지킬 수(≒守)' 또는 '머물 숙(宿)'의 뜻으로, 그 자리에 머물면서 지킨다는 뜻이다.

그 구성을 용의 몸에 나누어 보면, 각수는 청룡의 뿔, 항수는 목, 저수는 가슴, 방수는 위장, 심수는 심장, 미수는 꼬리, 기수는 항문에 해당한다고 한다.

별의 구성에 대한 설명은 '1부 2장의 3항. 천상열차분야지도의 자체 모순'에서 이미 언급하였다.

84] 참고로 「천상열차분야지도」의 별은 모두 310개 별자리에 1,467개의 별로 이루어져 있으며, 하늘의 주천도수(365와 1/4도)를 영역별로 맡아 다스린다.

1) 각수

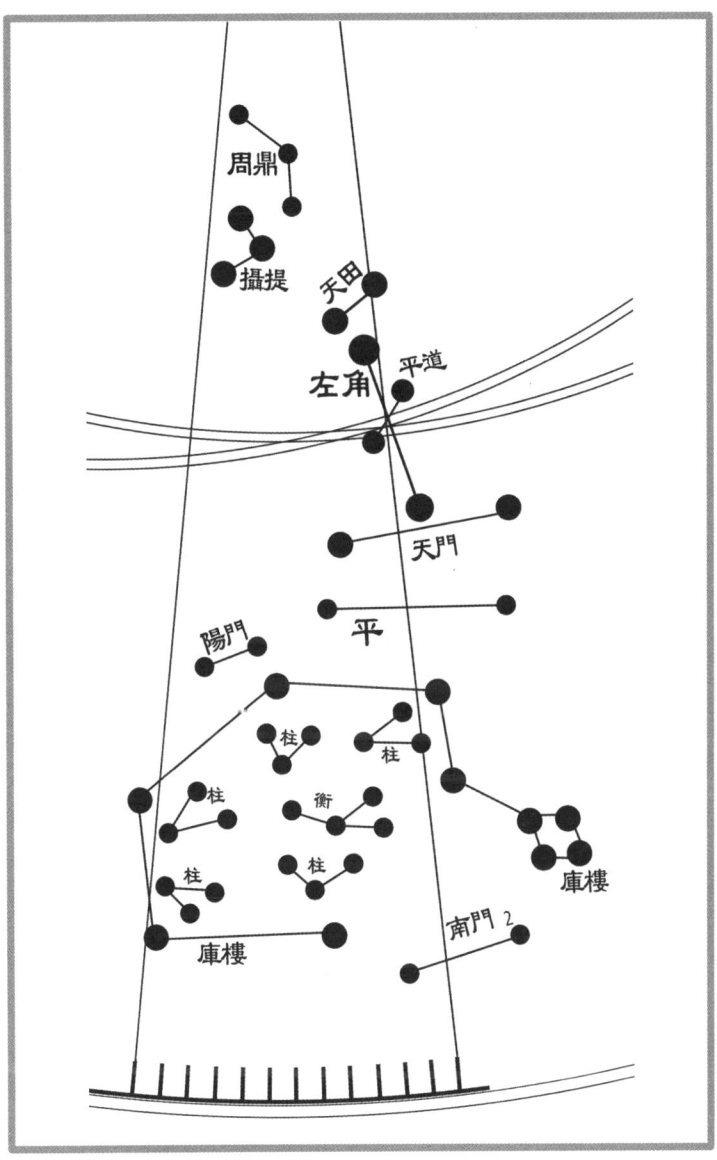

각수 영역 : '角二(각이)'라고 표기 할 곳에 '左角(좌각)'이라고 하였다.

(1) 원문과 풀이

周鼎 攝提 天田 平道 左角 天門 平 陽門 庫樓 庫樓
주정 섭제 천전 평도 좌각 천문 평 양문 고루 고루

柱 柱 柱 柱 柱 衡 南門二
주 주 주 주 주 형 남문이

* 주정(3개)[85], 섭제(우섭제, 3개)[86], 천전(2개)[87], 평도(2개)[88]가 있다.
* 좌각(각수角宿 2개)[89]이 있다.

---

[85] 주정(周鼎)은 나라의 제사를 지낼 때 쓰는 신령스러운 그릇(솥)이다. 보이지 않거나 다른 데로 자리를 옮기면, 나라의 운수와 복이 순조롭지 않게 된다. 세 개의 별로 이루어졌다.

[86] 섭제(攝提)는 계절과 절기를 정하고 조짐을 살피는 일을 주관한다. 또 임금(대각大角)을 좌(좌섭제) 우(우섭제)에서 옹호하며 정승의 역할을 한다. 밝고 크면 정승이 나랏일을 마음대로 전횡하고, 객성이 들어오면 정승이 압제를 받게 된다. 붉은색 별이다.

[87] 천전(天田)은 수도권의 영토를 주관한다. 금성이 머무르면 병란(兵亂)이 있게 되고, 화성이 머무르면 가뭄이 들게 되며, 수성이 머무르면 장마가 들게 된다. 두 개의 검은색(黑色) 별로 이루어졌다.

[88] 평도(平道)는 임금이 다니는 사통팔달의 큰 길이다. 밝고 바르게 있으면 길하고, 움직이고 흔들리면 임금의 행차에 근심이 생긴다. 두 개의 검은색(黑色) 별로 이루어졌다.

[89] 「천상열차분야지도」에는 '左角(좌각, 각수의 왼쪽 별)'이라 하고, 또 숙종시대 천문도에는 '右角(우각, 각수의 오른쪽 별)'이라고도 표시했는데, 이는 '角二각이(각수角宿는 두 개의 별로 이루어졌다)'를 좀 더 자세히 표기하려다가 실수한 것 같다. 각수는 천문도에서 12도의 영역을 맡았다. 각수는 각수 영역을 다스리는 제후에 해당하는 별자리이다. 두 개의 주홍색별이 남과 북으로 배열되었다.

* 천문(2개)90], 평(2개)91], 양문(2개)92], 고루(10개), 고루93], 주(3개), 주(3개), 주(3개), 주(3개), 주(3개)94], 형(4개)이 있고95], 남문96]은 두 개의 별로 이루어졌다.

90] 천문(天門)은 대궐의 문이니, 조공을 받고 사신을 접대하는 역할을 한다. 밝으면 사방의 여러 나라가 복종하여 따르나, 보이지 않으면 병사에 의한 혁명이 일어나며, 간사한 무리들의 아첨하는 말이 생겨나 나라를 어지럽힌다. 두 개의 주홍색 별로 이루어졌다.
91] 평(平)은 형벌을 평등하게 베푸는 법원과 검찰을 합한 역할을 한다. 두 개의 별로 이루어졌다.
92] 양문(陽門)은 변방 요새의 험한 곳을 다스리는 일을 한다. 객성이 '양문' 주변에 나타나면 적군이 변방을 침범하게 된다. 두 개의 짙은 누런색 별로 이루어졌다.
93] 고루(庫樓)는 '고루'라고 두 번 썼지만 열 개의 별로 구성된 한 개의 별자리이다. 여섯 개의 큰 별을 '고'라 하고, 남쪽에 있는 네 개의 별을 '루'라고 하는데, 「천상열차분야지도」에서는 양쪽 다 '庫樓고루'라고 표기하였다. '고루'는 천고(天庫 : 무기고)라고도 하는데, 전차(戰車) 또는 병사의 무기를 보관하는 곳이다. '고루'는 10개의 주홍색별이 굴곡을 이루며 이루어졌다.
94] 주(柱)는 병사가 진을 치고 있는 것을 뜻한다. 보이지 않으면 병사들이 사방에서 다투고, 아예 보이지 않으면 윗사람을 얕보고 넘본다. 밝으나 움직이고 흔들리면 병란이 사방에서 날뛰며 일어난다. '주(柱)'는 '고루' 안에 15개의 별이 세 별씩 솥의 형태로 다섯 무리를 이루고 있다.
95] 형(衡)은 '주'와 별점이 같다. '형'은 '주' 안에 있는 네 개의 주홍색 별이다.
96] 남문(南門)은 대궐의 바깥 정문이다. 밝으면 변방의 나라에서 조공을 바치러 오고, 어두우면 변방 민족들이 호시탐탐 노린다. 객성이 머무르면 병란이 발생한다. '고루'의 남쪽에 있으며 두 개의 별로 이루어졌다.

(2) 「천상열차분야지도」의 특이점

① 각수의 구성별자리를 「천상열차분야지도」에 기록된 대로 말하자면 16수 49성이다. '주(柱)'는 15별을 모두 선으로 잇지 않고 세 별씩 선을 이었으므로 다섯 개의 별자리로 보았고, '고루(庫樓)'는 '고루'라고 두 번 표기했으나 10개의 별이 한 선으로 이어졌으므로 하나의 별자리로 계산하였다.

② 또 12개 별자리 중에서 11개 별자리는 별의 개수를 기록하지 않았다. 오직 '남문'만 '남문이南門二(남문은 두 개의 별로 이루어졌다)'라고 기록했다. 「천상열차분야지도」는 별의 개수를 기록하는 것을 원칙으로 한 것 같은데, 원칙대로 되지 않은 것은, 류방택 등 천문가와 글씨를 쓴 설경수 및 돌에 새기는 석공 사이에 소통이 덜 된 것 같다. 이러한 착오는 「천상열차분야지도」 곳곳에 보이는 실수이기도 하다.

③ 『천문류초』 등 다른 천문서에서는 '진현'을 각수에 배당했는데, 「천상열차분야지도」에서는 진수 영역에 새겨 놓았다.

④ 「천상열차분야지도」에서는 '섭제(우섭제)'와 '양문'이 각수 영역에 새겨져 있는데, 다른 천문도에서는 저수 영역에 있는 '섭제(좌섭제)'와 각수 영역에 있는 '섭제(우섭제)'를 항수 영역에 있는 '대각'을 보좌하는 것으로 보아 항수 영역에 포함시켰고, '양문'도 항수에 배당하였다.

⑤ 또 '낭장'은 상급 영역인 태미원 위에 있고, 또 '낭위'와 상하 관계로 긴밀하므로 태미원에 배당시켰다.

⑥ 「천상열차분야지도」에는 '角二(각이 : 각수는 두 개의 별로 이루어졌다)'라고 표기되어야 할 글자에 '左角(좌각 : 각수의 왼쪽 별)'이라고 하였다. 아마도 새기는 과정에서 '좌각, 우각'으로 좀 더 자세히 하려다가 실수를 한 것 같다.

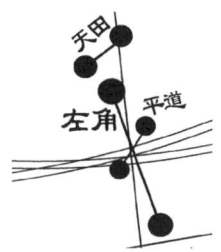

'角二(각이 : 각수는 두 개의 별로 이루어졌다)'라고 표기되어야 할 글자에 '左角(좌각 : 각수의 왼쪽 별)'이라고 하였다. 아마도 새기는 과정에서 '좌각(왼쪽 별), 右角(우각:오른쪽 별)'이라고 좀 더 자세히 새기려다가 실수한 것 같다.

(3) 각수의 관련지역과 별점

각수는 두 개의 별로 구성되며, 주천도수 365와 1/4도 중에 12도를 다스린다. 천칭궁에 속하며, 중국으로는 정나라에 해당하며, 12지지로 보면 진방(辰方 : 동남방)과 진월(辰月)에 해당한다.

우리나라로 보면 전라남도의 북부 지역인 곡성군의 옥과면·진안·순창·임실·전주·담양·김제·금구·정읍, 태인면, 고부, 고창군의 흥덕면에 해당한다.

전라남도의 북부 지역인 곡성군의 옥과면·진안·순창·임실·전주·담양·김제·금구·정읍, 태인면, 고부면, 고창군의 흥덕면

각수의 '각'은 '뿔 각'자이다. 동방청룡칠수는 말 그대로 청룡의 형상을 하고 있는데, 그중에서도 각수는 뿔에 해당한다는 뜻이다.

머리에서도 제일 윗부분에 해당하므로, 때로는 사계절 중에 봄에 해당하고 하루로는 아침에 해당하며, 일에 있어서는 계획을 세우고 작전을 짜는 것이고, 사람에 있어서는 위엄을 세우고 시작하므로, 만물의 생성과 소멸을 주관한다는 뜻이 있다.

만물을 생성하고 소멸하는 등 조화를 주관하고, 임금의 위엄과 신용을 베푸는 일을 맡는다. 각수가 밝으면 나라가 태평해지고, 가시 같은 까끄라기 빛이 있으면서 움직이면(芒動) 나라가 편안하지 못하다.

　봄의 시작을 여는 별자리이므로 처음 시작하는 일을 주관한다. 겨울을 막 지나 조금 따뜻해질 때라서 '이제 밖으로 나가볼까?' 하는 생각을 할 때이다.

(4) 각수 영역 도표요약

동방청룡칠수	천상열차분야지도	보천가 등
각	周鼎(주정 3개)	周鼎(주정 3개)
	攝提(섭제 3개)	→ 항수
	天田(천전 2개)	天田(천전 2개, 黑色)
	→ 진수	進賢(진현 1개, 烏色)
	平道(평도 2개)	平道(평도 2개, 黑色)
	左角(좌각 2개), 12도	角(각 2개, 紅色), 12도
	天門(천문 2개)	天門(천문 2개, 紅色)
	平(평 2개)	平(평 2개)
	陽門(양문 2개)	→ 항수
	庫樓, 庫樓(고루 10개)	庫樓(고루 10개, 紅色)
	柱(주 3개)	五柱(오주 15개)
	柱(주 3개)	
	柱(주 3개)	
	柱(주 3개)	
	柱(주 3개)	
	衡(형 4개)	衡(형 4개, 紅色)
	南門二(남문 2개)	南門(남문 2개)
「천상열차분야지도」에 표기된 별 숫자의 합	16수 49성	11수 45성
별 개수의 표기 유무	1(표기 함) : 15(표기 안함)	해당 없음
석본에 새겨진 글자수	28자	해당 없음

2) 항수

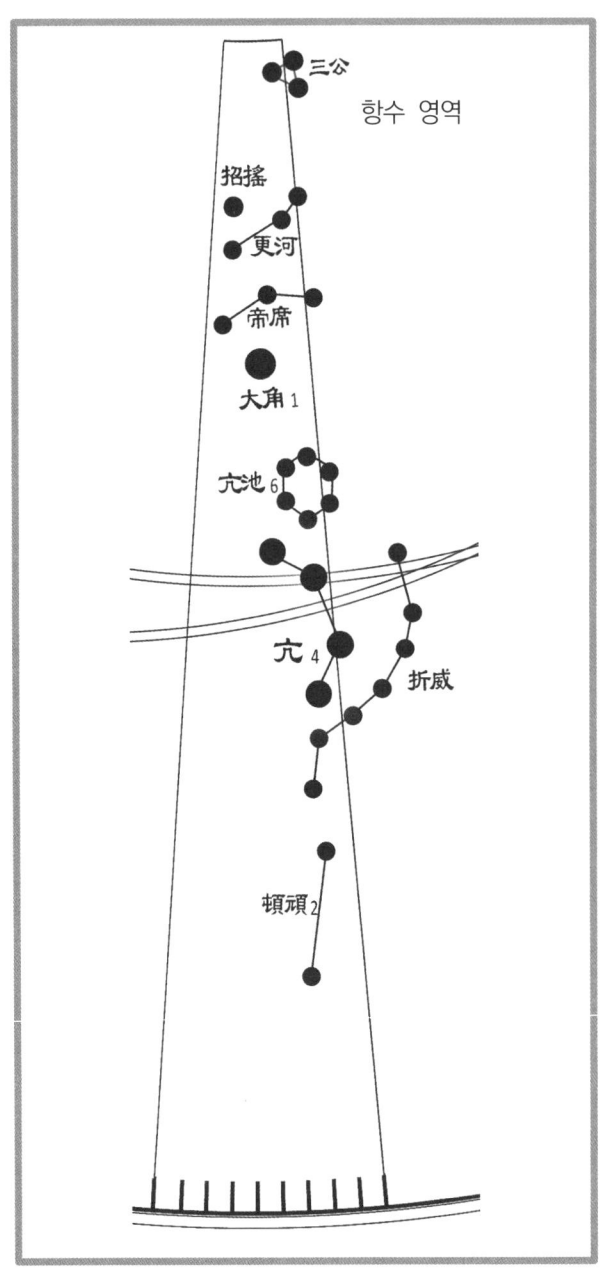

(1) 원문과 풀이

三公 招搖 更河 帝席 大角一 亢池六 亢四 折威
삼공 초요 경하 제석 대각일 항지육 항사 절위

頓頑二
돈 완 이

* 항수 영역은 삼공(3개)[97], 초요(1개)[98], 경하(3개)[99], 제석(3개)[100]
과 한 개의 별로 이루어진 대각[101], 여섯 개의 별로 이루어진 항

---

[97] 삼공(三公)은 임금을 보필하여 칠정(七政)을 조화롭게 하며, 음양을 조화롭게 하는 관직이다. 별이 자리를 옮기면 불길하고, 한 별이 없어지면 천하가 위태 우며, 두 별이 없어지면 천하에 난리가 나며, 세 별이 보이지 않으면 천하가 큰 혼란에 빠져든다. 객성이 범하면 삼공에게 근심이 생기고, 혜성이나 패성 또는 유성이 범하면 삼공이 죽게 된다.

[98] 초요(招搖)는 변방 국가의 병란을 주관한다. 별빛의 끝이 칼끝같이 뾰족해지면서 색이 변하고 요동치면, 병란이 크게 일어난다. 한 개의 붉은색 별인데 '경하'의 위에 있다.

[99] 경하(更河)는 창(모=矛)에 해당하는 별이다. 임금이 이를 잘 갖추고 있으면 걱정근심이 없어진다. 일명 천봉(天鋒 : 황실의 칼)이라고도 하며 변방 국가의 병란을 주관한다. 별 색깔이 변하고 움직이면 병사가 상하게 되고, 별이 없어지면 변방국가에 병사에 의한 모반이 일어난다. 세 개의 별로 이루어졌다.

[100] 제석(帝席)은 임금이 잔치를 열어 축수의 잔을 받는 곳이다. 별이 보이지 않으면 임금 자리를 잃게 된다. 다른 천문도에서는 제석을 '제좌(帝坐, 帝座)'라고도 한다. 세 개의 검은색 별로 '경하'의 서쪽에 있다.

[101] 대각(大角)은 임금(天王)이 주관하는 조정이며, 또한 하늘의 대들보가 되므로, 통수권과 기강을 바르게 하는 의미가 있다. 금성이 머무르면 병란이 일어나고, 해가 '대각'을 먹게 되면 모반 등으로 인해 흉하게 된다. '대각'은 '좌섭제'와 '우

지가 있다.[102]
* 네 개의 별로 이루어진 항수(亢宿)가 있다.[103]
* 그리고 절위(7개)[104]와 두 개의 별로 이루어진 돈완[105]이라는 별자리가 있다.

(2) 「천상열차분야지도」의 특이점

① '삼공'은 다른 천문도에서는 자미원 영역으로 보았다.
② 「천상열차분야지도」에는 '양문(陽門)'이 각수의 영역에 그려져 있고, '섭제' 중에 '좌섭제'는 저수의 영역에 그려져 있다. 또

섭제'가 양쪽에서 보좌하는 형상이므로 임금의 자리라고 하는데, 한 개의 주홍색 별로 항수의 바로 위에 있다.
102] 항지(亢池)는 배의 노에 해당하는 별로, 주로 손님을 보내고 맞이하는 일을 한다. '항지'가 다른 곳으로 옮겨가면, 그 나라의 관문과 교량이 쓸모없게 된다는 뜻이니, 자국은 피폐해지고 다른 나라가 번영하게 된다. 여섯 개의 검은색 별인데, 저수 영역의 '좌섭제' 근처에 있다. '항지'는 중국의 순우천문도에서도 항수의 영역으로 보았다.
103] 항수(亢宿)는 동방청룡의 목에 해당하고, 항수 영역을 다스리는 제후별이다. 네 개의 주홍색 별이 구부러진 활모양으로 이루어졌다.
104] 절위(折威)는 군법으로 목을 베어 죽이는 의미가 있다. 금성과 화성이 머무르면 주변국가가 변방을 침범하고, 그 죄를 물어 참수한 머리를 큰 거리에 매다는 형벌이 있게 된다. 일곱 개의 검은색 별로 항수의 아래에 있다.
105] 돈완(頓頑)은 죄수들을 살피고, 옳고 그름을 살피는 역할을 한다. '절위'의 왼쪽 아래에 두 개의 진한 누런색 별로 이루어졌다.

「구법보천가」과 마찬가지로 '돈완'의 오른쪽 위에 그려져 있다. 이것으로써 「신법보천가」가 나오기 이전에 측정되었음을 알 수 있다.

③ '초요'와 '경하' 그리고 '항지'는 항수 영역에 그려져 있으나, 다른 천문도에서는 저수 영역에 포함시켰다. 특히 '항지'를 '제석' 밑에 그린 다른 천문도와는 달리 '항수'의 위에 그린 것이 특이하다.

(3) 항수의 관련지역과 별점

항수는 네 개의 별로 이루어졌으며, 주천도수 중에 9도를 맡고 있다. 12황도궁 중에 천칭궁에 해당하고, 진의 방향에 있으며, 정나라에 해당한다.

항수를 우리나라의 지역에 배당하면, 전라북도의 중동부 지역인 무주, 충남의 금산·장수·함양군과 남원시, 운봉면, 진안군의 용담면에 해당한다.

전라북도의 중동부 지역인 무주, 충남 금산·장수, 경남 함양군과 남원시, 운봉면, 진안군의 용담면

항수의 '항'자는 '목 항(亢≑項)' 자이다. 청룡의 목에 해당한다는 뜻이다. 목은 머리와 몸통을 이어주는 교통로이다. 국민의 세금을 받고, 소송을 맡아 처리하고, 고충을 듣고 상담해서 처리하는 등 소통을 한다. 감찰을 하여 억울한 일이 생기지 않도록 노력한다.

다른 이름으로는 소묘(疏廟)라고도 하는데, 돌림병 등을 다스리기 때문이다. 항수가 밝고 크면 온 세상이 소통이 잘 되면서 중앙정부에 감화되어 따르고, 보필하는 신하가 충성을 다할 것이며, 백성에게 질병이 없게 된다. 그러나 항수가 자리를 옮기거나 움직이면 질병이 창궐하고, 보이지 않으면 천하가 들끓듯이 어지러워지고 또 가뭄과 수해로 인한 피해가 있게 된다.

(4) 항수 영역 도표 요약

동방청룡칠수		천상열차분야지도	보천가 등
항		三公(삼공 3개)	→ 자미원
		招搖(초요 1개)	→ 저수
		更河(경하 3개)	→ 저수
		帝席(제석 3개)	→ 저수
		大角一(대각 1개)	大角(대각 1개, 紅色)
		→ 각수(우섭제) → 저수(좌섭제)	左攝提(좌섭제 3개), 右攝提(우섭제 3개, 赤色)
		亢池六(항지 6개)	→ 저수
		亢四(항 4개), 9도	亢(항 4개, 紅色), 9도
		折威(절위 7개)	折威(절위 7개, 黑色)
		→ 각수	陽門(양문 2개, 黃色精)
		頓頑二(돈완 2개)	頓頑(돈완 2개, 黃色精)
천문도에 표기된 별 숫자의 합		9수 30성	7수 22성
별 개수의 표기 유무		4(표기 함) : 5(표기 안함)	해당 없음
석판에 새겨진 글자수		21자	해당 없음

3) 저수

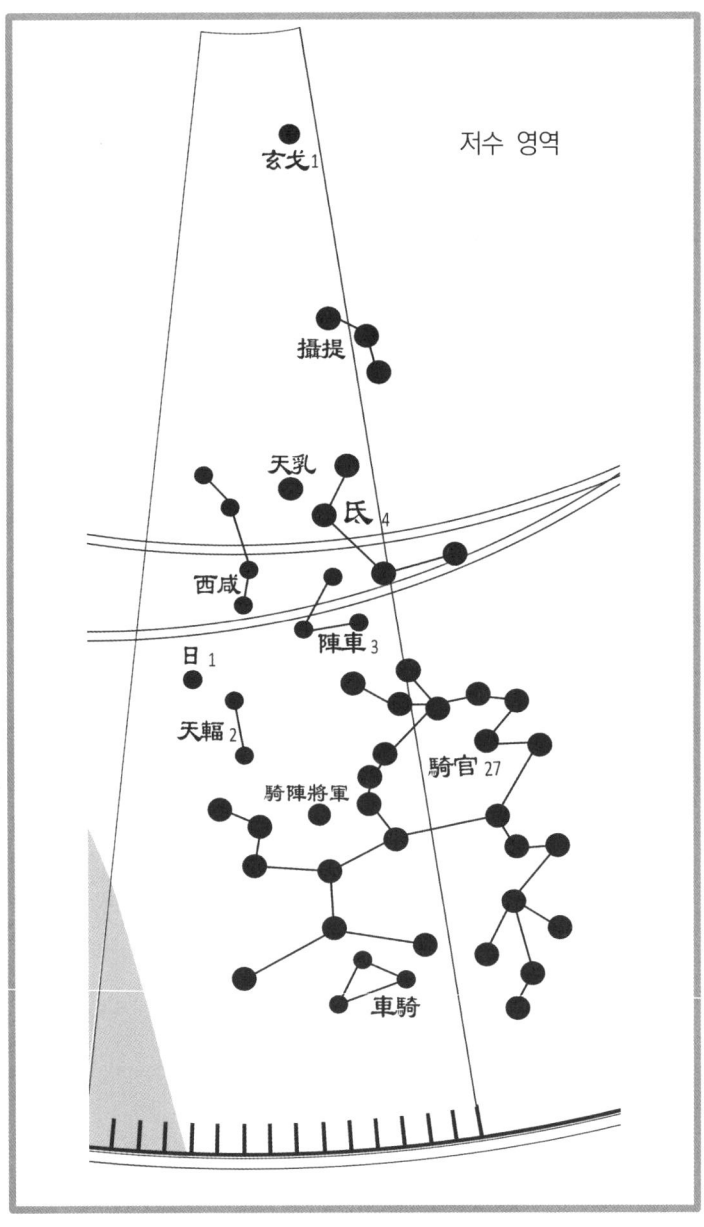

(1) 원문과 풀이

玄戈一 攝提 天乳 氐四 西咸 陣車三 天輻二 日一
현과일 섭제 천유 저사 서함 진거삼 천복이 일일

騎陣將軍 騎官二十七 車騎
기진장군 기관이십칠 거기

* 현과[106]는 한 개의 별이고, 섭제(3개)[107]와 천유(1개)[108]가 있다.
* 저수(氐宿)[109]는 네 개의 별로 되어 있다.
* 서함(4개)[110]이 있고, 진거[111]는 세 개의 별, 천복[112]은 두 개의

106] 현과(玄戈)는 천과(天戈)라고도 부르는데, 북방의 변란을 맡는다. 별빛에 까끄라기가 일거나 동요하면 북쪽에서 병란이 일어난다. 객성이 머무르거나, 혜성이나 살별 또는 유성이 범하면 북쪽나라의 병사들이 패배한다. '현과'는 한 개의 수홍색 큰 떨인네, '북누'의 사두 끝에 있나.

107] 섭제(攝提)는 절기와 계절을 주관한다. 또 '대각(임금)'을 좌우에서 옹호하고 있는 형상을 하고 있기 때문에 정승의 역할을 하기도 한다. 밝고 크면 정승이 정사(政事)를 마음대로 주무르고, 객성이 들어오면 정승이 압제를 받게 된다. '섭제'는 '대각'의 좌측(좌섭제)과 우측(우섭제)에 하나씩 있는데, 각기 세 개씩의 붉은색 별로 솥의 형상을 하고 있다.

108] 천유(天乳)는 감로수를 내리는 일을 한다. 밝으면 감로수를 내려 세상을 윤택하게 해준다. 저수의 위에 한 개의 검은색 별로 이루어졌다.

109] 저수(氐宿)는 동방청룡의 가슴에 해당하며, 저수 영역을 다스리는 제후별이다. 임금이 침소에 해당한다. 네 개의 주홍색 별로 이루어졌다.

110] 서함(西咸)은 일월과 오성이 다니는 길이다. 방수의 사립문이 되니, 남녀 사이의 음란한 행동을 방비하는 역할이다. 밝으면 길하고 어두우면 흉하다. 일월 및 오성이 범하여 머물면 음모가 있게 되고, 화성이 머무르면 병란이 일어난다. 각

별, 일[113]은 한 개의 별로 이루어졌으며, 기진장군(1개)[114]이 있고, 기관[115]은 스물일곱 개의 별로 되어 있고, 거기(3개)[116]가 있다.

기 네 개의 별로 이루어진 '동함(東咸)'과 '서함(西咸)'은 '벌(罰)'을 사이에 끼고 양쪽으로 벌어져 있다.

111] 진거(陣車)는 전차(戰車)를 의미한다. 진거가 보이지 않으면 전차를 쓸 일(전쟁)이 생긴다. 세 개의 검은색(黑色) 별로 저수의 아래에 있다.

112] 천복(天輻)은 임금의 수레를 뜻한다. 객성이 와서 머무르면 임금의 수레 행렬에 근심이 생긴다. 두 개의 누런색 별로 '진거'의 곁에 있다.

113] 일(日)은 태양의 정수(精髓)로 덕을 밝히는 일을 한다. 금성이나 화성이 범하여 머무르면 근심이 생긴다. 한 개의 짙은 검은색(烏色) 별로 이루어졌는데 방수의 아래에 있다.

114] 기진장군(騎陣將軍)은 기마부대의 장수를 뜻한다. 움직이고 흔들리면 '기진장군'이 출병하게 되고, 보이지 않으면 '기진장군'이 전사하게 된다. '기관(騎官)'의 안에 있는데, 한 개의 별로 이루어졌다.

115] 기관(騎官)은 임금을 호위하는 기사들로, 숙위(宿衛)를 담당하고 있다. 별이 무리져 모여 있으면 평안하고, 보이지 않으면 병란이 일어난다. 저수의 아래에 27개의 붉은색 별이 세 개씩 아홉 무더기를 이루고 있다.

116] 거기(車騎)는 전차와 기마를 총지휘하는 거기장군을 의미한다. 움직이고 흔들리면 거기장군이 역할을 수행하게 된다. 금성과 화성이 범하면 재앙이 일어난다. 세 개의 진한 검은색(烏色) 별로 '기관'의 아래쪽에 있다.

(2) 「천상열차분야지도」의 특이점

① 다른 천문도에서는 '현과'를 자미원에 배당했으나, 「천상열차분야지도」에서는 저수 영역에 배당했다.

② 다른 천문도에서는 '항지'의 위에 '초요, 경하, 제석'의 세 별자리를 그렸고, '섭제'의 아래에 있는 '항지'를 저수 영역에 배당시켰다. '섭제'는 다른 천문도에서는 항수 영역에 있지만 여기서는 저수 영역에 배당했다.

③ 다른 천문도에서는 '서함'과 '일'을 방수 영역에 배당했는데, 「천상열차분야지도」에서는 저수 영역에 배당했다.

④ 「천상열차분야지도」에 의하면 저수는 총 11개 별자리에 50개의 별로 되어있고, 별 개수가 표기된 별자리는 여섯이고, 표기되지 않은 별자리는 다섯이다.

(3) 저수의 관련지역과 별점

저수(氐宿)는 네 개의 별로 이루어졌으며, 주천도수 중에 15도를 맡고 있다. 12황도궁 중에 천갈궁에 해당하고, 12지지로 보면 묘의 방향(동방)에 있으며, 송나라에 해당한다.

우리나라로 보면 충남 및 서부 전북 지역인 논산시, 연산, 대전의 진잠, 노성·은진, 공주, 부여군의 임천과 홍산 석성, 서천군의 한산·서천·보령·청양에 해당한다고 한다.

충남 및 서부 전북 지역인 논산시, 연산, 대전의 진잠, 노성·은진, 공주, 부여군의 임천과 홍산 석성, 서천군의 한산·서천·보령·청양

저수의 '저'는 '근본 저' 자이다. 청룡의 형상 중에 앞가슴에 해당한다는 뜻이다. 청룡이 앞가슴을 내밀며 돌진하므로 근원에 해당한다.

근원이 되려면 충분한 휴식을 취해야 한다. 그래서 천자가 잠을 청하는 침소에 해당한다. 별이 밝으면 대신(大臣)과 왕비를 비롯한 후궁들이 임금을 잘 섬기고 절개를 잃지 않는다. 보이지 않거나 자리를 이동하면, 장차 신하가 궁실을 도모하여 재앙과 난리가 생긴다. 후궁들 역시 쉬어야 하므로 후궁의 방을 뜻하기도 한다.

백성도 쉬어야 하므로, 밝고 크면 백성에게 힘든 부역이 없게 된다. 이상을 도표로 분석하면 다음과 같다.

(4) 저수 영역 도표 요약

동방청룡칠수	천상열차분야지도	보천가 등
저	玄戈一(현과 1개)	→ 자미원
	→ 항수	招搖(초요 1개, 赤色)
	→ 항수	梗河(경하 3개)
	→ 항수	帝席(제석 3개, 黑色)
	攝提(섭제 3개)	→ 항수
	→ 항수	亢池(항지 6개, 黑色)
	氐四(저 4개), 15도	氐(저 4개, 紅色), 15도
	天乳(천유 1개)	天乳(천유 1개, 黑色)
	西咸(서함 4개)	→ 방수
	陣車三(진거 3개)	陣車(진거 3개, 黑色)
	天輻二(천복 2개)	天輻(천복 2개, 黃色)
	日一(일 1개)	→ 방수
	騎陣將軍(기진장군 1개)	騎陣將軍(기진장군 1개)
	騎官二十七(기관 27개)	騎官(기관 27개, 赤色)
	車騎(거기 3개)	車騎(거기 3개, 烏色)
천문도에 표기된 별 숫자의 합	11수 50성	11수 54성
별 개수의 표기 유무	6(표기 함) : 5(표기 안함)	해당 없음
석본에 새겨진 글자수	30자	해당 없음

4) 방수

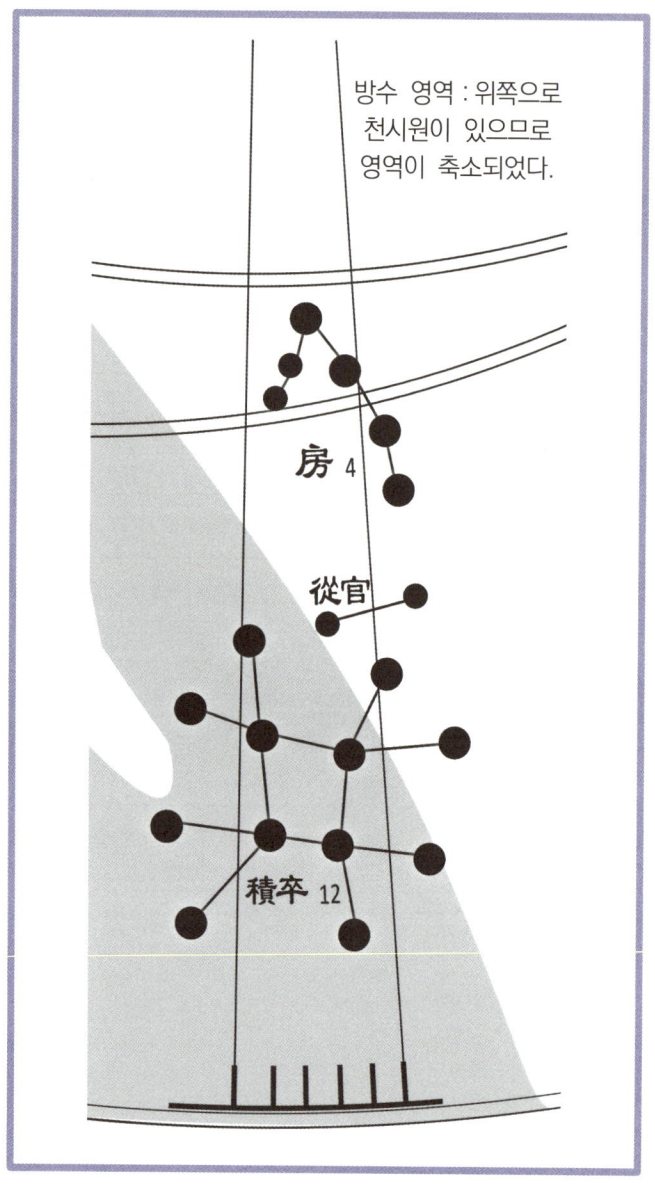

(1) 원문과 풀이

房四 (鈎鈐) 從官 積卒十二
방사 (구검) 종관 적졸십이

* 방수(房宿)117]는 4개의 별로 이루어졌다.
* (구검은 2개의 별이다)118]
* 종관(2개)119]이 있고, 적졸120]은 12개의 별로 이루어졌다.

117] 방수(房宿)는 동방청룡의 위장에 해당한다. 방수 영역을 다스리는 제후별이다. 네 개의 붉은색 별로 이루어졌다.

118] {구검(鈎鈐)은 두 개의 붉은색 별로 방수의 곁에 있다. 방수와 '구검' 사이에 다른 별이 끼어들거나 소원하게 갈라놓으면 지진이 일어나는 등 기이한 일이 벌어진다.} 「천상열차분야지도」에서는 '구검'이라는 별 이름을 쓰지 않았다.

119] 종관(從官)은 임금의 병을 보살피는 의사, 앞날을 예측하고 굿 또는 푸닥거리를 하는 무당 또는 점을 치는 사람이다. 두 개의 누런색 별로 '일(日)'의 아래에 있다.

120] 적졸(積卒)은 나라를 지키는 군인이다. 병사들의 군기를 주관한다. 별이 미미하면서도 작으면 길하고, 밝으면서 크게 요동치면 병란이 크게 일어난다.
 한 개의 별이 없어지면 병사가 조금 출동하고, 두 별이 없어지면 절반의 병사가 출동하며, 세 개의 별이 없어지면 모든 병사가 다 출동하게 된다. 다른 별이 머무르면 병란이 크게 일어나고, 가까운 신하를 주살하게 된다. 다른 천문도에서는 '적졸'을 심수에 소속시켰다. 12개의 주홍색 별로 이루어졌는데, 세 별씩 네 무더기를 이루고 있다.

(2)「천상열차분야지도」의 특이점

① '구검'은 방을 열고 잠그는 열쇠와 자물쇠라는 뜻이 있어서 방수와 '구검'을 한 개의 별자리로 보는 시각이 있고, 그 앞에 있는 '건폐' 역시 대문의 열쇠와 자물쇠라는 뜻으로 방수와 연결해 보는 시각이 있다. 「천상열차분야지도」에서는 '건폐'를 심수 영역의 별자리로 그렸다.

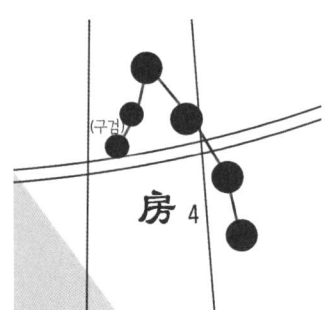

방수는 구검과 선으로 연결해서 6개의 별로 이루어진 것처럼 그렸지만, '방4'라고 '구검(2개)'과는 구별하였다.

또 「천상열차분야지도」의 그림에서는 방수와 '구검'을 선으로 연결했으면서도, '房四(방수는 네 개의 별로 이루어졌다)' 라고 표기함으로써 '구검'과 구별하였지만, 막상 '구검' 별자리에는 '구검'이라는 이름을 표시하지 않았다.

또 「인재」에서는 '房四星(방은 4개의 별)' 이라 해서 구별했지만, 「미」직사각형에서는 "동방청룡칠수 삼십이성 합칠십오도" 라해서 '구검' 2개의 별을 방수에 포함시켰다.[121]

121] '각2+항4+저4+방4+심3+미9+기4'로 계산하면 30성이고, '각2+항4+저4+

② 「천상열차분야지도」에는 '적졸'이 크고 밝은 12개의 별로 되어 있는데, 「신법보천가」 등에서는 2개의 별로 구성되어 있다고 하였다. 다른 천문도에서는 '적졸'을 심수 영역에 배당시켰다.

③ 다른 천문도에서는 '건폐, 벌, 동함, 서함, 일'을 방수 영역에 배당했는데, 「천상열차분야지도」에서는 '건폐, 벌, 동함'을 심수 영역에, '서함, 일'을 저수 영역에 배당했으며, 심수에 배당한 '적졸'을 방수 영역에 배당하였다.

④ 일반 천문도에서는 '동함'과 '서함'을 쌍으로 보아 방수에 포함시켰다.

(3) 방수의 관련지역과 별점

방수(房宿)는 네 개의 별로 이루어졌으며, 주천도수 중에 5도를 맡고 있다. 12황도궁 중에 천갈궁에 해당하고, 묘의 방향에 있으며, 송나라에 해당한다.

방수를 우리나라의 지역에 배당하면, 충남 서천군의 비인, 익산시, 용안, 임피, 김제군, 만경, 부안, 금산, 진산에 해당한다고 한다.

방6(구검2 포함)+심3+미9+기4'로 계산하면 32성이다.

충남 서천군의 비인, 익산시, 용안, 임피, 김제군, 만경, 부안, 금산, 진산

　방수의 '방'자는 '방 또는 집 방(房)' 자이다. 말 그대로 청룡의 위장에 해당하며, 또 임금이 신하들과 정치를 논하는 궁궐의 방을 뜻하기도 하며, 임금을 보필하는 네 명의 큰 대신(四輔)을 뜻하기도 한다.
　칠요(해와 달, 목성, 화성, 토성, 금성, 수성)가 방수를 따라 운행하면 천하가 평화롭지만, 남쪽으로 치우쳐 운행하면 가뭄으로 인한 재산과 인명 피해가 생기고, 북쪽으로 치우쳐 운행하면 물난리와 병란이 일어나게 된다. 방수는 네 개의 주홍색 별로 이루어졌다.

(4) 방수 영역의 도표 요약

동방청룡칠수	천상열차분야지도	보천가 등
방	→ 심수	鍵閉(건폐 1개, 黃色)
	→ 심수	罰(벌 3개, 黃色)
	→ 심수	東咸(동함 4개)
	→ 저수	西咸(서함 4개)
	房四(방 4개), 5도	房(방 4개, 紅色), 5도
	(鉤鈐구검), 2개	鉤鈐(구검 2개, 赤色)
	→ 저수	日(일 1개, 烏色)
	從官(종관 2개)	從官(종관 2개, 黃色)
	積卒十二(적졸 12개)	→ 심수
천문도에 표기된 별 숫자의 합	3수 20성 (4수 20성)	8수 21성
별 개수의 표기 유무	2(표기 함) : 2(표기 안함)	해당 없음
석본에 새겨진 글자수	8자	해당 없음

5) 심수

(1) 원문과 풀이

鍵閉 罰 東咸 心三
건폐 벌 동함 심삼

* 심수 영역은 건폐(1개)[122], 벌(3개)[123], 동함(4개)[124]이 있다.
* 세 개의 별로 이루어진 심수(心宿)[125]로 구성되어 있다.

(2)「천상열차분야지도」의 특이점

① '건폐(鍵閉), 벌(罰), 동함(東咸)'의 세 별자리를 다른 천문도에서는 방수 영역에 배당하였다.

122] 건폐(鍵閉)는 대문 또는 관문(關門)의 빗장, 즉 자물쇠와 열쇠이다. 밝으면 길하고, 어두우면 궁궐의 대문을 지키지 않아 혼란스럽게 된다. 한 개의 누런색 별로 방수의 위에 있다.

123] 벌(罰)은 돈을 받고 죄를 사해주는 일을 맡아한다. 곧게 남북으로 줄지어 있으면 법령이 공평하게 집행되고, 구부러지고 비스듬히 기울어져 있으면 형벌이 치우치게 시행된다. 세 개의 누런색 별로 이루어졌는데 '건폐'의 위에 있다.

124] 동함(東咸)은 '서함'과 더불어 방수의 사립문이 되니, 남녀사이의 음란한 행동을 예방하는 역할을 한다. 밝으면 길하고 어두우면 흉하다. 일월 및 오성이 범하여 머물면 음모가 있게 되고, 화성이 머무르면 병란이 일어난다. 각기 네 개의 별로 이루어진 '동함(東咸)'과 '서함(西咸)'은 '벌(罰)'을 사이에 끼고 양쪽으로 벌어져있다.

125] 심수(心宿)는 대화(大火)라고도 부르며, 심수 영역을 다스리는 제후별이다. 세 개의 붉은색 별로 이루어졌는데, 가운데 있는 별이 가장 크고 붉다.

② 또 「천상열차분야지도」에서는 '적졸(積卒)'을 방수 영역에 배당했지만, 다른 천문도에서는 심수 영역에 배당하였다.
③ 심수 영역의 네 개 별자리 중에서 별의 개수가 표기된 별자리는 심수뿐이다.

(3) 심수의 관련지역과 별점

심수(心宿)는 세 개의 별로 이루어졌으며, 주천도수 중에 5도를 맡고 있다. 12황도궁 중에 천갈궁에 해당하고, 묘의 방향에 있으며, 송나라에 해당한다.

심수를 우리나라의 지역에 배당하면, 충남의 남부지역인 옥구, 익산시의 려산과 함열, 전주시의 고산에 해당한다.

전북의 남부지역인 옥구, 익산시의 려산과 함열, 전주시의 고산

심수(心宿)는 대화(大火)라고도 부르며, 천왕(天王)의 자리를 뜻한다. 세 개의 별 중에 가운데 별이 제일 크고 밝은 별로 명당(明堂)이라고 부르며, 천자가 계신 바른 자리가 되니, 천하의 상과 벌을 주관한다. 이 별이 밝으면 교화가 잘 이루어져 도가 창성하게

된다고 한다.

앞의 별(오른쪽 별)은 태자가 되는데, 밝지 못하면 태자가 천자의 자리를 계승하지 못하고, 뒤의 별(왼쪽 별)은 일반 왕자가 되는데, 밝으면 일반 왕자가 천자의 자리를 계승하게 된다.

심수가 일직선으로 곧게 되면 지진이 일어나고, 임금이 권위를 잃게 되며, 자리를 옮겨가거나 보이지 않으면 나라가 망하게 된다. 심수는 세 개의 붉은색 별로 이루어졌다.

(4) 심수 영역의 도표 요약

동방청룡칠수	천상열차분야지도	보천가 등
심	鍵閉(건폐 1개)	→ 방수
	罰(벌 3개)	→ 방수
	束咸(동함 4개)	， 방수
	心三(심 3개), 5도	心(심 3개, 極赤色), 5도
	→ 방수	積卒(적졸 12개, 紅色)
천문도에 표기된 별 숫자의 합	4수 11성	2수 15성(혹은 5성)
별 개수의 표기 유무	1(표기 함) : 3(표기 안함)	해당 없음
석본에 새겨진 글자수	7자	해당 없음

6) 미수

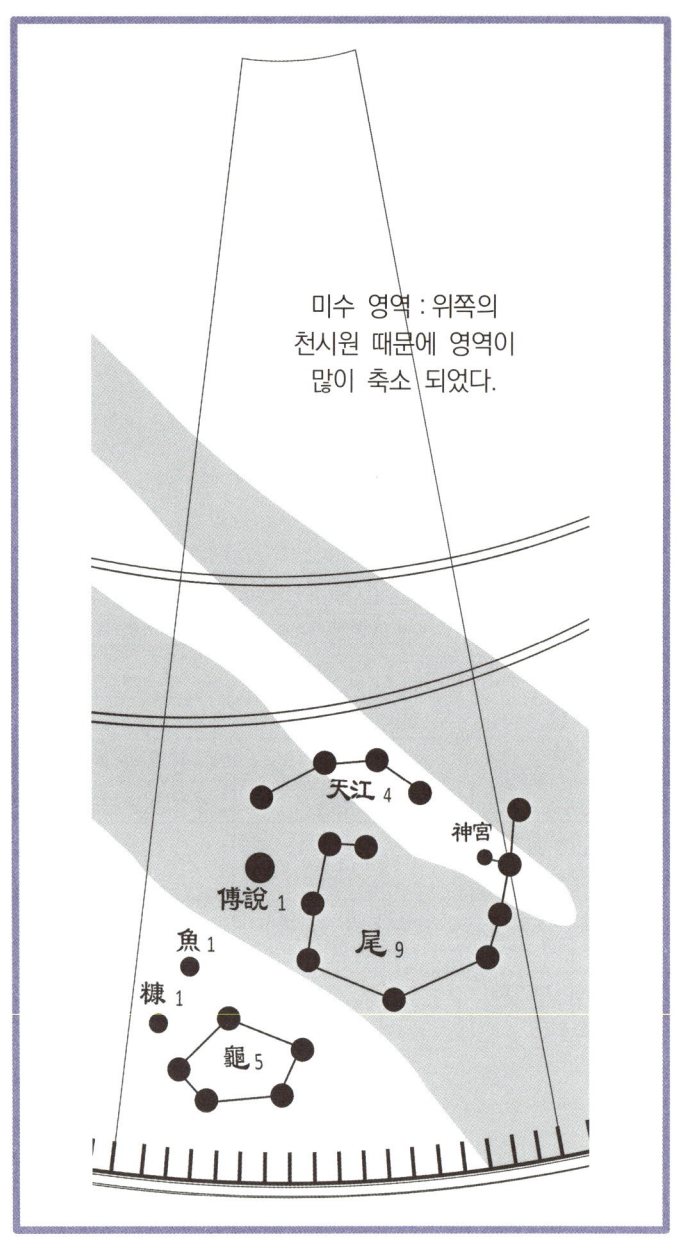

(1) 원문과 풀이

天江四 傅說一 魚一 尾九 神宮 糠一 龜五
천강사 부열일 어일 미구 신궁 강일 귀오

* 천강[126]은 네 개의 별이고, 부열[127]은 한 개의 별, 어[128]는 한 개의 별로 구성되어 있다.

* 미수(尾宿)[129]는 아홉 개의 별로 구성되어 있다.

* 신궁(1개)[130]이 있고, 강[131]은 한 개의 별, 귀[132]는 다섯 개의 별

126] 천강(天江)은 은하수의 정수이고 달을 주관하므로 밝은 것은 좋지 않다. 만약에 밝아지고 움직이면 엄청난 수해가 일어난다. 가지런하지 못해 뒤섞인 것같이 보이면 말(馬)이 모자라게 되고, 제대로 모습을 갖추지 못하면 나루터·항구 또는 관문 등 통행에 문제가 생긴다. 네 개의 주홍색 별로 이루어졌으며, 미수의 위에 있다.

127] 부열(傅說)은 후궁 및 무당이 신령께 자손의 잉태를 기도하는 별이다. 밝고 크면 임금에게 자손이 많아지고, 작고 어두우면 자식이 적게 된다. 움직이고 흔들리면 후궁이 불안해하고, 천자에게 대를 이을 후손이 없게 된다. 부열은 상나라 때의 훌륭한 재상 이름이다. 한 개의 붉은색 별이며, 미수의 왼쪽에 있다.

128] 어(魚)는 구름끼고 비오는 때를 미리 예측하는 별이다. 크게 밝으면 음양이 화합하고 바람과 비가 때에 맞춰 오게 되며, 어두우면 물고기가 없어지게 된다. 움직이고 흔들리면 큰 물난리가 일어나고, 화성이 남쪽에 머무르면 가뭄이 들며, 북쪽에 머무르면 수해가 일어난다. '부열'의 왼쪽에 있는 한 개의 주홍색 별이다.

129] 미수는 후궁(後宮)이 사는 곳이다. 아홉 개의 붉은색 별이 갈고리 모양을 이루고 있다.

130] 신궁(神宮)은 후궁들이 옷을 갈아입는 내실을 뜻한다. '신궁'은 미수에 근접해 있으므로 미수의 일부로 볼 수도 있으나, 미수와는 서로 다른 별이다. 미수가

로 이루어져 있다.

(2) 「천상열차분야지도」의 특이점

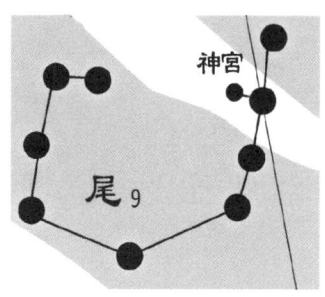

미수는 '신궁'과 선으로 연결해서 10개의 별로 이루어진 것처럼 그렸지만, '미 9'라고 표기하고, '신궁'이라고 따로 이름을 표기함으로써 서로 구별하였다.

① 「천상열차분야지도」에는 미수와 '신궁'을 구별하면서도 선으로 연결하였다. 『황조통지(皇朝通志)』 등에서는 '신궁'을 미수에 붙은 부속별로 보기도 하였는데, 「천상열차분야지도」에서도 부속별이라는 것을 보여주기 위해 선으로 연결한 것 같다.

후궁 및 그 자식에 관한 개별적인 길흉을 나타낸다면, '신궁'은 후궁 전체에 대한 총애의 유무를 나타낸다. '신궁'은 한 개의 붉은색 별로 미수의 안쪽에 있다.

131] 강(糠)은 '쌀겨 강'자를 쓴다. 곡식을 까부를 때 생기는 찌꺼기를 의미한다. 기수가 청룡의 항문에 해당하므로, 찌꺼기(똥)를 배출하는 것이다. 밝으면 풍년이 들고, 어두우면 기근이 들며, 보이지 않으면 기근이 심해져 사람들이 인육을 먹게 된다. '강'은 한 개의 검은색(黑色) 별로 기수의 오른쪽에 있다.

132] 귀(龜)는 길흉을 점치는 별이다. 별이 밝으면 임금과 신하가 화목하고, 밝지 않으면 임금과 신하 간에 사이가 벌어지며, 없어지면 땅이 황폐하게 된다. 다섯 개의 붉은색 별로 이루어졌는데 미수의 아래에 있다.

② 미수를 구성하는 일곱 별자리 중에서 유일하게 별자리의 개수를 표시하지 않은 것이 '신궁'이다.

③ '강(糠)'은 쌀겨 또는 찌꺼기라는 뜻이다. 키를 상징하는 기수(箕宿)와 연관이 있으므로, 다른 천문도에서는 기수 영역에 배당하였다. 기수 영역에 키를 상징하는 기수와 방아공이를 뜻하는 '외저'를 같이 연결하고 싶었으나, 「천상열차분야지도」의 그림에 명백하게 미수 영역에 있으므로 연결시키지 않았다.

(3) 미수의 관련지역과 별점

미수(尾宿)는 아홉 개의 별로 이루어졌으며, 주천도수 중에 18도를 맡고 있다. 12황도궁 중에 인마궁에 해당하고, 인의 방향에 있으며, 연나라에 해당한다.

함경남도 지역인 덕원·안변·고원·문천·정평·영흥·함흥·북청·홍원·단천·이원·길주·경성·부녕·장진

미수를 우리나라의 지역에 배당하면, 함경남도 지역인 덕원·안변·고원·문천·정평·영흥·함흥·북청·홍원·단천·이원·길주·경성·부녕·장진에 해당한다.

　미수는 후궁을 관장한다. 오른쪽 제일 위에 있는 별이 황후(后)이고, 그 밑의 세 별이 부인(夫人)이며, 그 밑의 별들은 빈(嬪)과 첩(妾)이 된다. 또 미수의 아홉별을 임금의 아홉 자식이라고도 한다. 미수의 별빛이 균등하게 밝고, 크고 작은 별들이 서로 잘 이어져 있으면, 후궁들이 서로 투기하지 않고 평화로우며 자손이 많아진다.

(4) 미수 영역 도표 요약

동방청룡칠수		천상열차분야지도	보천가 등
미		天江四(천강 4개)	天江(천강 4개, 紅色)
		傅說一(부열 1개)	傅說(부열 1개, 赤色)
		魚一(어 1개)	魚(어 1개, 紅色)
		尾九(미 9개), 18도	尾(미 9개, 赤色), 18도
		神宮(신궁 1개)	神宮(신궁 1개, 赤色)
		糠一(강 1개)	→ 기수
		龜五(귀 5개)	龜(귀 5개, 赤色)
천문도에 표기된 별 숫자의 합		7수 22성	6수 21성
별 개수의 표기 유무		6(표기 함) : 1(표기 안함)	해당 없음
석본에 새겨진 글자수		16자	해당 없음

7) 기수

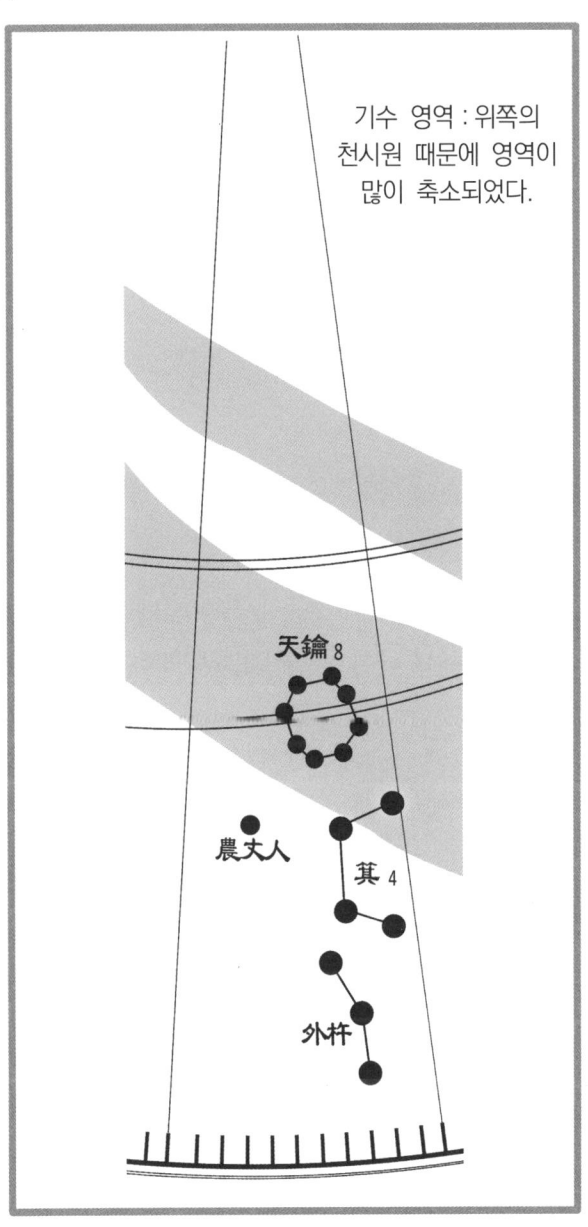

(1) 원문과 풀이

天鑰八 其四 農丈人 外杵
천약팔 기사 농장인 외저

* 천약[133]은 여덟 개의 별로 이루어졌다.
* 기수(箕宿)[134]는 네 개의 별로 이루어졌다.
* 농장인(1개)[135]이 있고, 외저(3개)[136]가 있다.

133] 천약(天鑰)은 하늘의 자물쇠라는 뜻이니, 관문의 문단속을 주관한다. 밝으면 길하고, 어두우면 흉하다. 남두수의 자루(柄) 남쪽에 여덟 개의 짙은 누런색 별로 이루어졌다.

134] 기수(箕宿)는 기수 영역을 다스리는 제후별이다. 네 개의 주홍색 별로 이루어졌다.

135] 농장인(農丈人) 또는 농가장(農家丈)은 농사 경험이 많은 나이든 농사꾼을 뜻하는 말이다. 농사를 선도하여 장려한다. 밝으면 풍년이 들고, 어두우면 백성이 직업을 잃게 되며, 자리를 옮기면 기근이 든다. 객성 또는 혜성이 머무르면 백성이 농사짓는 때를 잃게 되어 농토가 황폐하게 되고 기근이 든다. '농장인'은 한 개의 검은색 별로, '구(狗)'의 아래에 있다. 「보천가」에는 농가장(農家丈)으로 표기되어 있다.

136] 외저(外杵)는 목저(木杵)라고도 하는데, 저(杵)는 '절구공이 저' 자이다. 주로 곡식을 도정하는 일을 맡는다. 위와 아래로 곧게 있어서 방아를 찧는 형상이면 풍년이 들고, 가로누우면 기근이 든다. 자리를 옮기면 사람들이 자신의 직업을 잃게 되고, 보이지 않으면 대흉년이 들며, 객성이 '외저'의 안으로 들어오면 급한 변란이 있게 된다. 세 개의 주홍색 별로 이루어졌다.

(2) 「천상열차분야지도」의 특이점

① 「천상열차분야지도」에서 '강'은 미수의 영역에 새겨져 있다. 다른 천문도에서는 기수의 영역이라고 했는데, 아마도 기수는 키이고 '강'은 키로 까불러서 배출한 곡식껍질이라서 서로 연결해 놓은 것 같다.

② 다른 천문도에서는 '천약'과 '농장인'을 두수 영역에 배당했다.

③ 다른 천문도에서 '목저(나무절구공이)' 라고 한 것을 「천상열차분야지도」에서 '외저(바깥에 있는 절구공이)' 라고 표기한 것은, 위수(危宿) 영역에 있는 '저(杵:「천상열차분야지도」에서는 내저內杵라고 표기함)'와 구별하기 위한 것이라고 보여진다.

혹은 '외저' 근처에 절구를 상징하는 별 없이 외로이 있는 것으로 보아서, 키를 상징하는 기수 근처에 있기 때문에 절구를 사용할 이유가 없어서 버려져 있는 것을 강조했는지도 모른다.

(3) 기수의 관련지역과 별점

기수(箕宿)는 네 개의 별로 이루어졌으며, 주천도수 중에 11도를 맡고 있다. 12황도궁 중에 인마궁에 해당하고, 인의 방향에 있으며, 연나라에 해당한다.

기수를 우리나라의 지역에 배당하면, 함경북도 지역인 명천·경흥·온성·경원·종성·무산·고령·회령·갑산·삼수에 해당한다.

함경북도 지역인 명천·경흥·온성·경원·종성·무산·고령·회령·갑산·삼수

기수는 후궁을 주관하므로 황후(后)와 왕비(妃)의 자리를 뜻한다. 후궁들은 임금을 따라 움직이기 때문에 천계(天雞)라고도 부르는데, 바람 부는 곳을 잘 알아서 가르쳐준다. 또한 바람 따라 오는 구설을 주관하고, 변방부족의 침략을 가르쳐 준다.

크게 밝고 일직선으로 곧으면 오곡이 잘 성숙하고, 임금과 신하간에 참소와 이간질이 없어진다. 만약에 기수가 은하수 안으로 들어가면 큰 재앙이 생기고 대홍수가 일어난다.

(4) 기수 영역의 도표 요약

동방청룡칠수	천상열차분야지도	보천가 등
기	天龠八(천약 8개)	→ 두수
	箕四(기 4개), 11도	箕(기 4개, 紅色), 11도
	農丈人(농장인 1개)	→ 두수
	外杵(외저 3개)	木杵(목저 혹은 外杵3개, 紅色)
	→ 미수	糠(강 1개, 黑色)
천문도에 표기된 별 숫자의 합	4수 16성	3수 8성
별 개수의 표기 유무	2(표기 함) : 2(표기 안함)	해당 없음
석본에 새겨진 글자수	10자	해당 없음

2. 북방 현무 칠수

　북방 현무칠수에서 '북방'은 북쪽이라는 방위에 있으면서 북쪽 또는 휴식과 제사 등을 담당한다는 것이다.

　현무의 '현'은 북쪽의 색깔이자 겨울의 색깔이며, '무'는 단단하고 거칠면서 잘 움직이지 않는 동물이다. 현무는 거북이 또는 거북과 뱀을 합해놓은 동물로서, 뱀처럼 소리없이 움직이고 거북처럼 단단하게 인내하며 버틴다는 뜻이 있다. 즉 모든 일의 마무리 단계이고 휴식을 취하며, 조상을 돌이키며 숭배하고 과거의 잘잘못을 반성한다는 의미이다.

　칠수의 '칠'은 현무를 구성하는 별이 일곱 별자리(두수, 우수, 여수, 허수, 위수, 실수, 벽수)라는 뜻이고, '수'는 '지킬 수(≒守)' 또는 '머물 숙(宿)'의 뜻으로, 그 자리에 머물면서 지킨다는 뜻이다.

　그 구성을 현무의 몸에 나누어 보면, 두수는 거북과 뱀의 뒤엉킨 꼬리, 우수는 뱀, 여수는 거북의 몸, 허수는 거북의 몸, 위수는 뱀, 실수는 뱀과 거북의 상체, 벽수는 뱀과 거북의 머리에 해당한다고 한다.

　별의 구성에 대한 설명은 '1부 2장의 3항 천상열차분야지도의 자체 모순'에서 이미 언급하였다.

1) 두수

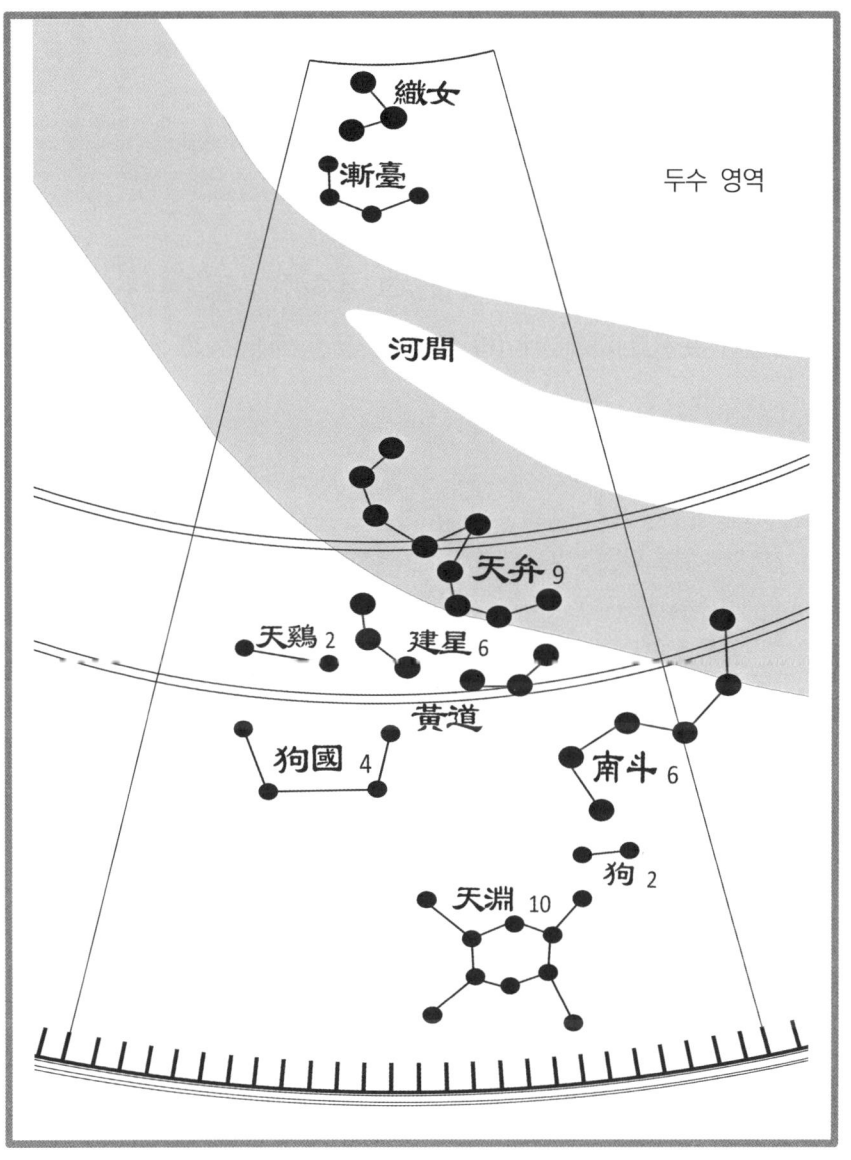

(1) 원문과 풀이

織女 漸臺 河間 天弁九 建星六 天鶏二 南斗六 黃道
직녀 점대 하간 천변구 건성육 천계이 남두육 황도

狗國四 狗二 鼈十四 天淵十
구국사 구이 별십사 천연십

* 직녀(3개)[137]와 점대(4개)[138]가 있고, 은하수가 둘로 나뉘어지는 곳이란 표시로 하간[139]이라 했으며, 천변[140]은 아홉 개의 별, 건

137] 직녀(織女)는 옥황상제의 공주이다. 과실 또는 풀의 열매, 실과 비단 및 보옥(寶玉)의 일을 맡는다. 임금의 효심이 지극하면 '직녀'의 별들이 모두 밝아지고 천하가 화평하게 된다. '직녀'의 큰 별이 노하여 별빛의 끝이 뿔같이 되면, 베와 비단 등 옷감이 귀하게 된다.
'직녀'의 세 별이 모두 밝아지면, 길쌈 등 여인들이 하는 일이 잘되고, 어두워지고 미미해지면 길쌈 등의 일이 잘 안 된다. 보이지 않으면 병란이 일어나고, 여자가 병을 앓게 된다. 왼쪽 위에 있는 별의 끝이 '부광(扶筐)'을 향해서 있으면 길하고, 그렇지 않으면 실이나 천이 크게 부족하게 된다. '하고'의 위에 세 개의 주홍색 별로 이루어졌다.

138] 점대(漸臺)는 물시계이다. 시간과 율려(律呂)의 일을 맡아 한다. 밝으면 율려가 화음을 이루고, 밝지 못하면 기운이 새어나가서 조화가 없어진다. '직녀'의 아래에 네 개의 검은색 별이 입구(口) 자 형태로 놓여있다.

139] '하간'은 은하수가 두 갈래로 갈라지는 곳을 표시한 것이다.

140] 천변(天弁)은 시장의 질서를 맡은 관리이다. 밝고 성대해지면 만물이 번창하고, 밝지 않거나 혜성 또는 객성이 범하면 곡식 등 물건에 품귀현상이 일어나며, 오래 머무르면 죄수의 무리가 병란을 일으킨다. '천변'은 '건성'의 위에 있는데, 아홉 개의 주홍색 별로 세 별씩 짝을 지어서 세 무더기를 이루고 있다.

성[141]은 여섯 개의 별, 천계[142]는 두 개의 별로 이루어졌다.

* 남두수(南斗宿)[143]는 여섯 개로 이루어졌다.
* 이 두 줄로 그린 원이 태양이 가는 길인 황도[144]이며, 구국[145]은 네 개의 별, 구[146]는 두 개의 별, 별[147]은 열네 개의 별, 천연[148]

141] 건성(建星)은 립(立)이라고도 한다. 황도 상에 있는 별로, 서울의 관문이 된다. 별이 동요하면 사람이 피로하게 되고, 달무리가 지면 교룡이 나타나며 말과 소에 질병이 든다. 월식이 일어나고 오성이 범하여 머무르면, 대신이 서로 참언을 하고, 신하가 임금을 제거하려 일을 꾸민다. 또한 육로나 수로가 불통되고, 큰 물난리가 있게 된다. 여섯 개의 주홍색 별로, 남두수 괴(魁) 부분의 위쪽에 있다.

142] 천계(天鷄)는 기후와 때를 관장한다. 금성 또는 화성이 머무르거나 들어오면 병란이 크게 일어난다. '건성'의 뒤쪽(북쪽)에 두 개의 검은색 별로 이루어졌다.

143] 남두수(南斗宿)는 두수 영역을 다스리는 제후별이다. 여섯 개의 주홍색 별로 이루어졌다.

144] '황도'는 황도와 적도가 가장 멀리 벌어진 지점을 표시한 것이다. 규수 영역에 '황도교처'라고 하여 황도와 적도가 만나는 점을 표시한 것과 대비된다.

145] 구국(狗國)은 중국 변방의 민족을 관장하니, 밝으면 변방의 부족들이 흥성하여 중국으로 쳐들어온다. 또 화성이 머무르면 동이(또는 옥저)에 병란이 일어나고, 금성이 머무르면 북쪽의 땅에 병란이 일어난다. 네 개의 짙은 검은색(烏色) 별로 이루어졌으며, '천계'의 아래에 있다.

146] 구(狗 : 개)는 주로 도둑을 지키기 위해 짖는 일과, 간사한 무리의 준동을 막는 일을 맡는다. 일상적인 자리에서 벗어나면 큰 재앙이 일어난다. 남두수의 괴(魁) 앞에 있는데, 두 개의 검은색 별로 이루어졌다.

147] 별(鼈 : 자라)은 물에서 사는 벌레를 총괄한다. 다른 별이 머무르면 물난리가 일어나며, 화성이 머무르면 가뭄이 든다. 남두수의 아래에 14개의 주홍색 별이 원을 이루며 있다.

148] 천연(天淵)은 논밭에 물을 대고 사람의 일상생활 등에 필요한 물을 얻는 등 관개(灌漑)를 관장한다. 또 바다 속에서 사는 물고기나 자라 또는 패류 등을 주

은 열 개의 별로 이루어졌다.

(2) 「천상열차분야지도」의 특이점

① 다른 천문도에서는 '천약(天鑰, 8개)'과 '농장인(農丈人, 1개)'을 두수 영역에 배당했지만, 「천상열차분야지도」에서는 기수 영역에 배당했다.

② 두수 12도 쯤의 황도 밑에 '황도'라는 글자를 새겼고, 그 위 은하수가 갈라지는 곳에 '하간(은하수가 갈라진 곳)'이라는 글자를 새겼다.

③ 또 「천상열차분야지도」에서 '점대'와 '직녀'를 두수 영역에 그렸는데, 다른 천문도에서는 우수 영역에 포함시켰다.

④ 남두수(南斗宿)를 천문도 그림에서는 '南斗(남두)'라고 새겼는데, 「인재」에서는 '斗(두)'라고 표기하였다. 같은 천문도 상에서 그림에 표기한 것과 「인재」에 설명한 이름을 달리 표기한 것이다.

⑤ 다른 천문도에서는 '입(立)' 또는 '건(建)'으로 표기했는데, 고려를 세운 '왕건(王建)'의 이름인 '건'을 피휘(避諱)하지 않은 것으로 보아, 『해동잡록』에서 "려계(麗季)에 전란으로 인해 천문도를

관한다. 화성이 머무르면 큰 가뭄이 생기고, 수성이 머무르면 큰 홍수가 발생한다. 10개의 누런색 별로 이루어졌으며, '별(鼈)'의 왼쪽에 있다.

새긴 돌이 강물에 빠졌다."의 '려계'를 고려 말엽이 아닌 고구려 말엽으로 해석하여야 할 것 같다.

(3) 두수의 관련지역과 별점

「천상열차분야지도」에서 '남두'라고 하는 별자리는 두수(斗宿)의 다른 말이다. 28수 중에 동서남북의 방위를 별자리 이름에 붙인 것은 기수(남기)와 두수(남두) 그리고 벽수(동벽)와 정수(동정)의 넷 뿐이다.

> 기수는 두수의 남쪽에 있기 때문에 '남기'와 '북두'라고 각각 이름하여 구별하였는데, 자미원에 '북두'가 있기 때문에 구별하기 위해서 '남두'라고 고쳐 불렀다. 벽수는 실수의 동쪽에 있기 때문에 '동벽'이라 하여 실수와 구별하고, 정수는 삼수의 동쪽에 있기 때문에 '동정'이라 하였다.[149]

두수는 여섯 개의 별로 이루어졌으며, 주천도수 중에 26과 1/4도를 맡고 있다. 12황도궁 중에 마갈궁에 해당하고, 축의 방향에 있으며, 오나라에 해당한다.

149] 『모시주소』, 「소아(小雅), 공영달의 소」

두수를 우리나라의 지역에 배당하면, 경북의 서남지역인 하동과 해남, 사천시의 곤양, 산청군의 단성·사천·고성·통영·산청, 함양군의 안의·진주·거제·진해, 합천군의 삼가·초계·합천·의령·함안·거창·고령, 김천시의 지례·이원, 칠곡군·창녕군·성주군에 해당한다.

경북의 서남지역인 하동과 해남, 사천시의 곤양, 산청군의 단성·사천·고성·통영·산청, 함양군의 안의·진주·거제·진해, 합천군의 삼가·초계·합천·의령·함안·거창·고령, 김천시의 지례, 이원·칠곡·창녕·성주군

남두수(南斗宿)는 정치를 담당하는 곳으로, 정사(政事)를 잘 헤아려 처리하고, 어질고 현명한 사람을 포상하고 천거하여 벼슬과 녹봉을 준다. 또 군대의 일을 주관하며, 사람의 수명을 관리한다.

남두수는 주로 생명의 태어남과 건강을 관장하고, 자미원에 있는 북두는 생명의 마침을 주관한다. 여섯 개의 주홍색 별로 이루어졌다. 이상을 도표로 요약하면 다음과 같다.

(4) 두수 영역의 도표 요약

북방현무칠수		천상열차분야지도	보천가 등
두		織女(직녀 3개)	→ 우수
		漸臺(점대 4개)	→ 우수
		河間(하간)	해당 없음
		天弁九(천변 9개)	天弁(천변 9개, 紅色)
		建星六(건성 6개)	立(립) 또는 建(건 6개, 紅色)
		天鷄二(천계 2개)	天鷄(천계 2개, 黑色)
		南斗六(남두 6개), 26과 1/4도	斗(두 6개, 紅色), 26과 1/4도
		黃道(황도)	해당 없음
		狗國四(구국 4개)	狗國(구국 4개, 烏色)
		→ 기수	天籥(천약 8개, 黃精色)
		→ 기수	農家丈(농가장 또는 農丈人농장인, 1개, 黑色)
		狗二(구 2개)	狗(구 2개, 玄色)
		鼈十四(별 14개)	鼈(별 14개, 紅色)
		天淵十(천연 10개)	天淵(천연 10개, 黃色)
천문도에 표기된 별 숫자의 합		10수 60성	10수 62성
별 개수의 표기 유무		8(표기 함) : 2(표기 안함)	해당 없음
석본에 새겨진 글자수		31자	해당 없음

2) 우수

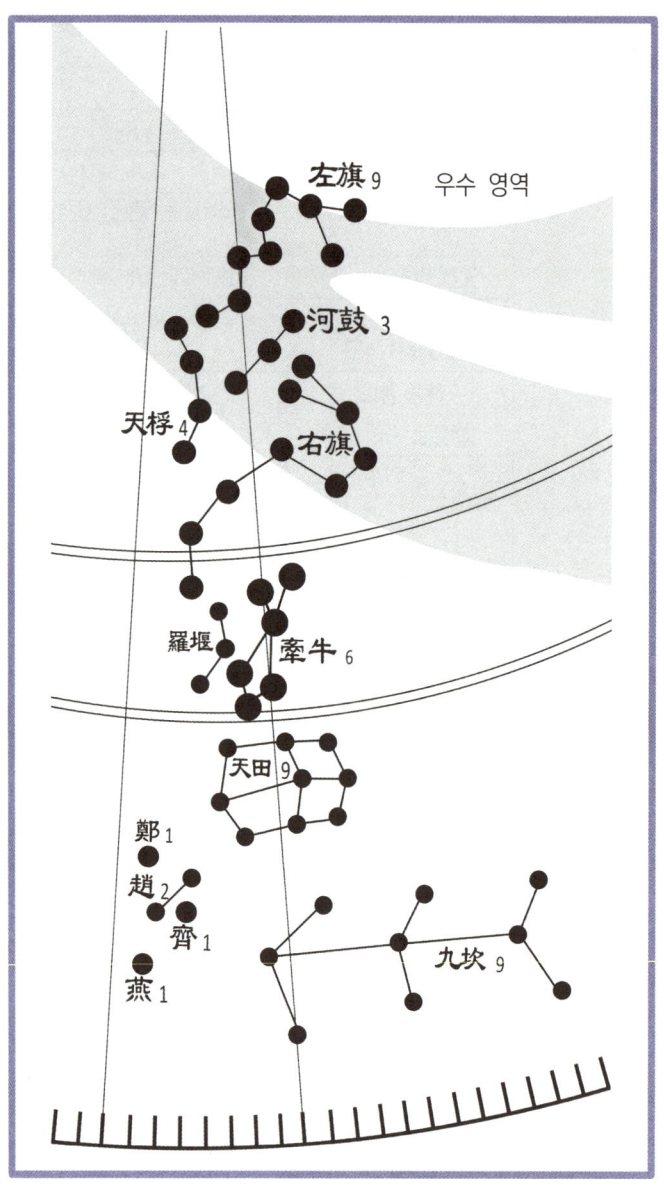

(1) 원문과 풀이

左旗九 河鼓三 天桴四 右旗 羅堰 牽牛六 天田九
좌기구 하고삼 천부사 우기 나언 견우육 천전구

九坎九 鄭一 趙二 齊一 燕一
구감구 정일 조이 제일 연일

* 좌기[150]는 아홉 개, 하고[151]는 세 개, 천부[152]는 네 개로 이루어졌으며, 우기(9개)[153]와 나언(3개)[154]이 있다.

150] 좌기(左旗)는 '우기'와 함께 군대의 깃발 및 북이 된다. 밝고 윤택하면 군율이 시행되어 장군에게 길하고, 움직이며 흔들리면 병란이 일어난다. '좌기'와 '우기(右旗)'는 각기 아홉 개의 주홍색 별로 이루어졌는데, '하고'를 중심으로 양쪽으로 놓여있다.

151] 하고(河鼓)는 군대에서 명령을 낼 때 쓰는 북, 또는 지휘의 상징인 부월(鈇鉞)을 주관한다. 관문과 교량을 방비하고, 험준한 방비막을 설치하여, 어려운 난리를 막는 일을 한다.
　밝고 크며 빛이 윤택하게 나면 장군이 길하게 되고, 움직이며 흔들리면 병란이 일어난다. 일직선이 되면 장군에게 공이 있게 되고, 곡선으로 구부러지면 군율을 잃게 된다. 우수의 위에 세 개의 주홍색 별로 이루어졌다.

152] 천부(天桴)는 북을 치는 북채이다. 움직이고 흔들리거나 '하고'와 한 별자리같이 가까워지면 군사적인 용도로 북채를 쓰게 된다. 또 주로 시간의 알림을 맡는데, '천부'가 어두워지면 시간을 제대로 알리지 못하게 된다. '하고'의 아래에 네 개의 누런색 별로 이루어졌다.

153] 좌기(左旗)는 '우기'와 함께 하늘의 깃발 및 북이 된다. '우기'와 별점이 같다.

154] 나언(羅堰)은 제방을 쌓은 저수지로 논과 밭에 물을 대는 역할을 한다. 크고 밝으면 큰 홍수가 일어나 물이 넘치게 된다. '우수'의 왼쪽에 세 개의 짙은 검은색(烏色) 별로 이루어졌다.

* 견우[155]는 여섯 개의 별로 이루어졌다.
* 천전[156]은 아홉 개, 구감[157]은 아홉 개, 정[158]은 한 개, 조[159]는 두 개, 제[160]는 한 개, 연[161]은 한 개의 별로 이루어졌다.

155] 견우(牽牛)는 우수 영역을 다스리는 제후 별이다. 여섯 개의 주홍색 별로, 은하수의 근처에 있다.

156] 천전(天田)은 임금이 직접 경작하는 도성 안의 밭을 뜻한다. 각수(角宿)에 속한 '천전'과 그 이름과 점풀이가 같다. 객성이 범하면 천하에 근심이 생기고, 혜성 또는 패성이 머무르면 농부가 직업을 잃게 된다. 우수의 아래에 아홉 개의 검은 별로 이루어졌다.

157] 구감(九坎)은 물이 흐르는 도랑이다. 밝고 성대하면 재앙이 생기고, 중국 변방의 나라가 변경을 침범한다. 아홉 개의 검은 색 별인데, '천전'의 아래에 세 개씩 짝을 지어 세 무더기를 이루고 있다.

158] 정(鄭)은 정나라를 주관한다. 일반적으로 '십이국(十二國)' 또는 '십이제국(十二諸國)'으로 알려진 16개의 별 중의 하나이다. 별자리에 변화가 생기면 정나라 분야에 변란이 생기게 된다. '나언'의 아래에 1개의 별로 이루어졌다.

159] 조(趙)는 조나라를 주관한다. 별자리에 변화가 생기면 조나라 분야에 변란이 생기게 된다. '나언'의 아래에 2개의 별로 이루어졌다.

160] 제(齊)는 제나라를 주관한다. '나언'의 아래에 1개의 별로 이루어졌다.

161] 연(燕)은 연나라를 주관한다. '나언'의 아래에 1개의 별로 이루어졌다.

(3) 「천상열차분야지도」의 특이점

① 「천상열차분야지도」에서는 '직녀'와 '점대'를 두수 영역에 배당하였다. 다른 천문도에서는 우수 영역에 포함시켰는데 '견우 직녀 설화'와 연관을 지은 것 같다.

② 「천상열차분야지도」 그림에는 '牽牛(견우)'라 하고, 「인재」에는 '牛(우)'라고 이름을 달리 표기하였다.

③ '좌기'는 아홉 개라고 별의 개수를 표기하고, '우기'는 별의 개수를 표기하지 않았다.

④ '연도'의 별 개수를 「천상열차분야지도」에서는 6개로 보았고, 다른 천문도에서는 5개로 보았다. 연도의 별 중에 북쪽에 있는 별은 자미원 영역에 그려져 있다.

⑤ 다른 천문도에서는 나라 이름인 '정, 조, 제, 연'의 네 별을 나라이름을 표시한 나머지 여덟 별과 함께 여수 영역에 배당하였다. 12제국을 표시한 것이어서 여수 영역에 같이 배당했으나, 「천상열차분야지도」에서는 분리하였다.

(4) 우수의 관련지역과 별점

우수(牛宿)는 여섯 개의 주홍색 별로 이루어졌으며, 주천도수 중에 8도를 맡고 있다. 12황도궁 중에 마갈궁에 해당하고, 축의 방향에 있으며, 오나라에 해당한다.

우수를 우리나라의 지역에 배당하면, 경남 서부지역인 현풍과 창녕군의 영산, 창원군의 웅천, 창원·대구·청도·밀양에 해당한다.

경남 서부지역인 현풍과 창녕군의 영산, 창원군의 웅천, 창원·대구·청도·밀양

우수는 하늘의 육로와 수로의 관문이며, 주로 제사에 쓰는 제물(희생)과 관련이 있다. 우수의 제일 위에 있는 두 별은 도로를 주관하고, 그 밑에 있는 두 개의 별은 관문과 교량을, 그 다음 두 별은 남쪽 변방국가를 주관한다.

중간에 있는 1개의 별은 주로 소를 관장한다고 하는데, 이동하면 소에 재앙이 많게 되고, 밝고 커지면 왕도가 번창하며, 구부러지면 사들이는 곡식의 값이 비싸게 된다.

(5) 우수의 도표 요약

북방현무칠수	천상열차분야지도	보천가 등
우	→ 두수	織女(직녀 3개, 紅色)
	→ 자미원	輦道(연도 6개 혹은 5개)
	→ 두수	漸臺(점대 4개, 黑色)
	左旗九(좌기 9개)	左旗(좌기 9개, 紅色)
	河鼓三(하고 3개)	河鼓(하고 3개, 紅色)
	天桴四(천부 4개)	天桴(천부 4개, 黃色)
	右旗(우기 9개)	右旗(우기 9개, 紅色)
	羅堰(나언 3개)	羅堰(나언 3개, 烏色)
	牽牛六(견우 6개), 8도	牛(우 6개, 紅色), 8도
	天田九(천전 9개)	天田(천전 9개, 黑色)
	九坎九(구감 9개)	九坎(구감 9개)
	鄭一(정 1개)	→ 여수
	趙二(조 2개)	→ 여수
	齊一(제 1개)	→ 여수
	燕一(연 1개)	→ 여수
천문도에 표기된 별 숫자의 합	12수 57성	11수 54성
별 개수의 표기 유무	10(표기 함) : 2(표기 안함)	해당 없음
석본에 새겨진 글자수	30자	해당 없음

3) 여수

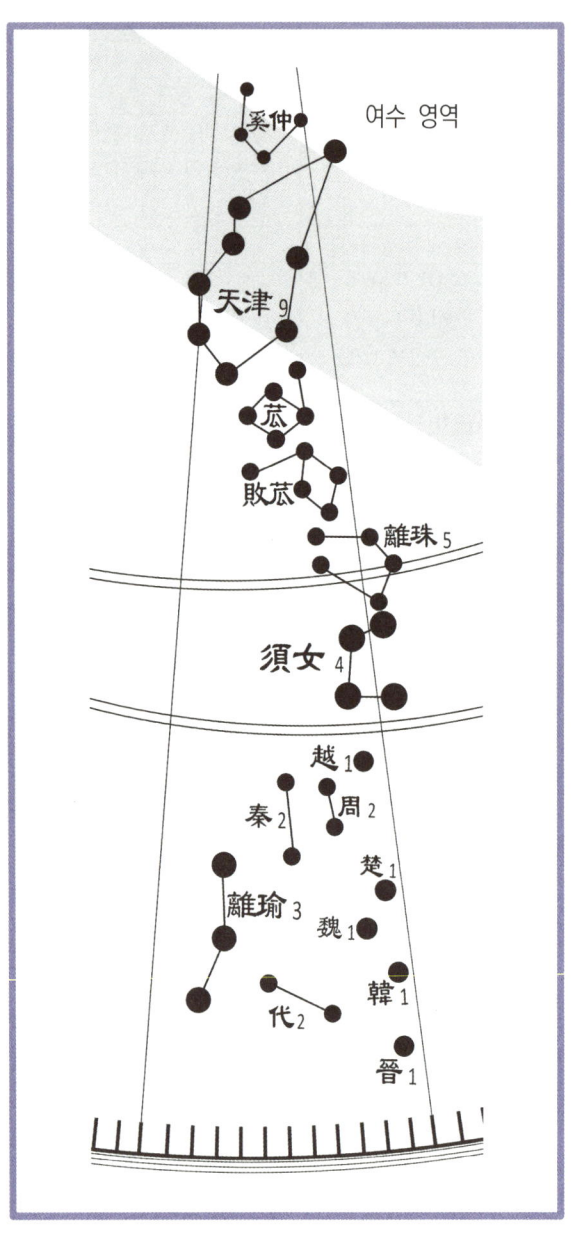

(1) 원문과 풀이

奚仲 天津九 苽 敗苽 離珠五 須女四 越一 周二 秦二
해중 천진구 고 패고 이주오 수녀사 월일 주이 진이

代二 晉一 韓一 魏一 楚一 離瑜三
대이 진일 한일 위일 초일 이유삼

* 해중(4개)162]이 있고, 천진163]은 아홉 개의 별로 이루어졌으며, 고(5개)164]와 패고(5개)165]가 있고, 이주166]는 다섯 개로 이루어

162] 해중(奚仲)은 하(夏)나라의 시조인 우왕(禹王)의 신하이다. 처음으로 수레를 만들었다고 하며, 그 공으로 죽어서 하늘로 올라가 별이 되었다고 한다. 임금의 수레를 맡은 관리이니, 금성 또는 화성이 머무르면 반드시 병란이 일어나 전차가 쓰이게 된다. 네 개의 누런 별로 이루어졌으며, '천진(天津)'의 위에 있다.

163] 천진(天津)은 강의 교량 및 나루터를 주관하니, 수상교통을 맡아 사방을 통하게 한다. 별이 밝으면서 움직이면 병란이 크게 일어나서 사람이 많이 죽는다. '고(苽)'의 위에 아홉 개의 붉은색 별로 이루어져 있다.

164] 고(苽)는 포과(匏瓜)라고도 하는데, 음모(陰謀)와 후궁 그리고 과일 등의 먹을거리를 주관한다. 별이 밝으면 곡식이나 과일이 잘 익고, 미미해지면 후궁이 세력을 잃으며 오이 등의 과일이 잘되지 않는다. 혜성 또는 패성이 범하면 가까운 신하가 참람된 행동을 하다가 도륙되어 죽게 되고, 객성이 머무르면 물고기와 소금이 모자라게 된다. '이주'의 위에 다섯 개의 밝은 별로 이루어졌다.

165] 패고(敗苽)는 패과(敗瓜)라고도 하는데, 씨앗을 주관하고, '고(苽)'와 점치는 내용이 대체로 같다. '이주'의 오른쪽에 있으며, '고' 보다는 조금 어두운 다섯 개의 별로 이루어졌다.

166] 이주(離珠)는 여인의 물건을 두는 창고로 여자를 위한 별이다. 또 임금의 면류관에 다는 구슬과 왕후나 대감집 부인이 걸고 다니는 귀걸이 등을 주관한다. 그 모습을 잃으면 후궁의 질서가 무너지고, 객성이 범하면 후궁들이 흉한 일을 당

졌다.

* 수녀수(須女宿)[167]는 네 개의 별로 이루어졌다.
* 월[168]은 한 개, 주[169]는 두 개, 진(秦)[170]은 두 개, 대[171]는 두 개, 진(晉)[172]은 한 개, 한[173]은 한 개, 위[174]는 한 개, 초[175]는 한 개, 이유[176]는 세 개의 별로 이루어졌다.

하게 된다. 수녀수의 위쪽에 다섯 개의 별로 이루어졌다.

167] 수녀수(須女宿)는 여수 영역을 다스리는 제후 별이다. 네 개의 주홍색 별로 이루어졌다.

168] 월(越)은 월나라를 주관한다. 일반적으로 '십이국(十二國)' 또는 '십이제국(十二諸國)'으로 알려진 16개의 별 중의 하나이다. 별자리에 변화가 생기면 월나라 분야에 변란이 생기게 된다. 수녀수의 아래에 1개의 별로 이루어졌다.

169] 주(周)는 천자국인 주나라를 주관한다. 수녀수의 아래에 2개의 별로 이루어졌다.

170] 진(秦)은 진나라를 주관한다. 수녀수의 아래에 2개의 별로 이루어졌다.

171] 대(代)는 대나라를 주관한다. 수녀수의 아래에 2개의 별로 이루어졌다.

172] 진(晉)은 진나라를 주관한다. 수녀수의 아래에 1개의 별로 이루어졌다.

173] 한(韓)은 한나라를 주관한다. 수녀수의 아래에 1개의 별로 이루어졌다.

174] 위(魏)는 위나라를 주관한다. 수녀수의 아래에 1개의 별로 이루어졌다.

175] 초(楚)는 초나라를 주관한다. 수녀수의 아래에 1개의 별로 이루어졌다.

176] 이유(離瑜)의 '이'는 의식을 치를 때 입는 좋은 옷이고, '유'는 곱고 좋은 옷이니, 둘 다 여인의 의복이다. 별이 미미하면 후궁들이 검약하게 살고, 밝으면 여인들이 사치하고 방종하게 된다. 객성 또는 혜성이 들어오면 후궁들에게 절제가 없어진다. 허수의 아래에 세 개의 밝은 별로 이루어져 있다.

(2) 「천상열차분야지도」의 특이점

① 다른 천문도에서는 '12제국'이라 하여 '정, 조, 제, 연'의 네 나라 별도 여수 영역에 배당했으나, 「천상열차분야지도」에서는 우수 영역에 배당하였다.

② 다른 천문도에서는 '부광(扶筐, 7개)'을 여수 영역에 배당했으나 「천상열차분야지도」에서는 자미원, 즉 주극선 안에 배당하였다.

③ 다른 천문도에서는 '이유(離瑜, 3개)'를 허수 영역에 배당하였다.

④ '고(苽)'나 '패고(敗苽)'를 다른 천문도에서는 '과(瓜)'나 '패과(敗瓜)'로 표기한 곳이 많다. '고' 또는 '과'는 오이나 수박처럼 줄로 연결해서 열매 맺는 식물을 총칭한다.

(3) 수녀수(여수)의 관련지역과 별점

수녀수(須女宿)는 네 개의 주홍색 별로 이루어졌으며, 여수(女宿)라는 다른 이름을 가지고 있고, 주천도수 중에 12도를 맡고 있다. 12황도궁 중에 보병궁에 해당하고, 자의 방향에 있으며, 제나라에 해당한다.

여수를 우리나라의 지역에 배당하면, 김해·부산·황산·양산·경산·기장, 울주군의 언양·울산, 금풍군·경주·경산군 자인, 영일군 장기·영양에 해당한다.

김해·부산·황산·양산·경산·기장, 울주군의 언양·울산, 금풍군·경주·경산군 자인, 영일군 장기·영양

여수는 하늘의 작은 창고 또는 세금을 담당하는 관리이다. 수녀(須女)의 '수(須)'는 천한 첩을 일컫는 말로, 여자의 직책 중에 계급이 낮은 자이니, 주로 베와 비단을 짜고 마름질하여 옷을 지으며 결혼하는 일을 돕는 역할을 한다. '직녀'는 하늘의 공주이고, 여수는 심부름을 하고 허드렛일을 하는 하녀이다.

별이 밝으면 풍년이 들고 여자의 직업이 많아지며, 작고 어두우면 나라의 창고가 비게 된다. 별이 이동하면 부녀자들에게 재앙이 생기니, 아이를 낳다가 죽는 사람이 많아지고, 이혼률이 높아진다.

(4) 여수 영역의 도표 요약

북방현무칠수	천상열차분야지도	보천가 등
여	→ 자미원	扶筐(부광 7개, 烏色)
	奚仲(해중 4개)	奚仲(해중 4개, 黃色)
	天津九(천진 9개, 赤色)	天津(천진 9개, 赤色)
	瓜(고 5개)	匏瓜(포과 5개, 패과보다 밝음)
	敗瓜(패고 5개)	敗瓜(패과 5개)
	離珠五(이주 5개)	離珠(이주 5개)
	須女四(수녀 4개), 12도	女(여 4개, 紅色), 12도
	越一(월 1개), 周二(주 2개), 秦二(진 2개), 代二(대 2개), 晉一(진 1개), 韓一(한 1개), 魏一(위 1개), 楚一(초 1개),	12제국(모두 黃色) :越(월 1개), 周(주 2개), 秦(진 2개), 代(대 2개), 晉(진 1개), 韓(한 1개), 魏(위 1개), 楚(초 1개),
	→ 우수	燕(연 1개), 齊(제 1개), 趙(조 2개), 鄭(정 1개)
	離瑜三(이유 3개)	→ 허수
천문도에 표기된 별 숫자의 합	15수 46성	19수 55성
별 개수의 표기 유무	12(표기 함) : 3(표기 안함)	해당 없음
석본에 새겨진 글자수	33자	해당 없음

4) 허수

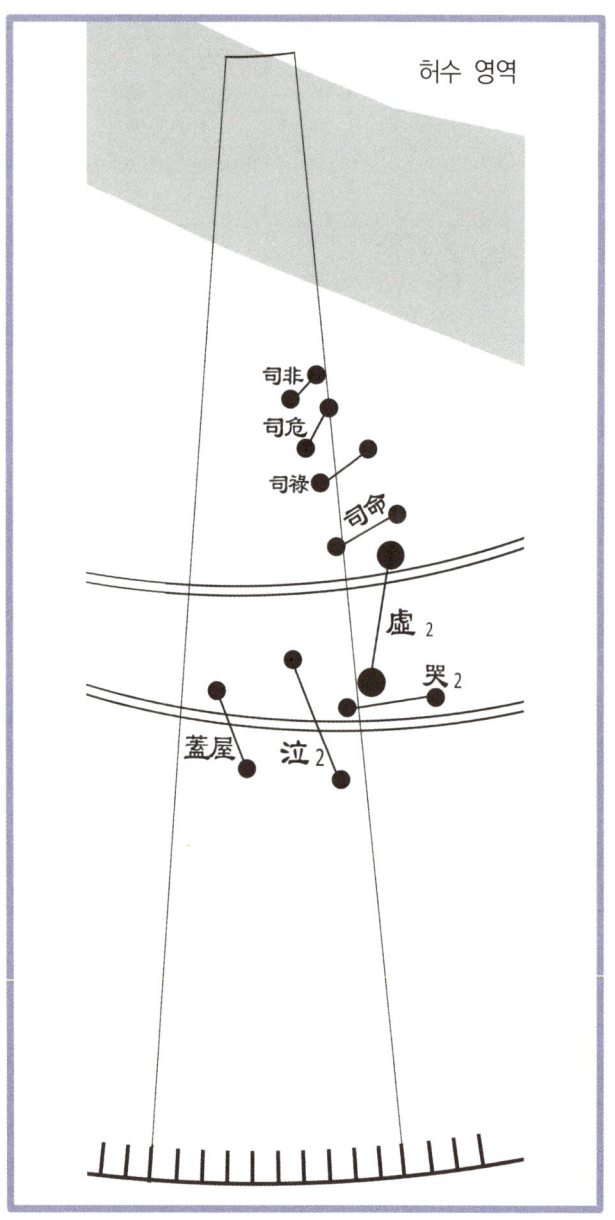

(1) 원문과 풀이

司非 司危 司祿 司命 虛二 哭二 泣二 蓋屋
사비 사위 사록 사명 허이 곡이 읍이 개옥

* 사비(2개)[177]와 사위(2개)[178]와 사록(2개)[179]과 사명(2개)[180]이 있다.
* 허수(虛宿)[181]는 두 개의 별로 이루어졌다.
* 곡[182]은 두 개의 별, 읍[183]도 두 개의 별로 이루어졌으며, 개옥(2개)[184]이 있다.

177] 사비(司非)는 주로 잘못된 일을 살피는 일을 맡는다. '사명·사록·사위·사비'의 네 별자리가 밝고 커지면 재앙이 있게 되고, 평상적인 형태로 있으면 길하게 된다. '사위'의 위에 두 개의 별로 이루어져 있다.

178] 사위(司危)는 잘못된 것을 바르게 하고, 아랫사람들을 올바르게 인도한다. '사록'의 위에 두 개의 별로 이루어져 있다.

179] 사록(司祿)은 벼슬과 녹봉을 주는 일을 맡고, 또 수명을 연장하고 덕을 펴는 일을 한다. '사명'의 위에 두 개의 별로 이루어져 있다.

180] 사명(司命)은 잘못된 행실을 드러내 벌을 주고, 상서롭지 못한 일을 없애는 일을 한다. 허수의 위에 두 개의 별로 이루어져있다.

181] 허수(虛宿)는 두 개의 주홍색 별로 이루어졌다.

182] 곡(哭)은 곡하며 부르짖는 일을 맡아한다. 허수의 아래에 두 개의 별로 이루어져 있다.

183] 읍(泣)은 죽음을 관장하니, 밝으면 나라에 곡하며 울 일이 많게 된다. 금성 또는 화성이 머물러도 같은 결과가 온다. 달이 범하거나 오성 또는 혜성이 범하면 죽는 사람이 많게 된다. '읍'은 '곡'의 왼쪽에 두 개의 별로 이루어져 있다.

184] 개옥(蓋屋)은 임금이 거처하는 궁실을 관장하는 관리가 된다. 오성이 범하면

(2) 「천상열차분야지도」의 특이점

① 「천상열차분야지도」에서 '이유'는 수녀수(여수) 영역에 새겨져 있다.

② 더 놀라운 것은 28수 중의 하나인 허수 역시 수녀수 영역에 새겨져 있다는 점이다. 이것은 28수의 도수 특히 허수의 도수인 10도를 지키면서, 허수의 위치는 고구려 때 기록된 위치를 그대로 이어받았다는 뜻이 된다. 양홍진 박사가 지은『디지털 천상열차분야지도』의 145쪽에 허수를 스캔한 사진(태조본과 숙종본 비교)을 보면 명확히 알 수 있다.

(3) 허수의 관련지역과 별점

허수(虛宿)는 두 개의 별로 이루어졌으며, 주천도수 중에 10도를 맡고 있다. 12황도궁 중에 보병궁에 해당하고, 자의 방향에 있으며, 제나라에 해당한다.

허수를 우리나라의 지역에 배당하면, 칠곡군의 인동, 영일군, 군위군의 군위·의흥, 금릉군의 개령, 영천군의 신령, 의성군에 해당한다.

병란이 일어나고, 혜성 또는 패성이 범하면 병란으로 인한 재앙이 더욱 심하게 된다. '읍'의 왼쪽에 두 개의 검은색 별로 이루어져 있다.

칠곡군의 인동, 영일군, 군위군의 군위·의흥. 금릉군의 개령, 영천군의 신령, 의성군

허수는 실질적인 정사 보다 종묘나 제사의 일을 맡아서 하는 종교 우두머리에 해당한다. 또 바람과 구름, 그리고 죽음과 초상에 관한 일을 주관한다.

밝고 고요하면 천하가 편안하고, 움직여 흔들리면 죽는 자가 많아져 곡하는 소리가 늘어난다. 또 움직이면 토목공사가 많게 되고, 일식 또는 월식이 있으면 병란이 일어난다. 유성이 범하면 반란군의 난리가 일어나 종묘를 어지럽히며, 오성이 범하면 재앙이 있게 된다.

(4) 허수 영역의 도표 요약

북방현무칠수	천상열차분야지도	보천가 등
허	司非(사비 2개)	司非(사비 2개)
	司危(사위 2개)	司危(사위 2개)
	司祿(사록 2개)	司祿(사록 2개)
	司命(사명 2개)	司命(사명 2개)
	虛二(허 2개), 10도	虛(허 2개, 赤色), 10도
	哭二(곡 2개)	哭(곡 2개)
	泣二(읍 2개)	泣(읍 2개)
	蓋屋(개옥 2개, 黑色)	→ 위수
	→ 위수	天壘城(천루성 13개, 黃色)
	→ 위수	敗臼(패구 4개)
	→ 여수	離瑜(이유 3개)
천문도에 표기된 별 숫자의 합	8수 16성	10수 34성
별 개수의 표기 유무	3(표기 함): 5(표기 안함)	해당 없음
석본에 새겨진 글자수	16자	해당 없음

5) 위수

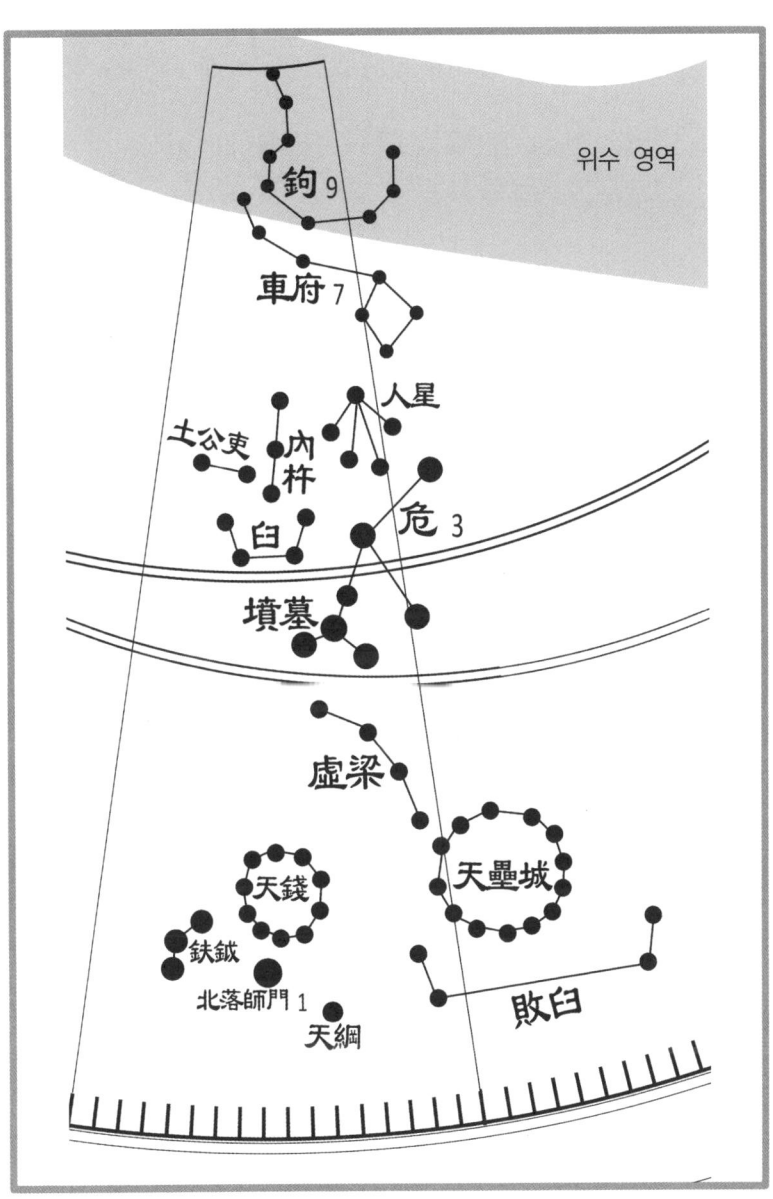

(1) 원문과 풀이

鉤九 車府七 人星 內杵 土公吏 臼 危三 墳墓 虛梁
구구 거부칠 인성 내저 토공리 구 위삼 분묘 허량

天壘城 天錢 鈇鉞 北落師門一 天綱 敗臼
천루성 천전 부월 북락사문일 천강 패구

* 구[185]는 아홉 개의 별, 거부[186]는 일곱 개의 별로 이루어졌으며, 인성(5개)[187]이 있고, 내저(3개)[188]가 있으며, 토공리(2개)[189]가 있

185] 구(鉤)는 천구(天鉤)라고도 하는데, 타고 다니는 수레와 복식을 관장하니, 별이 밝으면 복식이 예법에 맞게 된다. '구'는 갈고리 모양인데 일직선같이 곧게 되면 지진이 일어나고, 다른 별들이 와서 머물러도 역시 지진이 발생한다. '거부'의 위에 아홉 개의 진한 누런색 별로 이루어져 있다.

186] 거부(車府)는 관용으로 쓰는 차의 주차장을 맡고, 또한 외국 손님의 숙소를 관리한다. 별이 광명하고 윤택하면, 외국 사절의 차와 비행기가 화려하고 깨끗해진다. 금성 또는 화성이 머무르면 군대의 전차가 크게 쓰이게 되고, 혜성 또는 객성이 범해도 역시 군대의 전차가 크게 쓰이게 된다. '인성'의 위에 일곱 개의 짙은 검은색(烏色) 별로 이루어져 있다.

187] 인성(人星)은 백성의 성품을 주관하는 별이다. 별이 움직이지 않고 고요해야 좋으니, 고요하면 사람들이 부드러워져서 서로 친하게 지낸다. 일명 와성(臥星 : 누워있는 별)이라고도 하니, 주로 밤에 순찰함으로써 음탕함을 방지하는 역할을 한다. 위수의 위쪽으로 검은색(黑)의 다섯 개 별로 이루어져 있다.

188] 내저(內杵)는 절구질하는 것과 군량을 관장한다. '내저'의 바로 아래에 절구질하는 모습으로 '구(臼)'가 있으면 길하고, 그렇지 않으면 양곡이 끊어진다. 또 '내저'가 일직선으로 곧지 못하면 백성이 기근을 겪게 된다. 동방칠수 중 기수(箕宿)의 '외저(外杵)'는 황도 바깥에 있어서 '바깥 외' 자를 썼고, '내저'는 황도 안에 있어서 '안 내' 자를 썼다. '인성'의 왼쪽으로 세 개의 별로 이루어져 있다.

334

고, 구(4개)[190]가 있다.

* 위수(危宿)[191]는 세 개의 별로 이루어졌다.
* 분묘(4개)[192], 허량(4개)[193], 천루성(13개)[194], 천전(10개)[195], 부월

189] 토공리(土公吏)는 토목공사를 담당하는 관리이다. 움직여 흔들리면 보수해서 다시 짓는 일이 생겨난다. '내저'의 왼쪽에 두 개의 검은색 별로 이루어져 있다.

190] 구(臼)는 절구라는 뜻이다. '내저'를 향해 있지 않고 엎어져 있으면 크게 기근이 들며, '내저'를 향해 있으면 풍년이 든다. 별이 밝지 않으면 백성에게 기근이 들고, 별자리가 모여 있으면 농사가 잘 되며, 서로 떨어져 있거나 움직이면 기근이 든다. '내저'의 아래에 네 개의 별로 이루어져 있다.

191] 위수(危宿)는 위수 영역을 다스리는 제후 별로, 세 개의 주홍색 별로 이루어졌다.

192] 산소가 큰 것을 '분(墳)'이라 하고, 작은 것을 '묘(墓)'라고 하니, '분묘(墳墓)'는 죽고 장례지내는 일을 관장한다. 별이 밝으면 사망하는 사람이 많이 생기고, 오성이 머무르거나 범하면 곡하며 울 일이 많이 생긴다. 위수의 아래쪽으로 네 개의 주홍색(紅) 별로 이루어져 있는데, 「천상열차분야지도」에서는 위수와 선으로 이어놓았다.

193] 허량(虛梁)은 임금의 별장과 능, 그리고 종묘(宗廟) 등을 관장하니, 사람이 거처하는 곳이 아니라서 '허량'이라고 부른다. 금성 또는 화성이 머무르거나 별자리 안에 들어와 범하면 병란으로 인한 재앙이 크게 일어난다. 혜성 또는 패성이 범하면, 병란이 일어나서 왕조가 바뀌게 된다. '허량'은 분묘의 아래에 네 개의 누런색 별로 이루어져 있다.

194] 천루성(天壘城)은 북쪽 변방의 침입을 방비하는 별이다. 형혹(熒惑)이 별자리 안에 들어와 머무르면, 북쪽 주변국들이 변방을 침범하고, 객성이 들어오면 북방을 침범하게 된다. '천루성'은 '개옥'의 아래에 13개의 누런색 별이 원을 이루고 있다.

195] 천전(天錢)은 돈 또는 비단을 모으는 별이다. 밝으면 창고가 가득차고, 어두워지면 낭비한다. 금성 또는 화성이 머무르면 병란과 도적떼가 일어난다. 혜성 또는 패성이 범하면 도적이 생겨난다. '천전'은 '허량'의 아래에 열 개의 누런색

(3개)[196]이 있으며, 북락사문[197]은 한 개의 별로 이루어졌고, 천강(1개)[198], 패구(4개)[199]가 있다.

별로 이루어져 있다.

196] 부월(鈇鉞)은 변방의 국가를 정벌하는 일을 맡는다. 별이 밝지 않으면 임금의 권위가 없어지고, 자리를 이동하면 병란이 일어난다. 달이 별자리 안으로 들어오면 대신(大臣)을 베어 죽이게 되고, 목성이나 화성·토성·금성 중의 하나가 들어와도 역시 대신을 베어 죽이게 된다. '부월'은 '천전'의 아래에 세 개의 누런색 별로 이루어져 있다.

197] 북락사문(北落師門)은 북쪽 변방을 지키는 마을이다. 변방을 지키는 척후문으로, 주로 비상사태의 조짐을 살피는 척후병이다. 별이 밝고 크면 군대가 편안하고, 미약하면 병란이 일어난다. '북락사문'은 한 개의 밝은 별로 '부월'의 오른쪽에 있다.

198] 천강(天綱)은 군대의 장막 또는 임금이 천렵 또는 수렵을 할 때에 치는 장막이다. 금성 또는 화성이 머무르거나, 객성 또는 혜성이 '천강'의 영역 안으로 들어오면 병란이 일어난다. '천강'은 '북락사문'의 오른쪽에 한 개의 별로 이루어져 있다.

199] 패구(敗臼)는 패망 또는 재앙으로 인한 해로움을 맡는다. 한 개의 별이 보이지 않으면 백성들이 시루나 솥 같은 기본적인 가재도구를 팔 정도로 가난해지고, 모두 보이지 않으면 백성들이 자신의 고향을 떠나 방랑하게 된다. 오성이 별자리 안으로 들어오면 옛 제도를 바꾸어 새로운 제도가 시행되게 된다. 객성 또는 혜성이 범하면 백성이 유리걸식하게 되고 병란이 일어난다. '천루성'의 아래에 네 개의 별로 이루어져 있다.

(2) 「천상열차분야지도」의 특이점

① 「천상열차분야지도」에서는 '천구'를 '구'라고만 새겼다.

② '조보'는 주극선에 새겼고, '개옥'은 허수 영역에 새겼다.

③ 또 「천상열차분야지도」에서는 위수와 '분묘'를 선으로 연결하였다. 「진」 직사각형에서도 북방칠수가 모두 35개 별자리라고 하여서 위수와 '분묘'를 한 개의 별자리로 보았다.[200]

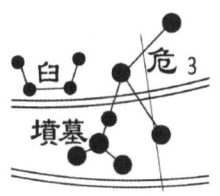

위수와 '분묘'를 선으로 연결하고 「진」 직사각형에서도 한 개의 별자리로 보았지만, '위3'이라고 쓰고 '분묘'라는 이름도 표기함으로써 독립된 두 별자리라고도 하였다. 위수는 분묘(산소)의 일을 관장하므로, '분묘(4개)'와 선을 이어서 같은 별(3+4=7)로 취급하기도 한다.

④ '구(臼)'와 실수 영역의 '뇌전'을 선으로 연결하였다. 이 점은 매우 특이하다. 필자는 절구를 뜻하는 '구(臼)'와 우레를 뜻하는 '뇌전'을 연결한 이유를 알 수 없었다.

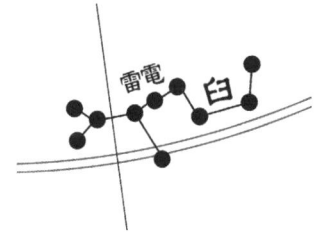

「천상열차분야지도」에서는 '구'와 실수 영역의 '뇌전'을 선으로 연결했다.

200] 35개 = 두(6개)+우(6개)+여(4개)+허(2개)+위(7개)+실(8개)+벽(2개)

(3) 위수의 관련지역과 별점

위수(危宿)는 세 개의 주홍색 별이 삼각형 모양으로 이루어져 있으며, 주천도수 중에 17도를 맡고 있다. 12황도궁 중에 보병궁에 해당하고, 자의 방향에 있으며, 제나라에 해당한다.

위수를 우리나라의 지역에 배당하면, 북부 경북지역인 선산·상주·청송, 영일시의 영해·청하, 예천군의 용궁, 상주시의 함창·안동·영덕, 청송군의 진보·예천·문경, 안동시의 예안·영천, 영풍시의 풍기·순흥에 해당한다.

북부 경북지역인 선산·상주·청송, 영일시의 영해·청하, 예천군의 용궁, 상주시의 함창·안동·영덕, 청송군의 진보·예천·문경, 안동시의 예안·영천, 영풍시의 풍기·순흥

위수는 하늘의 곳간이고, 시장의 창고로 물건을 잘 보관하는 일을 맡는다. 또 바람과 비를 관장하고, 묘지에 관한 일 및 초상을 치르는 일을 주관한다. 별이 움직이면 사람이 죽어 곡을 하며 우는 일이 많아지고, 또한 토목공사가 많아진다.

화성이 머무르면 임금이 병사를 거느리고 출정할 일이 생기고, 금성이 머무르면 기근이 생기고 병란이 일어나며, 수성이 머무르면 아랫사람이 윗사람을 배반하는 모의가 일어나고, 달무리가 지거나 해와 달 및 오성이 범하면 재앙이 생겨난다.

(4) 위수 영역의 도표 요약

북방현무칠수	천상열차분야지도	보천가 등
위	→ 자미원	造父(조보 5개, 黑色)
	鉤九(구 9개)	天鉤(천구 9개, 黃精色)
	車府七(거부 7개)	車府(거부 7개, 烏色)
	人星(인성 5개)	人星(인성 5개, 黑色)
	內杵(내저 3개)	內杵(내저 3개)
	土公吏(토공리 2개)	→ 실수
	臼(구 4개)	臼(구 4개)
	危三(위 3개), 17도	危(위 3개, 赤色), 17도
	墳墓(분묘 4개, 紅色)	墳墓(분묘 4개, 紅色)
	虛梁(허량 4개, 黃色)	虛梁(허량 4개, 黃色)
	→ 위수	蓋屋(개옥 2개, 黑色)
	天壘城(천루성 13개)	→ 허수
	天錢(천전 10개, 黃色)	天錢(천전 10개, 黃色)
	鈇鉞(부월 3개)	→ 실수
	北落師門一(북락사문 1개)	→ 실수
	天綱(천강 1개)	→ 실수
	敗臼(패구 4개)	→ 위수
천문도에 표기된 별 숫자의 합	15수 73성	11수 56성
별 개수의 표기 유무	4(표기 함) : 11(표기 안함)	해당 없음
석본에 새겨진 글자수	35자	해당 없음

6) 실수

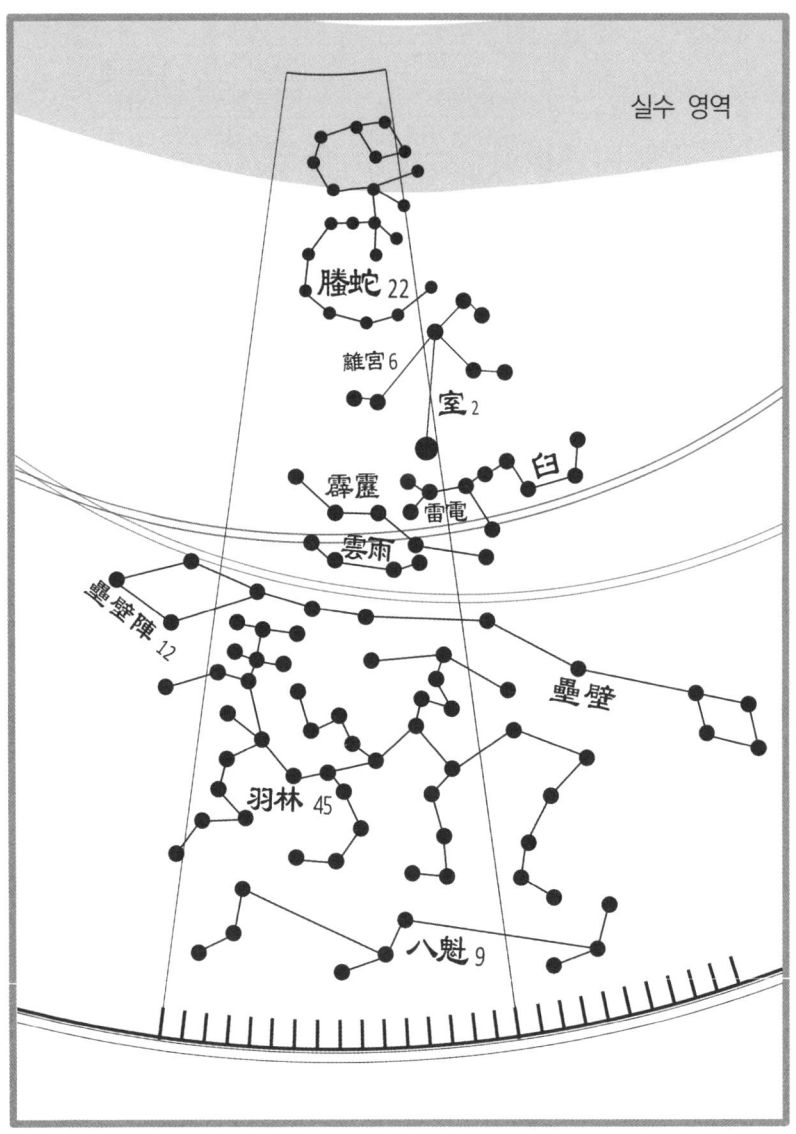

(1) 원문과 풀이

螣蛇二十二 離宮六 室二 雷電 霹靂 雲雨 壘壁陣十二
등사이십이 이궁육 실이 뇌전 벽력 운우 누벽진십이

壘壁 羽林四十五 八魁九
누벽 우림사십오 팔괴구

* 등사[201]는 스물두 개의 별, 이궁[202]은 여섯 개의 별로 이루어졌다.
* 실수(室宿)[203]는 두 개의 별로 이루어졌다.
* 뇌전(6개)[204], 벽력(5개)[205], 운우(4개)[206]가 있고, 누벽진(壁陣(혹은

201] 등사(螣蛇)는 물에 사는 벌레를 주관한다. 별이 미미하면 나라가 안정되고, 밝으면 편안하지 못하다. 남쪽으로 이동하면 큰 가뭄이 들고, 북쪽으로 이동하면 큰 홍수가 일어난다. 혜성 또는 패성이 범하면 수로(水路)가 막히게 되고, 색성이 범하면 물에서 얻는 수확물이 줄어든다. '등사'는 실수의 위에 스물두 개의 별로 이루어져 있다.
202] 이궁(離宮)은 임금이 휴식하는 별장이다. 움직이고 흔들리면 토목공사를 할 일이 생기고, 별자리를 제대로 갖추지 못하면 임금에게 근심이 생긴다. '리궁'은 모두 여섯 개의 별로, 두 별씩 세 쌍의 짝을 이루며 실수를 둘러싸고 있다.
203] 실수(室宿)는 영실(營室)이라고도 부르며, 실수 영역을 다스리는 제후별로, 두 개의 주홍색 별로 이루어져 있다.
204] 뇌전(雷電)은 우레를 쳐서 동물들이 겨울잠을 깨고 활동하게 하는 일을 맡는다. 별이 밝거나 움직이면 우레가 크게 떨친다. '뇌전'은 실수의 아랫쪽으로 여섯 개의 검은색(黑色) 별로 이루어져 있다.
205] 벽력(霹靂)은 우레를 일으키고 벼락치는 일을 맡는다. 별이 밝으면서 움직이면 일이 순조롭게 잘 되고, 어두우면 흉하게 된다. 오성과 합하게 되면 벽력을

陳)207]은 열두 개의 별로 이루어졌으며, 누벽(12개)208]이라고 썼으며, 우림209]은 마흔다섯 개의 별, 팔괴210]는 아홉 개의 별로 이루어졌다.

친다. '벽력'은 '뇌전'의 왼쪽에 다섯 개의 짙은 검은색(烏色) 별로 이루어져 있다.

206] 운우(雲雨)는 비와 이슬 등을 관장하여 만물을 자라게 한다. 별이 밝으면 비가 많이 와서 물이 풍부해진다. 화성이 머무르면 큰 가뭄이 들고, 수성이 머무르면 큰 홍수가 발생한다. '벽력'의 아래에 있는 네 개의 검은색 별인데, '입구(口)' 자 모양으로 이루어져 있다.

207] 누벽진(壘壁陣 또는 壘壁陳)은 임금의 성을 에워싼 성채라는 뜻으로, 임금을 호위하는 군대의 병영을 주관한다. 별들이 모여 있고 밝으면 편안해지고, 성기면서 움직이면 병란이 일어난다. 별이 보이지 않으면 천하에 대란이 일어난다. '누벽진'은 '뇌전'의 아래에 열두 개의 별로 이루어져 있다.

208] 벽수 영역에는 '壘壁陣十二(누벽진은 열두 개의 별로 이루어졌다)'라하고 위수 영역에는 '壘壁(누벽)'이라고만 썼다. '누벽진'은 열두 개로 이루어진 한 개의 별자리이다.

209] 우림(羽林)은 임금을 호위하는 군사이다. 군대의 기마대를 관장하고, 또 임금을 수호하는 일을 맡는다. 별이 모여 있고 밝으면 편안하고, 성기면서 움직이면 병란이 일어난다. '누벽진' 아래에 마흔다섯 개 별(兵卒)이 셋씩 무리지어 있다.

210] 팔괴(八魁)는 새나 짐승을 그물을 이용해 잡는 관리이다. 객성 또는 혜성이 별자리 안으로 들어오면 도적이 많이 생기고 병란이 일어나며, 금성 또는 화성이 들어와도 같은 결과가 생긴다. '팔괴'는 '우림'의 아래에 아홉 개의 검은색(黑色) 별로 이루어져 있다.

(2) 「천상열차분야지도」의 특이점

① 「천상열차분야지도」에서는 실수(2개)와 '이궁(6개)'을 연결하고, 「진」직사각형에서도 '北方玄武七宿 三十五星(북방현무칠수는 서른 다섯 개의 별로 이루어졌다)' 라고 하여서 실수가 여덟 개의 별(실수2+이궁6)로 이루어졌고, 위수가 일곱 개의 별(위수3+분묘4)로 이루어졌다고 하였다.

하지만 '室二(실수는 두 개의 별로 이루어졌다)'와 '離宮六(이궁은 여섯 개의 별로 이루어졌다)' 이라고 글을 새겨서 두 개의 별자리임을 밝히고, 「인재」에서도 "危三星(위수는 3개의 별), 營室二星(영실은 2개의 별)" 이라고 하여서 '이궁'과 '분묘'를 분리해 보았다.

② 별자리 그림에서는 '실(室)'이라 하고, 「인재」에서는 '영실(營室)'이라고 해서 별자리 이름 표기를 달리했다.

③ '우림군(羽林軍)'을 '羽林(우림)'이라고만 새겼다.

④ 또 '누벽진' 별자리를 표시할 때, 벽수 영역에는 '壘壁陣十二(누벽진은 열두 개의 별로 이루어졌다)' 라하고, 위수 영역에는 '壘壁(누벽)'이라고 썼다. 열두 개로 이루어진 '누벽진'은 한 개의 별자리인데, 12개의 별이 위수, 실수, 벽수의 세 영역을 가로지르며 길게 늘어뜨려 있기 때문에 한 별자리라는 것을 나타내기 위해 '누벽'이란 글자를 더 쓴 것으로 보인다.

⑤ 「천상열차분야지도」에서 '누벽진'의 '진'을 '陣'으로 썼는지 '陳'으로 썼는지 구별이 안 간다. 다른 천문도에서도 '壘壁陣'과 '壘

壁陣'으로 구별하지 않고 통용하여 썼다. 성벽을 쌓아서 진지를 구축한다는 뜻으로 보면 '壘壁陣'이 맞다.

⑥ 또 '부월'은 위수 영역에 새겼다.

(3) 실수의 관련지역과 별점

실수(室宿)는 두 개의 주홍색 별로 이루어졌으며, 주천도수 중에 16도를 맡고 있다. 12황도궁 중에 쌍어궁에 해당하고, 해(亥)의 방향에 있으며, 위나라에 해당한다. 중국을 12주로 나누면 병주(幷州)에 해당한다.

쌍어궁에서 적도와 황도가 만나는 점이 추분점[211]이다. 실수를 우리나라의 지역에 배당하면, 강원도의 동북부 지역인 봉화·평해·울진·삼척·정선·영월, 그리고 강릉·횡성·평창·양양·홍천·춘천·인제·간성·고성·화포·양구에 해당한다.

실수는 종묘와 임금의 궁실이 된다. 또 군량을 쌓아두는 곳간이 되고, 토목공사를 주관한다. 별이 밝으면 나라가 번창하며, 밝지 못하고 작아지면 사당에 제사를 지내도 귀신이 흠향하지 않아서, 나라에 전염병이 창궐한다. 별이 움직이면 토목공사를 해야

211] 춘분과 추분, 동지와 하지를 나누는 법에 따라 춘분점과 추분점, 동지점과 하지점이 바뀔 수 있다. 여기서는 별을 관측하는 한밤중의 때를 기준으로 보았다.

할 일이 생기고, 병사들이 벌판에 출병할 일이 생긴다.

강원도의 동북부 지역인 봉화·평해·울진·삼척·정선·영월, 그리고 강릉·횡성·평창·양양·홍천·춘천·인제·간성·고성·화포·양구

(4) 실수 영역의 도표 요약

북방현무칠수	천상열차분야지도	보천가 등
실	螣蛇二十二(등사 22개)	螣蛇二十二(등사 22개)
	離宮六(이궁 6개)	離宮(이궁 6개)
	室二(실 2개), 16도	室(실 2개, 紅色), 16도
	→ 위수	土公吏(토공리 2개)
	雷電(뇌전 6개)	雷電(뇌전 6개, 黑色)
	霹靂(벽력 5개)	→ 벽수
	雲雨(뇌우 4개)	→ 벽수
	壘壁陣十二(누벽진→동벽수), 壘壁(누벽→위수), (12개)	壘壁陣(누벽진 12개)
	羽林四十五(우림 45개)	羽林軍(우림군 45개)
	→ 위수	鈇鉞(부월 3개, 黃金色)
	→ 위수	北落師門(북락사문 1개, 明赤色)
	→ 위수	天綱(천강 1개)
	八魁九(팔괴 9개)	八魁(팔괴 9개, 黑色)
천문도에 표기된 별 숫자의 합	9수 111성	11수 109성
별 개수의 표기 유무	6(표기 함) : 3(표기 안함)	해당 없음
석본에 새겨진 글자수	31자	해당 없음

7) 벽수

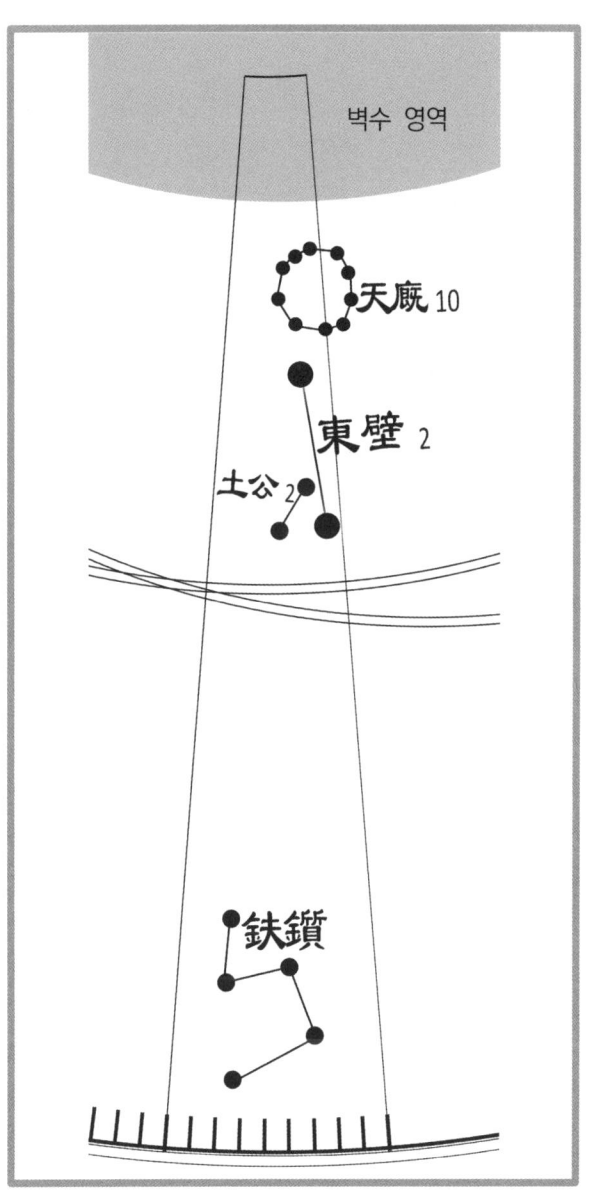

(1) 원문과 풀이

天廐十 東壁二 土公二 鈇鑕
천구십 동벽이 토공이 부질

* 천구212]는 열 개의 별로 이루어졌다.
* 동벽수(東壁宿)213]는 두 개의 별로 이루어졌다.
* 토공214]은 두 개의 별로 이루어졌고, 부질(5개)215]이 있다.

(2) 「천상열차분야지도」의 특이점

① 「천상열차분야지도」에서 '벽력'과 '운우'는 위수 영역에 새겨져 있다.

212] 천구(天廐)는 말(馬)과 마구간을 맡아보는 관리로, 지금의 지역 교통책임관이다. 별이 보이지 않으면 모든 도로가 단절된다. 벽수의 위에 10개의 누런색 별이 원형을 이루고 있다.

213] 동벽수(東壁宿)는 벽수 영역을 다스리는 제후별이다. 두 개의 주홍색(紅色) 별로 이루어져 있다. 일반적으로 벽수(壁宿)라는 이름으로 쓰인다.

214] 토공(土公)은 토목공사를 맡은 관리이다. 별이 밝거나 움직이고 흔들리면 토목공사할 일이 생긴다. 2개의 검은 색 별이고, 동벽수의 아래쪽에 가로로 누워 있다. 중국의 천문서에서는 잘 언급하지 않는 별자리이다.

215] 부질(鈇鑕)은 작두이다. 잘라내고 베는 도구로, 꼴을 베어 소나 말에게 먹이로 주는 일을 맡는다. 별이 밝으면 소나 말이 살이 찌고, 미약하고 어두우면 소나 말이 굶주린다. '우림(羽林)'의 왼쪽에 다섯 개의 짙은 검은색(烏色) 별로 이루어져 있다.

② 또 '토공(土公二)'은 다른 천문도에는 잘 나타나지 않고, 특히 『천문류초』에도 없는 특별한 별자리이다. 『수서(隋書)』 등 역사서에 어쩌다 기록을 볼 수 있다.

③ 「천상열차분야지도」에서 자미원에 새긴 '策一(책은 한 개의 별로 이루어졌다)'은 그 아래에 있는 '왕량'이 마차를 몰 때 쓰는 채찍이다. 쓰임새를 볼 때 '왕량'과 같이 새겨야 하는데, '왕량'은 벽수 영역에 새기고 '책'은 자미원 영역에 새겼다. 평소에는 왕량이 궁궐 밖에서 지내나, 임금의 명이 있을 때 한해서 마차를 몰기 때문에 채찍은 궁궐 안에 두었다고 생각할 수 있다.

(3) 벽수의 관련지역과 별점

동벽수(東壁宿) 또는 벽수(壁宿)는 두 개의 주홍색 별로 이루어졌으며, 주천도수 중에 9도를 맡고 있다. 12황도궁 중에 쌍어궁에 해당하고, 해(亥)의 방향에 있으며, 위나라에 해당한다.

벽수를 우리나라의 지역에 배당하면, 동북 강원지역인 화천군의 낭천, 통천시의 흡곡·통천·회양, 김화시의 금성, 김화·평강, 이천시의 안협, 이천에 해당한다.

동벽수(東壁宿)의 '벽'은 '담벼락 벽, 울타리 벽'자이다. '동녘 동'자를 더 넣은 것은 서쪽에 있는 모양과 별 개수가 똑같은 '실수'와 구별하기 위해서이다.

그 아래가 낮과 밤이 같아지는 추분점이고, 북방현무칠수와 서방백호칠수가 나뉘는 곳이다. 개인적인 농사를 마치고 나라에 군역과 부역을 하는 때이며, 독서를 하는 때이다.

동북 강원지역인 화천군의 낭천, 통천시의 흡곡·통천·회양, 김화시의 금성, 김화·평강, 이천시의 안협, 이천

그래서 도서(圖書)를 보관하는 도서관 역할을 하고, 또한 토목공사를 맡기도 한다. 별이 밝으면 도서들이 모여 쌓이고 밝은 정치가 이루어지며, 별이 움직이면 토목공사 할 일이 발생한다.

별이 본래의 색을 잃고 크기가 같지 않으면, 도서들이 깊이 감추어지고 신하들이 당파를 지어 싸운다.

일식 또는 월식이 있으면 어진 신하를 잃게 되며, 오성 또는 패성이 범하면 병란이 일어난다. 혜성이 범하면 병란이 일어나고 화재가 일어난다고 하며, 일설에는 큰 홍수가 일어 백성들이 유랑한다고 한다. 유성이 범하면 문장이 쇠퇴해져 폐해지고, 해 또는 달이 머물렀다 가면 바람이 분다.

(4) 벽수 영역의 도표 요약

북방현무칠수	천상열차분야지도	보천가 등
벽	天廚十(천주 10개)	天廚(천주 10개, 黃色)
	東壁二(동벽 2개), 9도	壁(벽 2개, 紅色), 9도
	土公二(토공 2개)	없음
	→ 실수	霹靂(벽력 5개, 烏色)
	→ 실수	雲雨(뇌우 4개)
	鈇鑕(부질 5개)	鈇鑕(부질 5개, 烏色)
천문도에 표기된 별 숫자의 합	4수 19성	5수 26성
별 개수의 표기 유무	3(표기 함) : 1(표기 안함)	해당 없음
석본에 새겨진 글자수	11자	해당 없음

3. 서방칠수

서방 백호칠수는 모두 51개(혹은 50개)의 별이고 80도에 해당한다. 서방백호칠수에서 '서방'은 서쪽이라는 방위에 있으면서 서쪽 또는 추수와 결산, 심판 등을 담당한다는 것이다.

백호의 '백'은 서쪽의 색깔이자 서릿발 같은 심판(가을)의 색깔이며, '호'는 '범 호' 자로 날카롭고 단호하며 때로는 잔인한 동물을 뜻한다. 백수의 왕인 호랑이에 '흰 백'자를 더함으로써 냉정하게 심판한다는 뜻을 더했다. 즉 모든 일을 결산해서 옳은 것은 받아들여 저장하고 그른 것은 죽이는 일을 하니, 추수한 것을 저장하고, 옳지 않은 것을 쳐서 바르게 하는 전쟁을 하며, 잘못된 곳을 수리하고 필요한 것을 만드는 토목공사를 한다는 의미이다.

칠수의 '칠'은 백호를 구성하는 별이 일곱 별자리(규수, 루수, 위수, 묘수, 필수, 자수, 삼수)라는 뜻이고, '수'는 '지킬 수(≒守)' 또는 '머물 숙(宿)'의 뜻으로, 그 자리에 머물면서 지킨다는 뜻이다.

그 구성을 백호의 몸에 나누어 보면, 규수는 백호의 꼬리, 루수·위수·묘수·필수는 백호의 몸체, 자수는 백호의 수염(혹은 기린의 머리), 삼수는 백호의 앞발(혹은 기린의 몸체)에 해당한다고 한다.

별의 구성에 대한 설명은 '1부 2장의 3항 천상열차분야지도의 자체 모순'에서 이미 언급하였다.

1) 규수

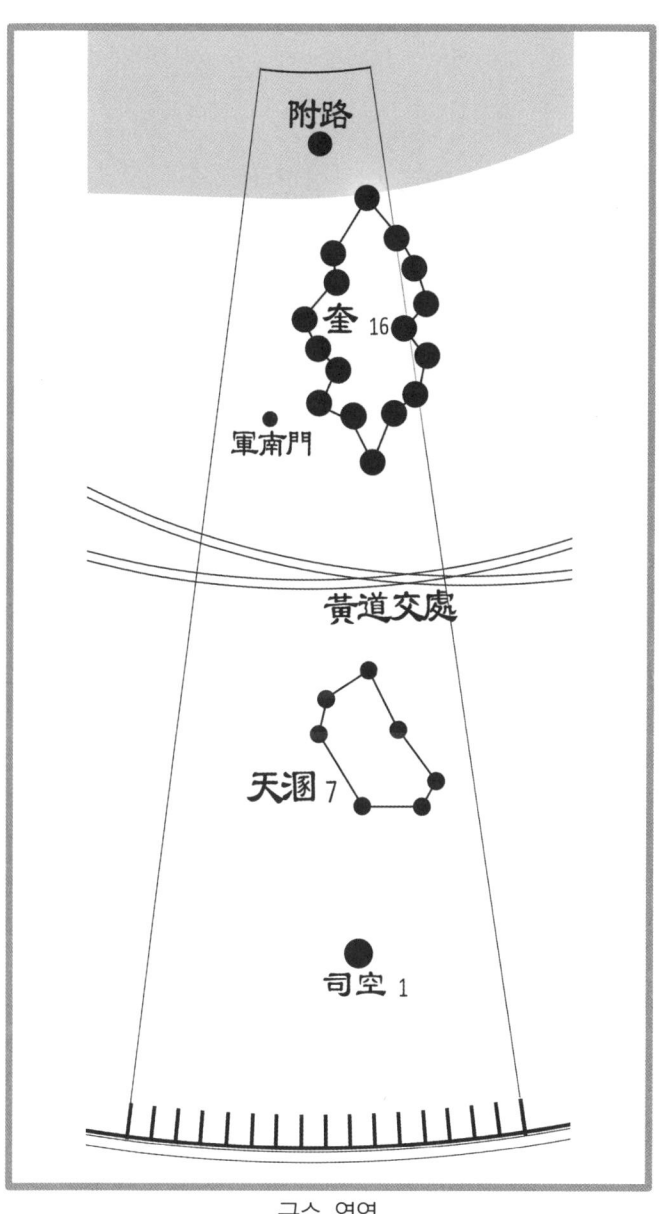

규수 영역

(1) 원문과 풀이

附路 奎十六 軍南門 黃道交處 天溷七 司空一
부로 규십육 군남문 황도교처 천혼칠 사공일

부로216)는 한 개의 별로 이루어졌다.

규수(奎宿)217)는 열여섯 개의 별로 이루어졌다.

군남문(1개)218)이 있고, 황도교처이고219), 천혼220)은 일곱 개의 별로 이루어졌고, 사공221)은 한 개의 별로 이루어졌다.

216] 부로(附路)는 샛길이다. '각도'가 망가졌거나 통하지 못할 때 쓰는 길이다. 혹은 태복(太僕)이라고도 하는데, 바람과 비를 막고, 또 임금이 쉬러 갈 때 옆에서 보필하며 운전하는 뜻이 있다. 점치는 내용은 '각도'와 같다. '각도'의 왼쪽에 한 개의 붉은 색(赤色) 별로 이루어져 있다.

217] 규수(奎宿)는 규수 영역을 다스리는 제후 별로, 열여섯 개의 주홍색 별이 신발의 형태를 이루고 있다.

218] 군남문(軍南門)은 병영의 남쪽문(정문)으로, 출입하는 사람들의 신분을 확인하고 묻는 역할을 한다. 별이 움직이고 흔들리면 군사를 출동하게 되고, 보이지 않으면 병란이 일어난다. 별이 밝으면 멀리 있는 나라에서도 조공을 해오며, 밝지 못하면 변방의 국가들이 모반을 한다. '군남문'은 규수의 왼쪽에 있는 한 개의 검은색(黑色) 별이다.

219] 규수의 바로 아래쪽이 황도와 적도가 만나는 점(추분)이라는 뜻이다. 「천상열차분야지도」에서는 두수 영역에 '황도'라고 써서 황도와 적도가 가장 멀리 벌어진 지점을 표시하기도 하였다.

220] 천혼(天溷)은 하늘의 화장실(측간)이다. 별이 보이지 않으면 사람들이 안정되지 못하고, 다른 곳으로 옮겨가도 마찬가지로 편안하지 않다. '외병'의 아래에 일곱 개의 짙은 검은색(烏色) 별로 이루어져 있다.

(2) 「천상열차분야지도」의 특이점

① 「천상열차분야지도」에서 '책'은 주극선 안에, '각도'와 '왕량'은 주극선의 안과 밖으로 걸쳐서 새겨져 있다.

② 황도와 적도가 만나는 점에 '黃道交處(황도교처)'라는 네 글자를 새겨서 '규수'의 바로 아래쪽이 황도와 적도가 만나는 점(추분점[222])이라는 뜻을 밝혔다. 이러한 명문은 또 다른 황도교처(춘분점)인 '각수' 영역에는 표시하지 않았다. 다만 두수 영역에 '황도'라고 써서 황도와 적도가 가장 멀리 벌어진 지점(하지)을 표시하기도 하였다.

③ 황도교처의 아래에 있는 '외병'은 다른 천문도에서는 규수 영역으로 보았지만, 「천상열차분야지도」에서는 루수 영역에 배당하였다.

④ '사공(司空)'은 『문헌통고』, 『통지』, 『도서편』 등에서는 누런색이라고 하였는데, 「천상열차분야지도」에 표시된 별이 큰 것으

221] 사공(司空)은 토사공(土司空)이라고도 하는데, 물을 저장하고 대는 일과 토목공사를 맡는다. 별이 크고 누런색이면서 밝으면 천하가 편안해진다. 객성이 들어오면 토목공사가 많아지고, 천하에 크게 질병이 돈다. 오성이 범하면 남자는 농사를 짓지 못하고 여자는 길쌈을 하지 못하게 된다. 혜성 또는 객성이 범하면 홍수 또는 가뭄이 들고, 백성들이 유리걸식하며, 병란이 크게 일어나고, 토목공사를 많이 하게 된다. '사공'은 '천혼'의 아래쪽에 한 개의 주홍색 별이다.

222] 춘분과 추분, 동지와 하지를 관측하는 시간에 따라 춘분점과 추분점, 동지점과 하지점이 바뀔 수 있다. 여기서는 「갑」원과 「을」원 사이에 중성을 기록한 것에 근거해서 정했다. 즉 별을 관측하는 한 밤중의 때를 기준으로 보았다.

로 보아서는 주홍색의 밝은 별일 것이라고 추측된다.

(3) 규수의 관련지역과 별점

규수(奎宿)는 열여섯 개의 주홍색 별이 신발의 형태를 이루고 있으며, 주천도수 중에 16도를 맡고 있다. 12황도궁 중에 백양궁에 해당하고, 술의 방향에 있으며, 노나라 혹은 서주(徐州)에 해당한다.

규수를 우리나라의 지역에 배당하면, 충남지역인 안흥·태안·서산·해미, 홍성군의 결성, 당진군의 당진·면천·홍성, 예산군의 덕산·대흥, 아산군·신창·평택·신창·예산, 청양군의 정산·온양, 천안군의 직산에 해당한다.

충남지역인 안흥·태안·서산·해미, 홍성군의 결성, 당진군의 당진·면천·홍성, 예산군의 덕산·대흥, 아산군의 아산·신창·평택·신창·예산, 청양군의 정산·온양, 천안군의 직산

하늘의 도서관이다. 규수에 오성이 비춘 뒤로 송나라에 훌륭한 선비(소강절, 주렴계, 정명도, 정이천, 주회암 등)가 많이 나왔다. 일명 천시(天豕 : 하늘의 돼지)라고도 하는데, 병사들을 사용해서 폭란을 금하는 역할을 맡고, 무기고에 해당한다. 또한 도랑 등 관개수로와

관련이 깊다.

별이 밝으면 천하가 평안하고, 움직이면 병사들에 의한 난리가 일어나며, 객성이 머무르거나 들어오면 병란이 일어난다. 금성 또는 화성이 머무르면 홍수로 인한 재앙이 생긴다.

만약에 임금이 음란하거나 실정하면 규수에 머리뿔 같이 빛나는 광선이 생긴다. 이 뿔이 움직이면 1년 안으로 병란이 생기고, 혹은 도랑 또는 관개수로에 말썽이 생긴다.

(4) 규수 영역의 도표 요약

서방백호칠수		천상열차분야지도	보천가 등
규		→ 자미원	閣道(각도 6개, 赤色)
		→ 자미원	策(책 1개, 明紅色)
		→ 자미원	王良(왕량 5개, 明紅色)
		附路(부로 1개)	附路(부로 1개, 赤色)
		奎十六(규 16개), 16도	奎(규 16개, 紅色), 16도
		軍南門(군남문 1개, 黑色)	軍南門(군남문 1개, 黑色)
		黃道交處(황도교처)	없음
		→ 루수	外屛(외병 7개, 烏色)
		天溷七(천혼 7개)	天溷(천혼 7개, 烏色)
		司空一(사공 1개)	司空(사공 1개)
천문도에 표기된 별 숫자의 합		5수 26성	9수 45성
별 개수의 표기 유무		3(표기 함) : 2(표기 안함)	해당 없음
석본에 새겨진 글자수		18자	해당 없음

2) 루수

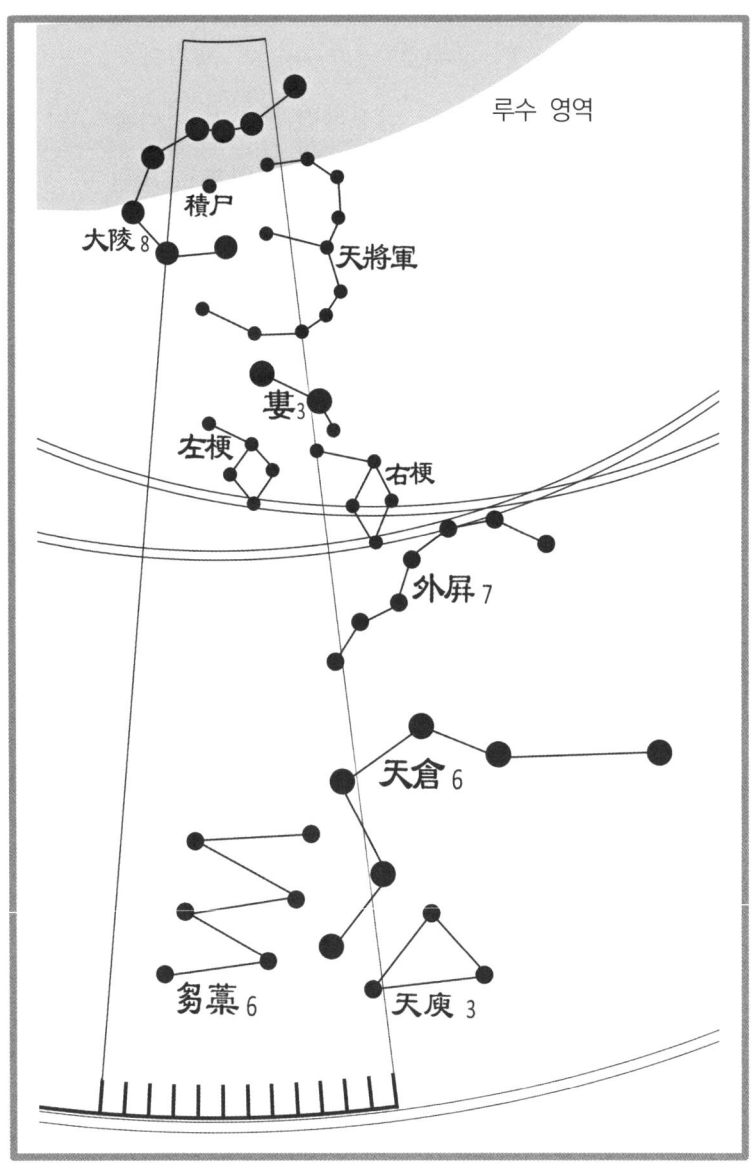

(1) 원문과 풀이

大陵八 積尸 天將軍 婁三 左梗 右梗 外屛七 天倉六
대릉팔 적시 천장군 루삼 좌경 우경 외병칠 천창육

芻藁六 天庾三
추고육 천유삼

* 대릉[223]은 여덟 개의 별로 이루어졌고, 적시(1개)[224]와 천장군(11개)[225]이 있다.

* 루수(婁宿)[226]는 세 개의 별로 이루어졌다.

* 좌경(5개)[227], 우경(5개)[228]이 있고, 외병[229]은 일곱 개의 별, 천

223] 대릉(大陵)은 왕릉을 주관한다. 밝고 크거나 혹은 '대릉'의 가운데에 별이 많이 있으면, 왕족 중에 죽는 사람이 많이 생기고 병란이 일어난다. 달 또는 오성이 범하면 홍수 또는 가뭄 및 병란으로 인한 사상자가 생긴다. 은하수 안에 여덟 개의 붉은색 별로 이루어졌다.

224] 적시(積尸)는 공동묘지이다. 밝으면 사람이 죽어서 시체가 산처럼 쌓인다. 밝으면서도 크거나 혹은 곁에 별이 많이 있으면 죽어가는 사람이 많아지고, 혹은 병란이 일어난다. 만약에 '적시'가 보이지 않거나 혹 어두워지면 길하다. '대릉'의 가운데에 있는 한 개의 검은색(黑色) 별이다.

225] 천장군(天將軍)은 병사들을 관장한다. 가운데의 큰 별이 대장이 되고, 밖의 작은 별들이 장교 및 병사가 된다. 대장별이 흔들리면 병란이 일어나서 대장이 출병하게 되고, 작은 별들이 움직이고 흔들리면 병란이 일어난다. 일직선으로 밝게 빛나면 병사들이 공격하는 곳마다 이기게 된다. 루수의 위에 있는 열한 개의 별이다.

226] 루수(婁宿)는 루수 영역을 다스리는 제후별이다. 세 개의 주홍색 별로 이루어져 있다.

창[230]은 여섯 개의 별, 추고[231]는 여섯 개의 별, 천유[232]는 세 개의 별로 이루어졌다.

(2) 「천상열차분야지도」의 특이점

① 「천상열차분야지도」에서 '대릉'과 그 안에 있는 '적시'는 다

227] 좌경(左梗)은 산림을 지키는 직책이다. 주로 산림과 호수 및 늪 등의 후미진 곳을 관장한다. 루수의 왼쪽에 다섯 개의 짙은 검은색(烏色) 별로 이루어져 있다.

228] 우경(右梗)은 목장을 관리하는 직책으로, 소나 말 등을 기르는 일을 맡는다. 금성 또는 화성이 머무르면 산과 호수 등에서 병란이 일어나는데, 그 별점이 '좌경'과 똑같다. 혹자는 '좌경'은 지(智)와 인(仁)을 맡고, '우경'은 예(禮)와 의(義)를 맡는다고도 한다. '우경'은 루수의 오른쪽에 있는 다섯 개의 짙은 검은색(烏色) 별이다.

229] 외병(外屛)은 '천혼'을 가리는 병풍이니, 냄새나고 더러운 오물을 막고 감추는 일을 맡는다. 위수(胃宿) 영역의 '천균(天囷)'과 점의 내용이 같다. 일곱 개의 짙은 검은색(烏色) 별로 규수의 아래에 있다.

230] 천창(天倉)은 곡식을 저장해 두는 창고이다. 별이 누렇고 크면 농작물이 잘 익고, 별이 서로 가까우면 곡식이 잘 익는다. 여섯 개 붉은색(赤色) 별로, 루수의 아래에 있다.

231] 추고(芻藁)는 꼴을 만들어서 말과 소의 사료로 먹이는 일을 주관한다. 별이 성하면 곡식 등이 풍년이 들고, 성기면 재화가 흩어진다. 보이지 않으면 갑자기 소가 떼로 죽어나간다. '천창'의 왼쪽에 있는 여섯 개의 짙은 검은색(烏色) 별이다.

232] 천유(天庾)는 곡식을 들판에 저장하는 노적을 뜻한다. 별점은 '천창'과 동일하다. '천유'는 세 개의 짙은 검은색(烏色) 별로 '천창'의 아래에 있다.

른 천문도에서는 위수 영역에 표기되어 있다.

② '우경'과 '천창'과 '천유'는 규수 영역에 가깝게 새겨져 있다.

③ '외병' 역시 규수 영역에 있지만, 루수 영역을 알리는 경계선 안쪽에 별 하나가 걸쳐 있으므로 루수 영역으로 배당하였다.

④ 『삼재도회』 또는 『영대비원』 등에서는 '좌경(左梗)'과 '우경(右梗)'이 각각 '좌경(左更), 우경(右更)'으로 표기되어 있다.

(3) 루수의 관련지역과 별점

루수(婁宿)는 세 개의 주홍색 별로 이루어졌으며, 주천도수 중에 12도를 맡고 있다. 12황도궁 중에 백양궁에 해당하고, 술의 방향에 있으며, 노나라에 해당한다.

루수를 우리나라의 지역에 배당하며, 충북지역인 천안시의 천안·목천, 연기시의 연기·전의, 청원시의 문의, 보은시의 회인·보은·영동, 옥천시의 청산, 영동시의 황간, 충남의 대덕군과 회덕에 해당한다.

충북지역인 천안시의 천안·목천, 연기시의 연기·전의, 청원시의 문의, 보은시의 회인·보은·영동, 옥천시의 청산, 영동시의 황간, 충남의 대덕시와 회덕.

목장 또는 감옥에 해당한다. 제물이 될 짐승을 목장에서 길러서 교사(郊祀)나 제사(祭祀) 때 공급하는 일을 맡는다. 또한 병사들을 크게 기르고 모으는 일을 맡기도 한다. 별이 움직이고 흔들리면 병사들이 모여들고, 별이 일직선으로 곧아지면 임금의 명령이 잘 집행되며, 서로 가까이 모여 있으면 나라가 불안해진다.

금성 또는 화성이 머무르면 궁궐에서 병란이 일어나고, 일식 또는 월식이 있으면 내란이 일어난다. 일설에 의하면 일식이 있으면 재상 또는 대인이 해를 입게 되고, 교사(郊祀)를 지내더라도 신이 흠향하지 않는다고 한다.

루수의 아래는 해와 달이 다니는 황도이다. 그런데 금성·목성·화성·토성 중의 하나라도 위로 올라와 루수를 범하면 흉하고(수성이 범하면 길함), 패성이 들어오면 병란이 일어나며, 혜성이 범하면 백성이 굶어 죽게 되고, 객성이 범하면 큰 병란이 일어나고 머무르면 오곡이 익지 않는다. 일설에는 신하가 정사를 마음대로 휘둘러서 감옥 가는 일이 많아진다고도 한다.

(4) 루수 영역의 도표 풀이

서방백호칠수	천상열차분야지도	보천가 등
루	大陵八(대릉 8개)	→ 위수
	積尸(적시 1개)	→ 위수
	天將軍(천장군 11개)	天將軍(천장군) 또는 天大將軍(천대장군 11개, 赤色)
	婁三(루 3개), 12도	婁(루 3개, 紅色), 12도
	左梗(좌경 5개)	左梗(좌경5개, 烏色)
	右梗(우경 5개)	右梗(우경 5개, 烏色)
	外屛七(외병 7개)	→ 규수
	天倉六(천창 6개)	天倉(천창 6개, 赤色)
	芻藁六(추고 6개, 烏色)	→ 묘수
	天庾三(천유 3개)	天庾(천유 3개, 烏色)
천문도에 표기된 별 숫자의 합	10수 55성	6수 33성
별 개수의 표기 유무	6(표기 함) : 4(표기 안함)	해당 없음
석본에 새겨진 글자수	26자	해당 없음

3) 위수

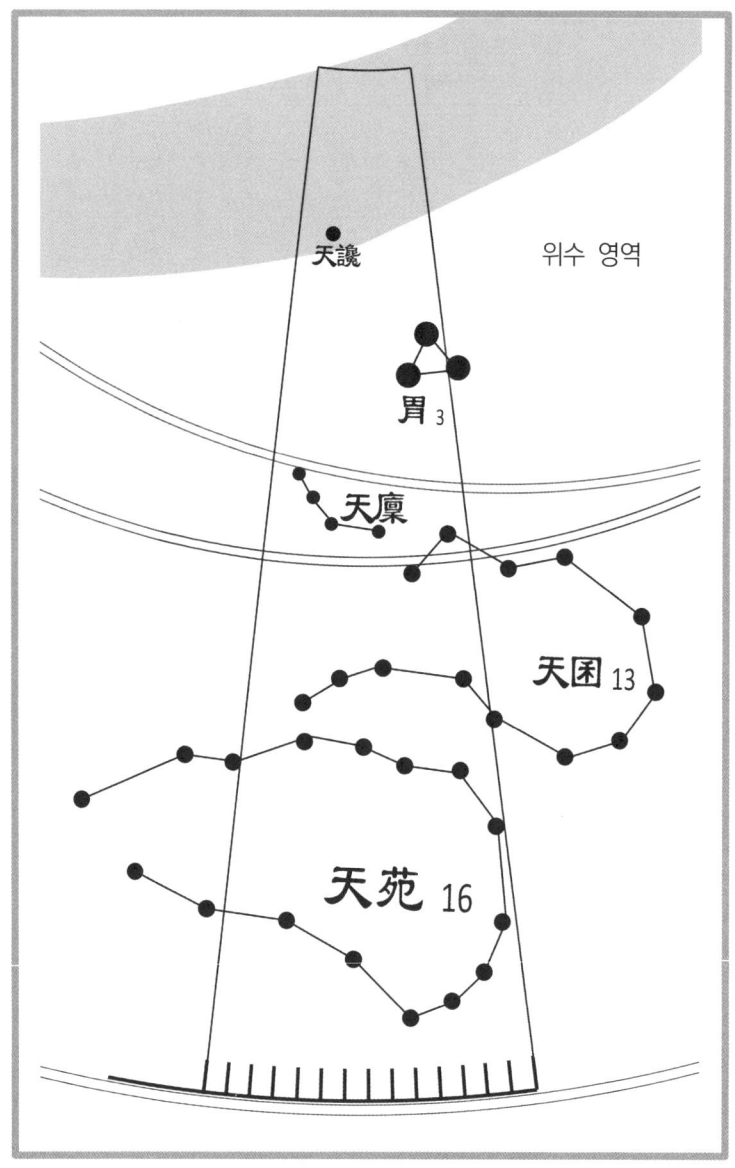

(1) 원문과 풀이

天讒 胃三 天廩 天囷十三 天苑十六
천참   위삼   천름   천균십삼   천원십육

* 천참(1개)233]이 있다.
* 위수(胃宿)234]는 세 개의 별로 이루어졌다.
* 천름(4개)235]이 있으며, 천균236]은 열세 개의 별, 천원237]은 열여

233] 천참(天讒)은 참소한다는 뜻으로, 의사와 무속인을 주관한다. 별이 어두워야 길하고, 밝고 성해지면 임금이 아부하는 말을 믿게 된다. '권설'의 가운데에 있는 한 개의 검은색(黑色) 별이다. '권설'은 '천참'과 역할이 같지만, 「천상열차분야지도」에 그려진 상태대로 '권설'은 묘수로 배당했고, '천참'은 위수에 배당하였다.

234] 위수(胃宿)는 위수 영역을 다스리는 제후별로, 세 개의 주홍색 별이 솥의 다리 형상을 하고 은하수의 밑에 있다.

235] 천름(天廩)은 기장(黍稷)을 쌓아 저장함으로써 제사 때 제물로 바치는 일을 한다. 별이 밝으면 나라가 튼튼해지고 풍년이 들며, 별이 자리를 옮기면 나라가 약해진다. 별이 검으면서도 성기면 곡식이 썩게 되고, 달이 범하면 곡식이 비싸진다. 별빛이 누렇고 희게 되면 곡식이 잘 익게 된다. 위수의 아래에 네 개의 별로 이루어져 있다.

236] 천균(天囷)은 곡식을 쌓아두는 창고이다. 주로 임금의 창고에 곡식을 대는 일을 한다. 밝으면서 누런 빛을 띠면 풍년이 들고, 어두우면 기근이 든다. '천름'의 아래쪽에 열세 개의 별이 '乙(을)' 자의 형태를 이루고 있다.

237] 천원(天苑)은 임금이 휴식하며 즐기는 산과 호수가 있는 넓은 정원의 별장으로, 새와 짐승을 기르는 곳이다. 별이 밝으면 새와 짐승 또는 소와 말이 정원에 가득차고, 밝지 못하면 여위어서 죽는 짐승이 많게 된다. '천음'의 아래에 열여섯 개의 별로 이루어져 있다.

섯 개의 별로 이루어졌다.

(2) 「천상열차분야지도」의 특이점

① 「천상열차분야지도」에서 '적시'는 남방주작칠수의 귀수 영역에 있는 '적시기'와 같은 역할을 한다.

② '적수'는 주극선 안에 있어서, 정수(井宿) 영역 위쪽의 주극선 안에 있는 '적수'와 구별이 잘 안 된다. 천선 역시 자미원 영역에 배당했고, '적수'는 그 안에 있는 별이기 때문에 역시 자미원 영역으로 보았다.

③ '적시'와 '대릉'은 다른 천문도에서는 위수 영역에 배당시켰지만, 「천상열차분야지도」에서는 루수 영역에 배당시켰다.

④ '권설'은 '천참'과 뜻이 서로 통하지만 '권설'은 묘수에 배당했고, '천참'은 위수에 배당하였다.

⑤ '천원'도 위수 영역을 표시하는 줄에 놓였으므로 이 자리에 두었다.

(3) 위수의 관련지역과 별점

위수(胃宿)는 세 개의 주홍색 별이 정삼각형을 이루면서 은하수 바로 밑에 있으며, 주천도수 중에 14도를 맡고 있다. 12황도궁 중에 금우궁에 해당하고, 유(酉)의 방향에 있으며, 조나라 혹은 기주

(冀州)에 해당한다.

위수를 우리나라의 지역에 배당하면, 평남의 동부지역인 영원·양덕·맹산·선천·강계·덕천·희천, 그리고 순천군의 은산·영변·위원·초산·운산에 해당한다.

평남의 동부지역인 영원·양덕·맹산·선천·강계·덕천·희천, 순천군의 은산·영변·위원·초산·운산

위수는 주방창고이자 오곡을 저장하는 창고이다. 별이 밝으면 사계절이 화평하고, 천하가 편안하며, 창고가 가득 차게 된다.

별이 밝지 않으면 윗사람이나 아랫사람이나 모두 자신의 지위를 잃게 되며, 별이 움직이면 이곳에서 저곳으로 곡식을 옮겨 먹여야 할 일이 생기고, 별이 어두우면 창고가 비게 된다. 위수의 세 별이 서로 가까이 모여들면 곡식이 모자라 귀하게 되고, 백성이 떠돌아다니게 된다. 위수의 근처에 다른 별이 많으면 곡식이 모이게 되고, 위수의 근처에 별이 적어지면 곡식을 풀어놓게 된다.

객성이 머무르면 권력이 센 신하가 임금을 능멸하게 되고, 곡식이 잘 익지 않게 된다. 혜성이 범하면 병사들이 동요하고 신하가 모반을 꾀하며, 홍수로 인한 재앙이 있고, 곡식이 자라지 않는다. 오성이 범하거나 일식이나 월식 또는 패성이 침범하는 것 등은 모두 재앙이 있을 조짐이다.

(4) 위수 영역의 도표 요약

서방백호칠수	천상열차분야지도	보천가 등
위	→ 자미원	天船(천선 9개, 赤色)
	→ 자미원	積水(적수 1개, 黑色)
	→ 루수	大陵(대릉 8개, 赤色)
	→ 루수	積尸(적시 1개, 黑色)
	天讒(천참 1개)	→ 묘수
	胃三(위 3개), 14도	胃(위 3개, 紅色), 14도
	天廩(천름 4개)	天廩(천름 4개, 赤色)
	天囷十三(천균 13개)	天囷(천균 13개, 赤色)
	天苑十六(천원 16개)	→ 묘수
천문도에 표기된 별 숫자의 합	5수 37성	7수 39성
별 개수의 표기 유무	3(표기 함) : 2(표기 안함)	해당 없음
석본에 새겨진 글자수	14자	해당 없음

4) 묘수

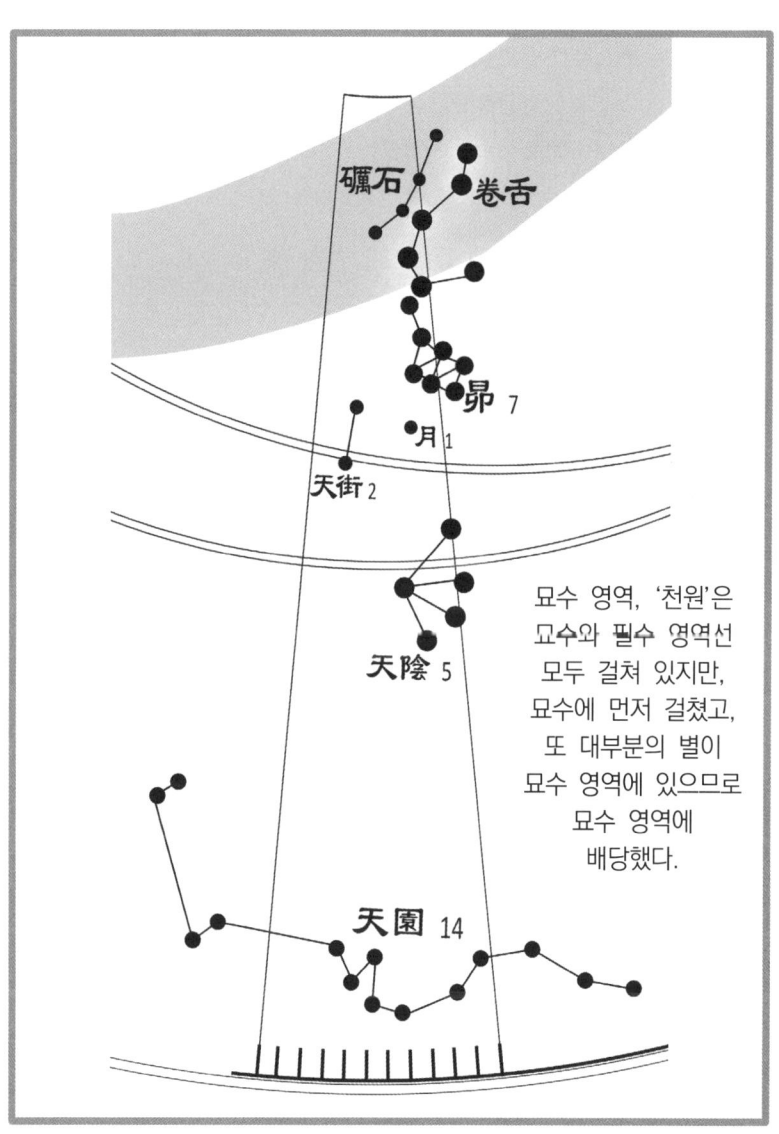

(1) 원문과 풀이

礪石 卷舌 昴七 月一 天街二 天陰五 天園十四
려 석   권 설   묘 칠   월 일   천 가 이   천 음 오   천 원 십 사

* 려석(4개)[238]과 권설(6개)[239]이 있다.

* 묘수(昴宿)[240]는 일곱 개의 별로 이루어졌다.

* 월[241]은 한 개의 별, 천가[242]는 두 개의 별, 천음[243]은 다섯 개의

---

[238] 려석(礪石)은 숫돌이란 뜻으로, 병기를 날카롭게 가는 일을 주관한다. 별이 밝으면 병란이 일어나고, 별 모습이 평상시와 같으면 길하다. 금성 또는 화성 및 객성이 머무르면 병사들이 이동하게 된다. '권설'의 왼쪽에 있는 네 개의 별인데, '丁(고무래 정)' 자의 형태를 이루고 있다.

[239] 권설(卷舌)은 구부러진 혀라는 뜻으로, 참소하고 아부하는 별이다. 일설에 의하면 비밀스런 지혜와 꾀를 주관한다고도 한다. 별이 구부러져 있으면서 움직이지 않으면 현인이 등용되고, 직선의 모습으로 있으면서 움직이면 이간질과 구설로 인한 폐해가 생겨난다. 은하수를 벗어나면 망령된 말이 많아지고, 곁에 별이 많이 있으면 죽는 사람이 많게 된다. '권설'은 은하수 안에 여섯 개의 주홍색 별로 이루어져 있다.

[240] 묘수(昴宿)는 묘수 영역을 다스리는 제후별이다. 일곱 개의 주홍색 별이 뭉쳐 있어서 마치 한 개의 별같이 보인다.

[241] 월(月)은 여자나 신하의 재앙과 복을 주관한다. 혜성 또는 객성이 범하면 대신이 쫓겨나고, 황후에게 우환이 생긴다. '월'은 묘수의 아래에 있는 한 개의 별이다.

[242] 천가(天街)는 관문과 교량의 동태를 살핀다. 별이 밝으면 왕도(王道)가 바르게 되고, 어두우면 병란이 일어난다. 두 개의 별로 이루어져 있으며, 필수의 위에 있다.

[243] 천음(天陰)은 임금을 따라다니는 신하이다. 밝지 않아야 길하고, 밝으면 임금

별, 천원[244]은 열네 개의 별로 이루어졌다.

(2) 「천상열차분야지도」의 특이점

① '천아'는 필수 영역의 선에 붙여 새겼으므로 필수에 배당하였다.

② '추고'를 다른 천문도에서는 묘수 영역에 배당하였다. 「천상열차분야지도」에서는 루수 영역의 제일 하단에 새겼으므로 루수 영역으로 보았다. 얼핏 생각하면 천원(天苑)과 관련이 있다고 해서 묘수 영역에 부속시킨 것 같은데, 그렇다 해도 두 영역이나 건너 뛴 별자리를 연관시킨 것은 다소 무리가 있다고 보여진다. 「순우천문도」에서는 위수 영역에 그려져 있는 것으로 볼 때, 「천상열차분야지도」의 별그림이 오른쪽으로 너무 치우친 것이 아닌가 의심스럽다.

③ 「천상열차분야지도」에서는 '천원(天園)'의 별 개수를 14개로 보았다. 「신법보천가」에는 그림이나 글에 모두 13개로 되어있다.

의 비밀이 누설된다. '월'의 아래에 다섯 개의 밝은 누런색 별로 이루어져 있다.

244] 천원(天園)은 과일과 채소를 심는 농원이다. 별자리가 구부러지면서 갈고리 같이 되면 과일과 채소가 잘 익는다. '구주수구'와 '천원(天苑)'의 아래에 열네 개의 짙은 검은색(烏色) 별로 이루어져 있다. 「신법보천가」에는 그림이나 글에 모두 열세 개로 되어있다.

(3) 묘수의 관련지역과 별점

묘수(昴宿)는 일곱 개의 주홍색 별이 마치 한 별처럼 모여 있어서 좀생이별이라고도 한다. 주천도수 중에 11도를 맡고 있다. 12황도궁 중에 금우궁에 해당하고, 유(酉)의 방향에 있으며, 조나라에 해당한다.

묘수를 우리나라의 지역에 배당하면, 평안북도의 북부지역인 벽동·창성·삭주·의주·용천 및 철산·귀성·선천·태천에 해당한다.

평안북도의 북부지역 벽동·창성·삭주·의주·용천 및 철산·귀성·선천·태천

묘수의 아래로 해와 달이 지나가며, 사람의 눈과 귀가 되어 여러 가지 정보를 파악한다. 서쪽 방위를 주관하고, 재판의 판결을 주관하며, 또한 외적의 침입을 미리 발견하는 척후병이다. 또 사람의 죽음을 주관하고, 임금께 귓속말로 미리 조짐을 말하거나 아첨하는 역할을 한다.

별이 밝고 크면 임금에게 아첨하는 신하가 없으나, 어둡고 작으면 아첨하고 억울하게 죽는 일이 발생한다. 흔들리고 움직이면 참소하는 자를 믿고, 충성되고 어진 사람을 죽이게 된다.

일설에는 별이 밝으면 재판이 공평하고, 어두우면 형벌이 남용된다고도 한다. 여섯 별이 크기가 똑같아지면 큰 홍수가 나고, 상복을 입는 사람들이 많아지며, 일곱 별이 누런색을 띠면 병란이 크게 일어난다. 움직이고 흔들리면 대신(大臣)이 옥에 갇히게 되고, 커지면서 모든 별이 움직여 도약하는 듯이 보이면, 북쪽 오랑캐가 병란을 크게 일으킨다. 별이 하나라도 보이지 않으면 병란이 생길 수 있다.

일식이 있으면 임금에게 질병이 생기고, 왕족 중의 한 사람이 반역을 꾀하고, 월식이 있으면 대신을 죽일 일이 생기고, 황후에게 근심이 생긴다. 혜성이 범하면 대신이 난을 일으키고, 별이 자기의 분야를 거스르면 신하가 반역하며, 변방에 병란이 일어나고, 대신을 죽이게 된다. 유성이 나가거나 들어오면서 범하면 동쪽 오랑캐가 병란을 일으킨다.

(4) 묘수 영역 도표 요약

서방백호칠수	천상열차분야지도	보천가 등
묘	礪石(려석 4개)	礪石(려석 4개)
	卷舌(권설 6개)	卷舌(권설 6개, 紅色)
	→ 위수	天讒(천참 1개, 黑色)
	昴七(묘 7개), 11도	昴(묘 7개, 紅色), 11도
	月一(월 1개)	月(월 1개)
	天街二(천가 2개)	→ 필수
	→ 필수	天阿(천아 1개)
	天陰五(천음 5개)	天陰(천음 5개, 黃色)
	→ 루수	芻藁(추고 6개, 烏色)
	→ 위수	天苑(천원 16개)
	天園十四(천원 14개)	→ 필수
천문도에 표기된 별 숫자의 합	7수 39성	9수 47성
별 개수의 표기 유무	5(표기 함) : 2(표기 안함)	해당 없음
석본에 새겨진 글자수	18자	해당 없음

5) 필수

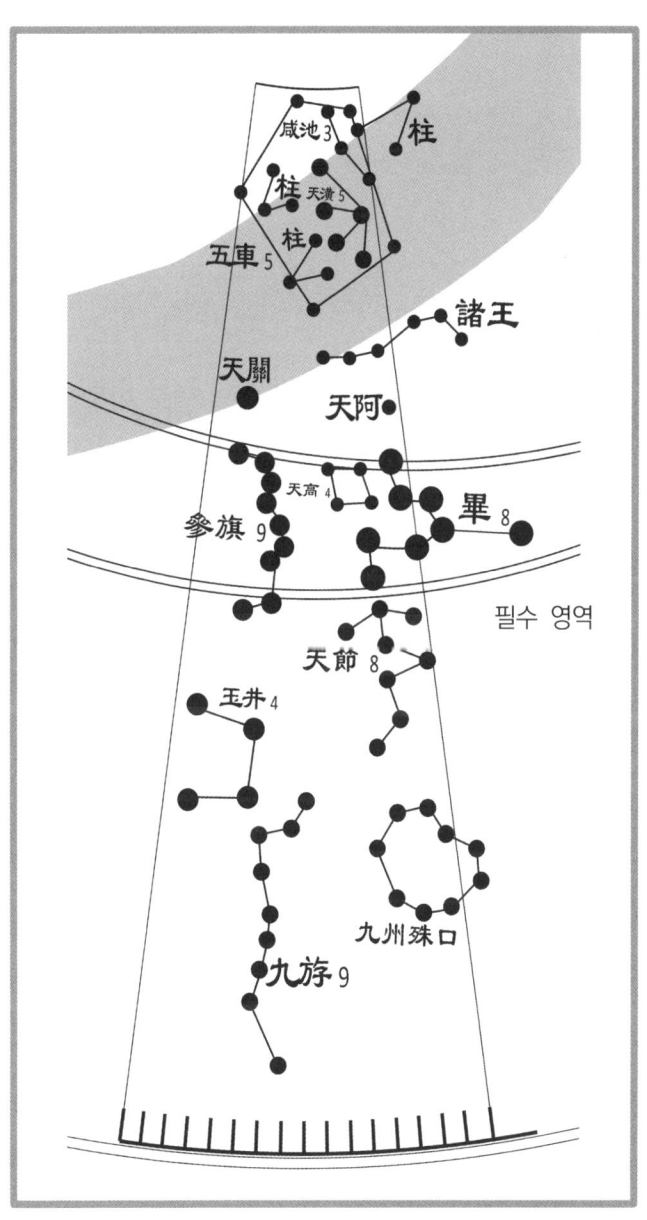

(1) 원문과 풀이

五車五 咸池三 柱 柱 柱 天潢五 諸王 天阿 天關
오거오 함지삼 주 주 주 천황오 제왕 천아 천관

天高四 參旗九 畢八 (附耳) 天節八 玉井四 九州珠口
천고사 삼기구 필팔 (부이) 천절팔 옥정사 구주주구

九斿九
구 유 구

* 오거[245]는 다섯 개의 별, 함지[246]는 세 개의 별로 이루어졌으며, 주(3개), 주(3개), 주(3개)[247]가 있고, 천황[248]은 다섯 개의 별로 이

245] 오거(五車)는 임금의 친위대와 전차(戰車)의 막사이다. 또 오곡(五穀)을 관장한다. '제왕'의 위에 다섯 개의 별로 이루어져 있다.

246] 함지(咸池)는 물고기가 사는 호수나 연못 등을 관장한다. 별이 밝고 크면 용(龍)이 나타나고, 호랑이와 이리 등이 해를 입히며, 병란이 일어난다. 별자리를 갖추지 못하면 하천의 수로가 막히고, 달이 들어오면 폭도와 같은 병란이 일어난다. '오거'의 안에 세 개의 검은 색 별로 이루어져 있다.

247] 주(柱)는 별 세 개씩 세 쌍을 이루고 있다고 해서 삼주(三柱) 또는 삼천(三泉)이라고도 한다. 각수 영역의 '주(柱:5주)'와 역할이 같다. 임금이 정치를 잘하면, '오거'와 '주'의 밝기가 똑같고, 별자리의 영역이 일정하게 유지된다. 별이 너무 밝거나 영역이 커지면 병란이 크게 일어난다. '주'는 9개의 별로, '오거' 안에 있다.

248] 천황(天潢)은 물을 건너는 곳으로, 하천과 교량을 주관한다. 별이 보이지 않으면 수로가 막힌다. 객성이 머무르고 있으면 홍수로 인한 피해가 생긴다. '오거'의 안에 다섯 개의 밝은 별로 이루어져 있다.

루어졌으며, 제왕(6개)[249], 천아(1개)[250], 천관(1개)[251]이 있고, 천고[252]는 네 개의 별, 삼기[253]는 아홉 개의 별로 이루어졌다.

* 필수(畢宿)[254]는 여덟 개의 별로 이루어졌다.
* (부이, 1개가 있고)[255], 천절[256]은 여덟 개의 별, 옥정[257]은 네 개

249] 제왕(諸王)은 종묘사직과 제후를 관장한다. 별이 밝으면 제후가 천자를 잘 받들어 천하가 안정되고, 밝지 못하면 반란을 도모한다. '오거'의 아래에 여섯 개의 검은색 별로 이루어져 있다.

250] 천아(天阿)는 천하(天河)라고도 하는데, 주로 여자의 재앙과 복을 맡는다. 또 산림의 요사스러운 변괴를 살피는 역할을 하기도 한다. 오성이나 객성 또는 혜성이 범하면 요사스러운 말이 거리에 가득하게 된다. 필수의 바로 위에 한 개의 별로 되어있다.

251] 천관(天關)은 일명 천문(天門)이라고 한다. 변방의 요새를 관장하고, 관문의 개폐를 맡는다. 별에 불같은 까끄라기가 일면 병란이 일어나고, 다른 곳으로 옮겨서 '오거'와 별이 합해지면, 대장군이 출병하기 위해 갑옷을 입어야 한다. '오거'의 아랫 쪽에 있는 한 개의 붉은색 별이다.

252] 천고(天高)는 망대 또는 높은 정자이다. 기후를 살피고 경치를 전망하는 역할을 한다. 별이 보이지 않으면 음과 양이 조화를 잃는다. 필수의 입 앞에 네 개의 검은색(皂色) 별로 이루어져 있다.

253] 삼기(參旗)는 천기(天旗) 또는 천궁(天弓)이라고도 부르며, 주로 활과 석노(石弩)를 사용하는 일을 맡는다. '삼기'가 활을 잡아당긴 모습을 하고 있으면 병란이 일어난다. 별이 밝으면 변방에 도적들이 들끓고, 어두우면 길하다. 아홉 개의 붉은색 별로, '천관'의 밑에 있다.

254] 필수(畢宿)는 필수 영역을 다스리는 제후별이다. 여덟 개의 주홍색 별로 이루어져 있다

255] 부이(附耳)는 주로 정치의 잘잘못을 듣고, 잘못되고 좋지 못한 일을 살피는 역할을 한다. 별이 성하거나 이동하면 임금이 미약해지고 도적이 생기며, 변방에 경계해야 할 조짐이 나타나고, 외국에 반란의 전쟁이 생기고, 아부하고 참소

의 별로 이루어졌고, 구주수구(9개)258]가 있으며, 구유259]는 아홉 개의 별로 이루어졌다.

하는 말들이 성행하고, 병란이 크게 일어난다. 필수의 끝에 붙어 있는 한 개의 별로, 필수와 한 별자리 같지만 다른 별자리이다.

256] 천절(天節)은 사신이 소지하는 부절(符節)로, 위엄과 덕을 사방에 널리 펴는 일을 관장한다. 별이 밝고 크면 사신이 충성을 다하고, 밝지 못하면 임금의 뜻과는 상관없이 사신이 소임을 다하지 못한다. '부이'의 아래에 여덟 개의 짙은 검은색(烏色) 별로 이루어져 있다.

257] 옥정(玉井)은 좋은 우물이라는 뜻으로 식용수를 맡는다. 객성이 들어오면 수해(水害)가 있게 되고, 사람들이 죽는 일이 생기며, 영토를 잃게 된다. 유성이 들어오면 큰 홍수가 난다. 삼수의 오른쪽 밑에 네 개의 주홍색 별로 이루어져 있다.

258] 구주수구(九州殊口)는 각 지방의 풍속을 알려주는 관리로, 요즘 말로 동시통역사이다. '구주수구'는 '천절'의 아래에 아홉 개의 검은색(黑色) 별로 둥근 원의 형태를 이루고 있다.

259] 구유(九斿)는 임금의 깃발로, 모든 군부대의 깃발을 관장한다. 금성 또는 화성이 범하면 병란이 일어나 전차와 탱크가 들에 가득 차게 된다. 객성이 범하면 제후들이 병란을 일으키고, 새와 짐승에게 질병이 돈다. '구유'는 '옥정'의 아래에 아홉 개의 별로 이루어져 있다.

(2) 「천상열차분야지도」의 특이점

① 「천상열차분야지도」에서는 필수와 '부이'를 선으로 연결해서 한 개의 별자리인 것처럼 표시했지만, "畢八(필수는 여덟 개의 별로 이루어졌다)"이라고 표기함으로써, 필수와 '부이'는 다른 별자리임을 명시하였다. 아마도 옛 천문도에는 연결되어 있었지만 조선 초의 천문이론에는 분리해서 보았던 것 같다. 「사」 직사각형에서도 "西方白虎七宿 五十一星(서방백호칠수는 51개의 별로 이루어졌다)"라고 해서 '부이'도 서방칠수를 구성하는 별에 속한다고 한 것이 그 증거가 된다.

석공이 먼저 옛 천문도를 따라 연결해 놓았는데, 천문도 실무 책임자들이 의논을 하다가 실수로 잊고 넘어가서 '부이(附耳)'라는 별 이름과 별 개수를 표시하지 못한 것 같다.

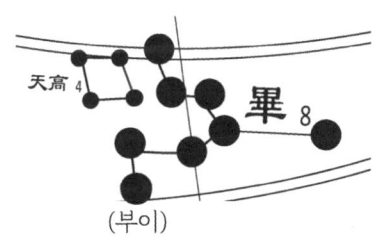

'畢八(필수는 여덟 개의 별로 이루어졌다)'이라고 표기함으로써, 필수와 '부이(附耳)'는 다른 별자리임을 명시하였지만, '부이'라는 별 이름과 별 개수를 표시하지 않았다.

② 「천상열차분야지도」에서는 '천가'를 묘수 영역에 새겼고, '천원'은 위수 묘수 필수의 세 영역에 걸쳐 새겼다.

③ 필수 영역의 '주'는 '오거' 안에 3별씩 선으로 연결해서 세 쌍

을 만들었으므로 3개의 별자리로 보았다. 각수 영역의 '주'는 '고루' 안에 3별씩 다섯 쌍이 있다. 병사가 진을 치고 있는 것을 뜻한다.

(3) 필수의 관련지역과 별점

필수(畢宿)는 여덟 개의 별로 이루어졌으며, 주천도수 중에 16도를 맡고 있다. 12황도궁 중에 금우궁에 해당하고, 유의 방향에 있으며, 조나라에 해당한다.

필수를 우리나라의 지역에 배당하면, 평남지역인 곽산·가산·정주·박천·개천·안주·순천·성천·숙천, 강동군, 삼등면·자산군·순안군, 평원군의 영유에 해당한다.

평남지역인 곽산군, 가산군, 정주군, 박천군, 개천군, 안주군, 순천군, 성천군, 숙천군, 강동군, 삼등면·자산군·순안군, 평원군의 영유

필수는 변방 병사의 수렵과 훈련을 주관한다. 필수 중에 큰 별을 천고(天高)라 하고, 별명으로는 변방의 장수라고 하니, 사방의 적군을 막는 장군이다. 별이 밝고 크면 먼 지역의 변방국가도 와서 조공을 하게 되고, 천하가 평안해지며, 별이 본래의 색을 잃으

면 변방의 병사들이 난리를 일으킨다.

　한 개의 별이 없어지면 병사 중에 사상자가 생기고, 움직이고 흔들리면 변방에 병란이 일어나며, 참소하는 신하가 생겨난다. 서로 떨어지며 자리를 옮기면 천하에 옥사(獄事)가 문란해지고, 다가와 모이면 법령이 가혹해진다.

　또 시내의 거리를 주관하고 구름 끼고 비오는 것을 주관하니, 하늘의 비를 맡은 관리(雨師)이다. 그러므로 밝으면서 이동하면 큰 비가 내리고, 거리의 통행이 꽉 막히며, 밝으면서 안정되어 있으면 천하가 안정된다.

(4) 필수 영역의 도표 요약

서방백호칠수	천상열차분야지도	보천가 등
필	五車五(오거 5개)	五車(오거 5개)
	咸池三(함지 3개)	咸池(함지 3개, 黑色)
	柱(주 3개)	柱(주 9개)
	柱(주 3개)	
	柱(주 3개)	
	天潢五(천황 5개)	天潢(천황 5개)
	天關(천관 1개)	天關(천관 1개, 赤色)
	諸王(제왕 6개)	諸王(제왕 6개, 黑色)
	天阿(천아 1개)	→ 묘수
	天高四(천고 4개)	天高(천고 4개, 皂色)
	→ 묘수	天街(천가 2개)
	參旗九(삼기 9개)	參旗(삼기 9개, 赤色)
	畢八(필 8개), 16도	畢(필 8개, 紅色), 16도
	(부이) 1개	附耳(부이 1개, 紅色)
	天節八(천절 8개)	天節(천절 8개, 烏色)
	玉井四(옥정 4개)	→ 삼수
	九州珠口(구주수구 9개)	九州(구주) 또는 구주수구(九州珠口, 9개)
	九斿九(구유 9개)	九斿(구유 9개)
	→ 묘수	天園(천원 13개, 烏色)
천문도에 표기된 별 숫자의 합	17수 82성 * 부이를 넣고, 주를 세 개의 별자리로 보면 17수가 된다.	15수 92성
별 개수의 표기 유무	9(표기 함) : 8(표기 안함)	해당 없음
석본에 새겨진 글자수	39자	해당 없음

6) 자수

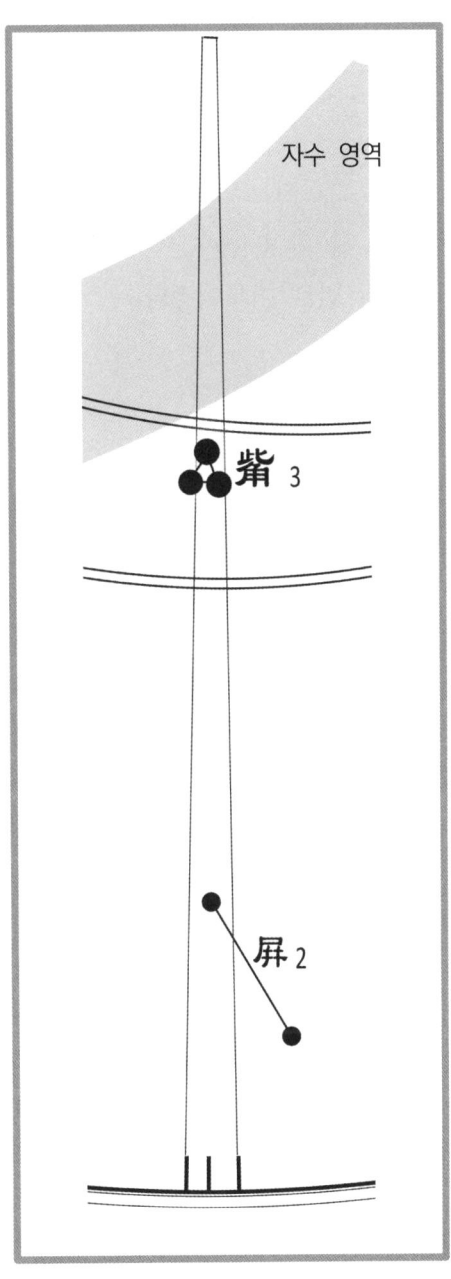

(1) 원문과 풀이

觜三 屛二
자삼　병이

* 자수(觜宿)260]는 세 개의 별로 이루어졌다.
* 병261]은 두 개의 별로 이루어졌다.

(2) 「천상열차분야지도」의 특이점

① 「천상열차분야지도」에서 '좌기'는 주극선 안에서부터 삼수 자수 필수의 영역에 걸쳐서 새겨져 있다. 주극선 안에도 해당 별이 있으므로 자미원 영역에 배당하였다.

② 다른 천문도에서는 '병'을 '천측'과 관련 있다고 해서 삼수 영역으로 보았다.

260] 자수(觜宿)는 자수 영역을 다스리는 제후별이다. 세 개의 주홍색 별로 이루어져 있다.

261] 병(屛)은 화장실과 우물을 가려 주는 병풍이다. 질병을 막는 역할을 하니, 별자리를 갖추고 있지 못하면 사람에게 질병이 많아진다. 별이 밝지 못하면 임금이 앓아눕게 되고, 어둡거나 없어지면 임금에게 병이 많아진다. 달 또는 오성이 범하면 홍수가 나고, 혜성이 범하면 갑자기 홍수 또는 가뭄이 들며, 객성이 들어오면 다리가 넷 달린 짐승에게 질병이 크게 돌고, 사람 역시 많이 죽게 된다. '군정'과 '옥정'의 아래에 있으면서 '측(厠, 화장실)'을 가리는 형상이다. 두 개의 붉은색 별로 이루어졌다.

(3) 자수의 관련지역과 별점

자수(觜宿)는 세 개의 주홍색 별로 이루어졌다. 주천도수 중에 2도를 맡고 있다. 12황도궁 중에 음양궁에 해당하고, 신의 방향에 있으며, 진(晉)나라와 위(魏)나라 혹은 익주(益州)에 해당한다.

자수의 '자'는 부엉이 머리 위에 나는 뿔같은 털을 의미하는 '털뿔 자' 자이다. 삼수 안에 위치한 것 같아서, 삼수가 꽃이면 자수는 꽃술이 된다고도 한다. 또 자수와 삼수는 기린을 형상하는데, 자수는 머리가 되고 삼수는 몸체가 된다고 하였다.

자수를 우리나라의 지역에 배당하면, 경기도와 강원도의 일부인 이천시의 음죽, 여주·원주·강원에 해당한다. 또는 경기도 이천과 지평에 해당한다는 설도 있다.

경기도와 강원도의 일부인 이천시의 음죽, 여주·원주·강원

호랑이의 얼굴 또는 수염에 해당한다. 호랑이나 고양이 모두 수염으로 방향과 균형을 잡으므로, 척후나 변방의 관문을 주관한다.

별이 밝고 크면 천하가 평안하고, 오곡이 잘 익는다. 움직여 다른 곳으로 가면 임금과 신하가 지위를 잃게 되고, 천하에 가뭄이 든다. 자수는 또한 군대의 척후가 되고, 행군할 때는 군량을 두는 창고가 된다. 야전식량을 관장한다.

별이 밝으면 장군이 군사를 가득 모아서 세력을 얻게 되고, 움직이면서 밝으면 도적이 떼를 지어 횡행하며, 야전식량의 보급이 잘 된다. 움직이면서 이동하면 장군이 쫓겨나게 된다.

금성 또는 화성이 와서 머무르면 나라의 정권이 바뀌고, 병란이 일어나는 등 재앙이 생긴다. 일식이 있으면 신하가 불충하고, 월식이 있으면 임금이 신하를 해치게 된다. 오성이 범하면 재앙이 생겨나고, 혜성이나 패성 또는 객성이 범하면 병란이 일어난다.

(4) 자수 영역의 도표 요약

서방백호칠수		천상열차분야지도	보천가 등
자		→ 자미원	坐旗(좌기) 또는 좌기(座旗, 9개, 烏色)
		→ 삼수	司怪(사괴 4개, 黑色)
		觜三(자 3개), 2도	觜(자 3개, 紅色), 2도
		屛二(병 2개)	→ 삼수
천문도에 표기된 별 숫자의 합		2수 5성	3수 16성
별 개수의 표기 유무		2(표기 함) : 0(표기 안함)	해당 없음
석본에 새겨진 글자수		4자	해당 없음

7) 삼수

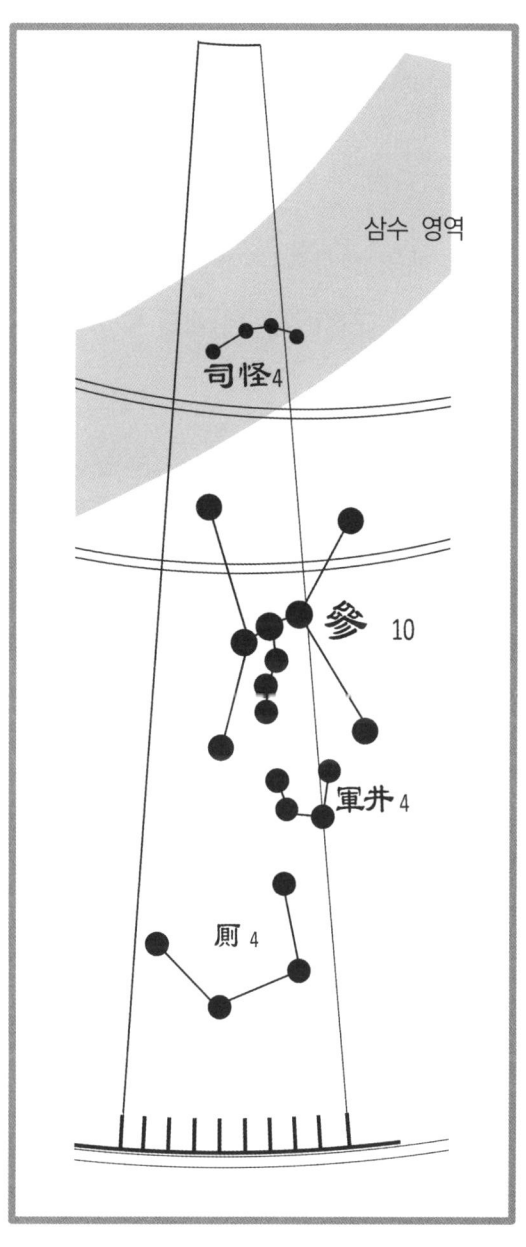

(1) 원문과 풀이

司怪 參十 (伐) 軍井四 厠四
사 괴   삼 십 (벌) 군 정 사 측 사

* 사괴(4개)[262]가 있다.

* 삼수(參宿)[263]는 열 개의 별로 이루어졌다.

* (벌伐, 3개가 있으며)[264], 군정[265]은 네 개의 별, 측[266]은 네 개의

262] 사괴(司怪)는 하늘과 땅 및 일월성신 그리고 새와 짐승 및 곤충·뱀·초목 등의 변화를 관찰하는 일을 한다. '사괴'의 별들이 열을 이루지 못하면, 천하 모든 곳에 변괴가 많이 생긴다. 삼수의 위 은하수 안에 네 개의 검은색(黑色) 별로 이루어져 있다.

263] 삼수(參宿)는 삼수 영역을 다스리는 제후별이다. 7개의 주홍색 별로 이루어져 있다. 「천상열차분야지도」에서는 '벌(3개)'과 함께 하나의 별자리로 보아서 '參十(삼수는 열 개의 별로 이루어졌다)' 이라고 표기했다.

264] 벌(伐)은 하늘의 도위(都尉)가 되며, 조선을 비롯한 선비족 또는 융적 등의 나라에 해당한다. 별이 밝지 않아야 좋으니, 만약 밝아져서 삼수와 같은 밝기가 되면, 대신이 난리를 꾀해서 병란이 일어난다. '벌(伐)'은 삼수와 붙어 있는데다 삼수의 품안에 있는 것 같아서 하나의 별자리처럼 보인다. 그래서 「천상열차분야지도」에서는 구별하지 않고 하나의 별자리로 본 것이다. 세 개의 주홍색 별로 이루어져 있다.

265] 군정(軍井)은 군대가 행군할 때 쓰는 우물이다. 삼수의 아래에 있으며, 네 개의 짙은 검은색(烏色) 별로 이루어져 있다.

266] 측(厠)은 천측(天厠)이라고도 하며 화장실을 말한다. 주로 질병을 주관하니, 별이 누런색이 되면 길하고 풍년이 들며, 청색 또는 검은색이면 사람들이 허리 아래에 질병이 든다. 별자리를 갖추고 있지 못하면 귀인(貴人)에게 병이 많이 생기고, 객성이 들어오면 곡식이 귀해지며, 혜성 또는 패성이 들어오면 기근이 든

별로 이루어졌다.

(2) 「천상열차분야지도」의 특이점

① 「천상열차분야지도」에 '參十(삼수의 별은 10개이다)'이라고 한 것은 '벌(伐, 3개)'과 삼수(7개)는 하나의 별자리라는 것을 밝힌 것이다.

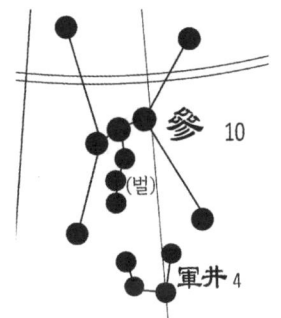

'參十(삼수의 별은 10개이다)'이라고 함으로써 '벌(伐, 3개)'과 삼수(7개)는 하나의 별자리라는 것을 밝혔다.

삼수를 10개로 본 것은 「사」 직사각형의 "西方白虎七宿 五十一星(서방백호칠수는 모두 51개 별로 이루어졌다)과 「인재」의 "參十星(삼수는 10개의 별)"이라고 한 부분이 일치한다.

「천상열차분야지도」에서는 삼수를 10개로 보았는데, 후대에 나온 천문도에서는 삼(7개)과 벌(3개)을 구분했다.

다. 네 개의 붉은색(혹은 누런색) 별로 이루어졌으며, '군정'의 아래에 있다.

② 또 '天厠(천측)'을 '厠(측)'으로만 표기했고, '天屎(천시)'를 정수 영역에 새기면서 '똥 시(屎)' 자를 '화살 시(矢)' 자로 기록했는데, 아마도 「천상열차분야지도」의 석본에 새기면서 잘못 기록한 것 같다.

(3) 삼수의 관련지역과 별점

삼수(參宿)는 열 개의 주홍색 별로 이루어졌으며, 주천도수 중에 9도를 맡고 있다. 12황도궁 중에 음양궁에 해당하고, 신의 방향에 있으며, 진(晉)나라와 위(魏)나라에 해당한다.

삼수를 우리나라의 지역에 배당하면, 경기도 지역인 이천, 양평군의 지제·양근, 가평·포천·포천시의 영평, 연천군에 해당한다.

경기도 지역인 이천, 양평군의 지제·양근, 가평·포천·포천시의 영평, 연천군

삼수의 위쪽은 오성과 해와 달이 다니는 길(황도)이다. 일설에는 삼수가 충성스럽고 어질며 효도하는 자식이라고 하니, 별이 밝고 크면 신하가 충성하고 자식이 효도하여 안정되어 길하며, 이동하면 충신을 죽이게 된다고 한다.

호랑이의 앞발에 해당한다. 혹은 기린의 몸통에 해당한다. 또 부월(鈇鉞)이라고도 부르니, 만물을 베어 죽임으로써 음기(陰氣)를 돕는다고 한다. 또 감옥이 되고 정벌하는 것을 주관하며, 또 저울추처럼 공평하게 다스리는 것을 관장한다. 또 변방을 다스린다.

일곱 별이 다 밝으면 병사들이 정예병이 된다고 한다. 왕도(王道)가 결여되면, 별 끝이 뿔같이 까끄라기가 일고 별자리가 그 형태를 잃으며 색을 잃게 되니, 군대가 흩어져 패하게 된다. 또 변방에 급박한 징후가 나타나고 병란이 일어난다.

오른쪽 다리가 '옥정'의 안에 들어가면 병란이 크게 일어나고, 큰 홍수가 발생한다. 만약에 다리가 없어지거나, '옥정'의 밖으로 돌출하면, 호랑이와 이리가 포악해져서 사람에게 해를 끼치며, 임금의 사신이 명령을 어기고 신하가 배반할 마음을 품게 되다.

금성 또는 화성이 와서 머무르면 나라의 정권이 바뀌고, 병란이 일어나는 등 재앙이 발생한다. 일식 또는 월식이 있으면 농사가 안 되어 곡식이 귀하게 된다.

객성이 들어와 범하면 나라 안에 목을 베어 죽일 일이 발생하고, 혜성이 범하면 변방의 병사들이 흩어져서 임금이 멀리 몽진하여 삼 년 후에나 돌아온다. 혜성이 관통해서 별이 흰색으로 변하면 병사들을 잃게 되고, 다른 별이 삼수를 거스르며 오면 임금과 신하에게 모두 우환이 생기며, 중국의 병사들이 패하게 된다. 유성이 들어와 범하면 먼저 군사를 일으킨 자가 망하고, 유성이

나가면서 빛이 윤택하면 변방이 안정되며, 사면령이 있게 되어 옥이 텅텅 비게 된다.

(4) 삼수 영역의 도표 요약

서방백호칠수	천상열차분야지도	보천가 등
삼	司怪(사괴 4개)	→ 자수
	參十(삼 10개), 9도, (벌伐, 3개)	參(삼 7개, 紅色), 9도
		伐(벌 3개, 紅色)
	→ 필수	玉井(옥정 4개, 紅色)
	軍井四(군정 4개)	軍井(군정 4개, 烏色)
	→ 자수	屛(병 2개)
	厠四(측 4개)	天厠(천측 4개, 黃色)
	→ 정수	天屎(천시 1개, 黃色)
천문도에 표기된 별 숫자의 합	4수 22성 '벌'을 삼수에 포함해서 한 개의 별자리로 보았다.	7수 25성
별 개수의 표기 유무	3(표기 함) : 1(표기 안함)	해당 없음
석본에 새겨진 글자수	9자	해당 없음
「천상열차분야지도」에서는 '벌(3개)'이라는 별자리를 인정하지 않았다.		

4. 남방칠수

남방주작 칠수는 모두 64개의 별(혹은 60개)이고 112도에 해당한다. 남방주작칠수에서 '남방'은 남쪽이라는 방위에 있다는 뜻 외에, 한낮 또는 활발한 활동, 열심히 일하고 노력함, 화려함, 즐김 등의 뜻이 있다.

주작의 '붉을 주' 자는 남쪽의 색깔이자 가장 활동적이고 화려한 색깔이며, '새 작' 자는 새 특히 봉황을 뜻한다. 하늘을 거침없이 날며 자신의 뜻을 마음껏 펴며, 음악과 예술, 번영과 생산을 뜻하는 동물이다.

즉 모든 일에 가장 열심히 노력하며 땀을 흘리고, 번영에 대한 축배를 즐기면서도, 외적의 침입에 대비하고 죽음에 대비하는, 가장 화려한 곳에 가장 어두운 곳이 있다는 것을 의미한다.

칠수의 '칠'은 주작을 구성하는 별이 일곱 별자리(정수, 귀수, 류수, 성수, 장수, 익수, 진수)라는 뜻이고, '수'는 '지킬 수(≒守)' 또는 '머물 숙(宿)'의 뜻으로, 그 자리에 머물면서 지킨다는 뜻이다.

그 구성을 주작의 몸에 나누어 보면, 정수는 주작의 머리와 벼슬, 귀수는 주작의 눈, 류수는 주작의 부리, 성수는 목과 심장, 장수는 주작의 위장, 익수는 주작의 날개, 진수는 꼬리에 해당한다고 한다.

별의 구성에 대한 설명은 '1부 2장의 3항 천상열차분야지도의 자체 모순'에서 이미 언급하였다.

1) 정수

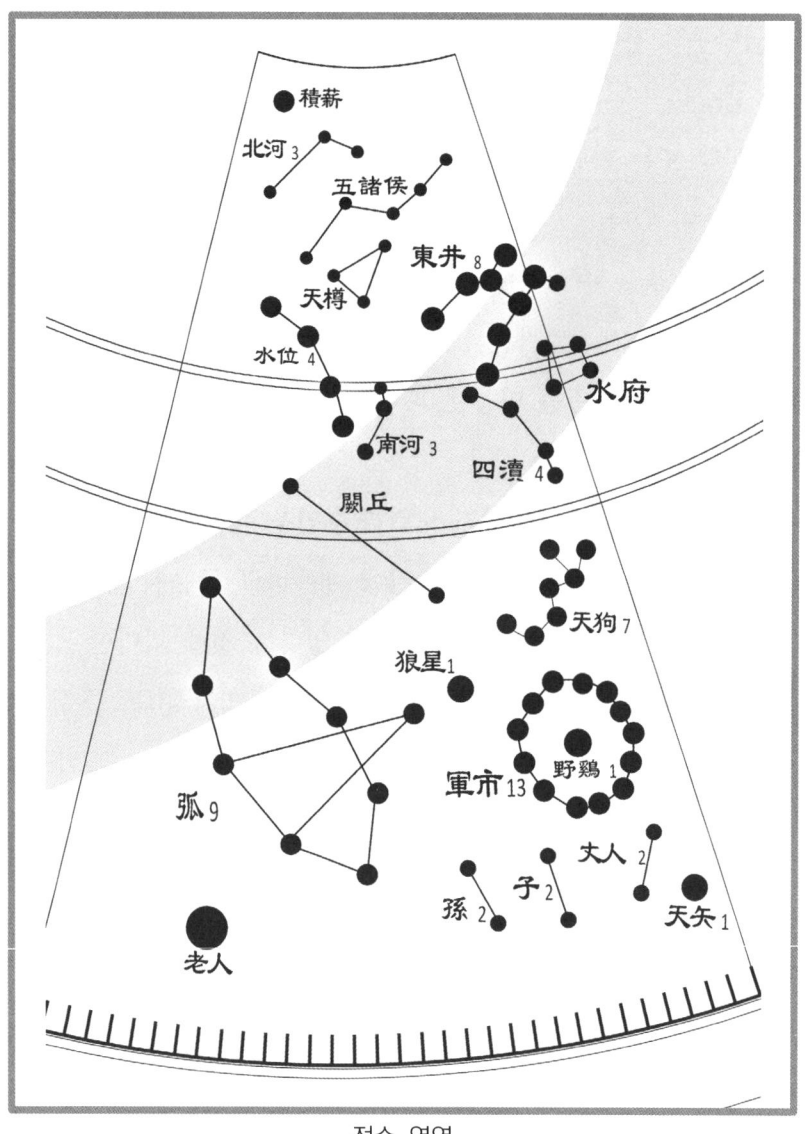

정수 영역

(1) 원문과 풀이

積薪 北河三 五諸侯 天樽 東井八 (鉞) 水位四 南河三
적신 북하삼 오제후 천준 동정팔 (월) 수위사 남하삼

四瀆四 水府 天狗七 闕丘 軍市十三 野鷄一 孫二
사독사 수부 천구칠 궐구 군시십삼 야계일 손이

子二 丈人二 天矢(屎)一 狼星一 弧九 老人
자이 장인이 천시(시)일 낭성일 호구 노인

* 적신(1개)[267]이 있고, 북하[268]는 세 개의 별로 이루어졌으며, 오제후(5개)[269], 천준(3개)[270]이 있다.

---

[267] 적신(積薪)의 '신(薪)'은 땔나무나 섶나무 또는 잡초 등 주로 땔감을 뜻한다. 따라서 '적신'은 부엌에서 쓸 땔감을 쌓아둔다는 뜻이다 별이 밝으면 임금이 편안하고, 밝지 못하면 오곡이 자라지 않는다. '북하'의 위에 있는데, 한 개의 별로 이루어져 있다.

[268] 북하(北河)는 관문과 교량을 관장한다. '남하(南河)'는 불(火)을 관장하고, '북하'는 물(水)을 관장한다. '북하'와 '남하'가 움직이고 흔들리면 병란이 일어나고, 별자리를 갖추지 못하면 수로가 불통하며, 하천의 물이 고갈되거나 넘치게 된다. 달이 '북하'와 '남하'의 사이에 출입하되 한 가운데로 지나가면 백성이 편안하고 농사가 잘되며, 병란이 발생하지 않는다. 별이 밝으면 길하다. '남하'와 '북하'를 합해서 양하(兩河)라고 한다. 각기 세 개의 별로 되어있으면서 남과 북으로 대치하는 형상을 하고 있다.

[269] 오제후(五諸侯)는 임금의 곁에 있는 스승이나 벗으로, 임금의 마음을 안정시켜 주는 역할을 한다. 별이 밝고 크며 윤택하면 천하가 잘 다스려진다. 별이 어두우면 귀인(貴人)이 임금의 지위를 찬탈할 것을 모의하고, 별빛의 끝이 불 같아지면 중앙정부에 재난이 생긴다. 정수의 위에 있으며, 다섯 개의 별로 이루어져 있다.

* 동정수(東井宿)[271]는 여덟 개의 별로 이루어졌다.
* (월铖, 1개의 별이 있고)[272], 수위[273]는 네 개의 별, 남하[274]는 세 개의 별, 사독[275]은 네 개의 별로 이루어졌으며, 수부(4개)[276]가 있고, 천구[277]는 일곱 개의 별로 이루어졌으며, 궐구(2개)[278]가

270] 천준(天樽)은 음식을 담아 넣는 큰 그릇이다. 가난하고 굶주린 사람들에게 음식을 제공한다. 별이 밝으면 풍년이 들고, 어두우면 황폐하게 된다. '오제후'의 아래에 세 개의 짙은 검은색(烏色) 별로 이루어져 있다.

271] 동정수(東井宿)는 정수 영역을 다스리는 제후별이다. 여덟 개의 주홍색 별로 이루어져 있다.

272] 월(鉞)은 임금이 가지고 있는 도끼이다. 사치하고 음탕한 행동을 사찰해서 죽이는 일을 한다. 별이 밝고 커서 정수와 동등해지거나 혹은 흔들리고 움직이면, 임금이 고관대신에게 부월을 사용하게 된다. '월'을 정수와 열을 지어 붙어있다고 하여 '열월(列鉞)'이라고도 하는데, 한 개의 주홍색 별로 이루어졌으며, 정수의 오른쪽 끝에 거의 붙어있는 모습으로 있다. '월'은 삼수 영역에 있으므로, 삼수 영역에 배당하여야 하나 정수와 선으로 연결되어 있을 만큼 긴밀하므로 정수 영역에 배당하였다.

273] 수위(水位)는 물의 균형을 맞춰서 물이 넘치고 새며 흐르는 일 등을 관장한다. 별이 이동해서 '북하'에 가까이 가면 큰 홍수가 발생한다. '남하'의 위에 네 개의 주홍색별로 이루어져 있다.

274] 남하(南河)는 교량과 수로를 관장한다. 세 개의 별로 이루어졌다.

275] 사독(四瀆)은 장강과 황하 및 회수(淮水)·제수(濟水) 등 큰 강을 상징한다. 별이 밝고 크면 모든 하천이 범람하게 된다. 네 개의 검은색(黑色) 별로 이루어졌으며, '남하'의 오른쪽에 있다.

276] 수부(水府)는 댐이나 보 등 물을 맡은 관리이다. 오늘날의 수자원공사이다. 화성이 들어오면 음모를 꾸미는 신하가 생기고, 수성이 들어오면 수재(水災)가 발생하며, 객성이 들어오면 천하에 큰 홍수가 발생한다. '월'의 아래에 있는데, 네 개의 짙은 검은색(烏色) 별로 이루어져 있다.

있고, 군시[279]는 열세 개의 별, 야계[280]는 한 개의 별, 손[281]은 두 개의 별, 자[282]는 두 개의 별, 장인[283]은 두 개의 별, 천시[284]

277] 천구(天狗)는 도적을 지키는 개를 뜻한다. 별이 움직여 자리를 옮기면 도적이 준동한다. 일곱 개의 짙은 검은색(烏色) 별로 이루어져 있다.

278] 궐구(闕丘)는 천자가 궁궐 대문의 좌우에 쌍관(雙關)을 설치한 것을 형상한 것이다. 금성 또는 화성이 머무르면 병사들의 전투가 관문의 아래에서 벌어질 정도로 급박해진다. 두 개의 검은색(黑色) 별로 이루어졌는데, '남하'의 아래에 있다.

279] 군시(軍市)는 전방에 있는 시장이다. '군시'의 가운데로 별이 모여들면 군사들에게 여유가 생기고, 별이 작아지면 군사들이 기근에 허덕인다. '천구'의 아래에 있는데, 13개의 주홍색 별이 원의 형태를 이루고 있다.

280] 야계(野鷄)는 꿩이다. 변괴를 살핀다. 별빛의 끝이 동요하면 병란으로 인한 재앙이 발생하고, 이동해서 나가면 제후들이 병란을 일으킨다. 한 개의 붉은색 별로, '군시'의 안에 있다.

281] 손(孫)은 '자'와 함께 '장인'을 곁에서 모시면서 효도한다. 별이 보이지 않으면 재난이 발생한다. '군시'의 아래에 있는데, 두 개의 짙은 검은색(烏色) 별로 이루어져 있다.

282] 자(子)는 '손'과 함께 '장인'을 곁에서 모시면서 효도하고 사랑한다. 별이 보이지 않으면 재난이 발생한다. '군시'의 아래에 있는데, 두 개의 짙은 검은색(烏色) 별로 이루어져 있다.

283] 장인(丈人)은 오래 살아 혼몽한 노인을 보살피고, 홀로되고 곤궁해진 사람들을 불쌍히 여긴다. 또 '장인'은 나이가 많은 원로급 신하를 뜻한다. 별이 보이지 않으면 임금과 원로와의 관계가 소원해진다. '군시'의 아래에 있는데, 두 개의 짙은 검은색(烏色) 별로 이루어져 있다.

284] 천시(天矢, 天屎)의 색이 누렇게 되면 풍년이 든다. 색이 변하면 메뚜기가 많아지고, 가뭄 또는 수해가 들며, 서리가 내려 만물을 죽이게 된다. 별이 보이지 않으면 천하가 황폐해진다. '측'의 아래에 있으며, 한 개의 누런색 별로 이루어져 있다. '矢(화살 시)'는 '屎(똥 시)' 자를 잘못 쓴 것 같다.

는 한 개의 별, 낭성285]은 한 개의 별, 호286]는 아홉 개의 별, 노인287]은 한 개의 별로 이루어졌다.

285] 낭성(狼星)은 변방 다른 나라의 장수이다. 이리처럼 침략하고 약탈하는 일을 한다. 별의 색이 변하지 않아야 침략이 없다. 별빛의 끝이 가시와 불처럼 되고 색깔이 변하며 동요하면 도적이 날뛰고, 오랑캐가 병란을 일으키며, 사람들이 먹을 것이 없어 서로 잡아먹게 된다. 조급히 움직이면 임금이 안정하지 못하여 자신의 궁궐에 머무르지 못하고, 천하를 급히 떠돌게 된다. 색이 누렇고도 흰빛이 나면서 밝아지면 길하고, 검은 색이 되면 흉하며, 붉어지며 별빛의 끝이 불같아지면 병란이 일어난다. '궐구'의 아래에 있는데, 한 개의 별로 되어있다.

286] 호(弧)는 활을 상징한다. 도적을 방비하는 일을 맡는다. 항상 '시(矢 : 화살)'를 잰 상태로 있는데, '시'는 '낭성(狼)'을 향해 있다. '호'와 '시'가 움직이고 흔들리면 도적이 많이 생긴다. 별이 밝으면 병란이 크게 일어난다. '호(8개)'와 '시(1개)'는 모두 아홉 개의 붉은색 별로 이루어져 있다. 이 중에 '낭성'을 향해 있는 별(낭성에 제일 가까운 별)을 '시'라 하고, 나머지 여덟 별을 '호'라고 한다.

287] 노인(老人)은 '남극성(南極星)' 또는 '남극노인성(南極老人星), 수성(壽星), 수노인(壽老人)'이라고도 한다. 추분부터 춘분 사이에 서귀포 남단에서 관찰된다. 별이 밝고 크면 임금이 오래 살고 천하가 안녕하며, 보이지 않으면 임금에게 우환이 생기고, 병란이 일어나며, 흉년이 든다. 객성이 들어오면 백성에게 질병이 도는데, 일설에 의하면 병란이 일어나며, 노인에게 우환이 생긴다고도 한다. 유성이 범하면 노인에게 질병이 많이 생기고, 일설에 의하면 병란이 일어난다고도 한다. '노인'은 한 개의 밝은 별로 이루어졌다.

(2) 「천상열차분야지도」의 특이점

①「천상열차분야지도」에서는 '적수(積水)'를 주극선 안에 새겼다. 다른 천문도에서는 정수 영역에 배당하였다.

②「천상열차분야지도」에서는 정수와 '월(鉞)'을 선으로 연결해서 한 개의 별자리인 것처럼 표시했지만, '東井八(정수는 여덟 개의 별로 이루어졌다)'이라고 표기함으로써, 정수와 '월'이 다른 별자리임을 명시하였다. 다만 '월(鉞)'이라는 별 이름을 표시하지 않았는데, 아마도 작성자가 표기하는 것을 실수로 잊어버린 것 같다.

또 '월'은 삼수 영역에 있으므로, 삼수 영역에 배당하여야 하나 정수와 선으로 연결되어 있으므로 정수 영역에 배당하였다.

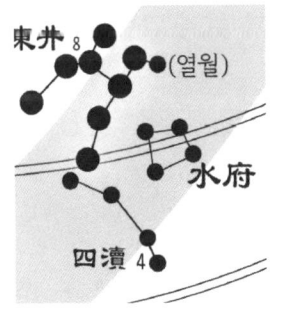

동정수와 열월(월)

③「천상열차분야지도」에서는 '호(8개)'와 '시(1개)'를 선으로 연결하고, '弧九(호는 아홉 개의 별로 이루어졌다)' 라고 해서 한 개의 별자리임을 명시했다. 하지만 대부분의 천문도에서는 '호'와 '시'를 구별하였다.

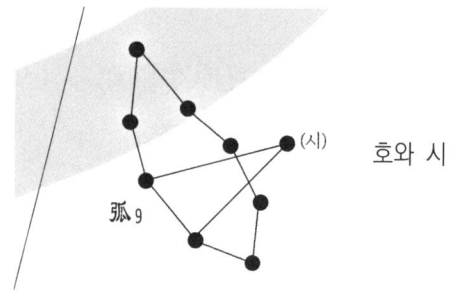

호와 시

④ 『감씨성경(甘氏星經)』에는 " '천구' 일곱 별은 '낭성'의 동북쪽에 있다(天狗七星 在狼東北)."고 하였고, 『진서』의 「천문지(天文志)」에서는 " '낭(狼)'의 북쪽의 일곱 별을 '천구(天狗)'라고 하는데, 재물을 지키는 역할을 한다."고 하였다. 「천상열차분야지도」에서도 '천구(天狗)'를 정수와 '군시'의 사이에 그렸다.

그러나 대부분의 천문도에서는 귀수 영역의 '외주'와 '천사' 사이에 그렸고, 「순우천문도」에서는 '호' 위에 그렸는데 어느 설이 옳은지는 더 연구해보아야 한다.

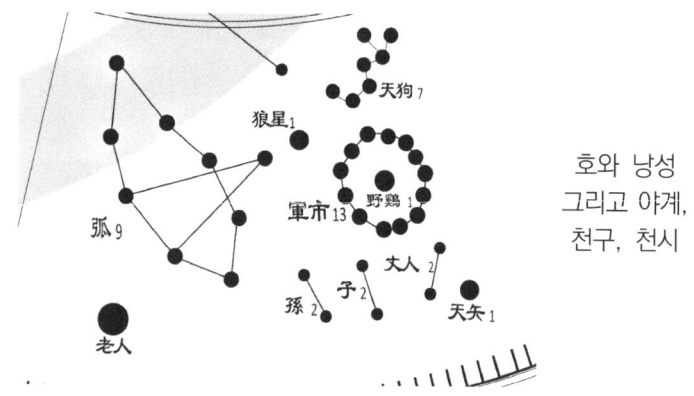

호와 낭성 그리고 야계, 천구, 천시

⑤ 대부분의 천문도에서는 '천시(天屎)'라고 하였는데, 『사기(史記)』의 「천관서」 등에 " '측성'의 아래에 있는 별 하나를 천시(天矢)라고 한다(厠下一星曰天矢)."고 하였고, 「천상열차분야지도」에서도 '천시(天矢)'라고 하였다. 하지만 바로 옆 삼수의 영역에 '측(화장실)'이 있는 것으로 보아, '똥 시(屎)' 자를 '화살 시(矢)' 자로 잘못 쓴 것 같다. 아마도 '호(8개)' 옆의 '시(1개)'와 혼동해서 쓴 것 같다. 즉 '호(활)'에 '시(화살)'를 장전해서 '낭성(이리)'을 겨냥하고, '측(화장실)' 옆에는 '천시(똥)'가 있는 것이 맞다. 또 '천시일', 즉 '천시'를 삼수 영역이 아닌 정수 영역에 표시하였다.

⑥ '야계(野鷄)'는 꿩을 말한다. '꿩 치雉'자를 쓰지 않고 '야계'라고 한 것은 한나라 고조의 정비이자 여자 황제가 된 여치(呂雉 : ?~B.C.180년)의 이름을 휘(諱)해서 쓴 것이라고 생각된다. 이렇게 휘를 한 것으로 미루어보아서 「천상열차분야지도」의 원본인 옛 탁본이 만들어진 연대를 B.C.180년 이후로 보기도 한다. 한편으론 조선시대에 「천상열차분야지도」를 만들 때 '치'를 '야계'로 휘했을 수도 있지만 가능성이 적다.

(3) 정수의 관련지역과 별점

정수(井宿)는 여덟 개의 주홍색 별로 은하수 안에 있으며, 주천도수 중에 33도를 맡고 있다. 12황도궁 중에 거해궁에 해당하고, 미의 방향에 있으며, 진(秦)나라 혹은 옹주(雍州)에 해당한다.

우리나라에 배당하면, 평안도 남부지역인 철원, 강서군의 증산, 강서·함종·평양, 용강군의 용강·삼화, 상원·중화와 황해도 지역인 장연·대강·황주·수안·곡산·안악·봉산·은률·신계·서흥·문화·토산·신천·풍천·재령·평산·송화·장연·우봉·해주·옹진에 해당한다.

평안도 남부지역인 철원, 강서군의 증산, 강서·함종·평양, 용강군의 용강·삼화, 상원·중화와 황해도 지역인 장연·대강·황주·수안·곡산·안악·봉산·은률·신계·서흥·문화·토산·신천·풍천·재령·평산·송화·장연·우봉·해주·옹진

정수(井宿)의 '정'자는 '우물 정'자이다. 따라서 샘물을 주관하고, 제후와 황제의 친척 및 삼공(三公)의 지위에 있는 사람들을 관장한다.

별이 밝고 크면 신하의 공훈을 높여서 제후를 봉하고 봉지를 나눠준다. 움직이고 흔들리면서 색깔을 잃으면 제후와 친척과 삼공을 죽이고 파직하며, 황제의 군대가 재앙을 받는다.

법령의 공평함을 관장한다. 임금이 법을 공평하게 적용하면 별이 밝으면서도 단정하게 열을 짓고, 달이 머물면 바람과 비가 내린다.

또 나라의 창고가 되기도 한다. 별이 어둡고 까끄라기가 일며, 아울러 일식 또는 월식이 있거나 오성이 거스르며 범하면, 대신이 모반을 획책해서 병란을 일으킨다.

　가운데에 있는 여섯 개의 별이 밝으면 수재(水災)가 발생하고, 객성이 범하면 곡식이 자라지 않으며, 장관을 파직하고, 토목공사가 있게 되며, 어린아이들이 요사스러운 말을 퍼뜨린다. 혜성이 범하면 백성 사이에 참언이 떠돌고, 정치하는 사람이 서로 싸우게 된다. 유성이 범하면 봄과 여름에는 진(秦)나라 땅(우리나라는 평안도와 황해도)에 모반이 생기고, 가을과 겨울에는 궁중 안에서 우환이 발생한다.

(4) 정수 영역의 도표 요약

남방주작칠수	천상열차분야지도	보천가 등
정	→ 자미원	積水(적수 1개)
	積薪(적신 1개)	積薪(적신 1개)
	北河三(북하 3개)	北河(북하 3개)
	五諸侯(오제후 5개)	五諸侯(오제후 5개)
	天樽(천준 3개, 烏色)	天樽(천준 3개, 烏色)
	東井八(동정 8개), 33도	井(정 8개, 紅色), 33도
	(鉞월), 1개	列鉞(열월) 또는 월(鉞, 1개, 紅色)
	水位四(수위 4개)	水位(수위 4개, 紅色)
	南河三(남하 3개)	南河(남하 3개)
	四瀆四(사독 4개, 黑色)	四瀆(사독 4개, 黑色)
	水府(수부 4개, 烏色)	水府(수부 4개, 烏色)
	天狗七(천구 7개)	→ 귀수
	闕丘(궐구 2개)	闕丘(궐구 2개, 黑色)
	軍市十三(군시 13개)	軍市(군시 13개, 紅色)
	野鷄一(야계 1개)	野鷄(야계 1개, 赤色)
	孫二(손 2개)	孫(손 2개, 烏色)
	子二(자 2개)	子(자 2개, 烏色)
	丈人二(장인 2개)	丈人(장인 2개, 烏色)
	天矢(天屎)一(천시1개)	→ 삼수
	狼星一(낭 1개)	狼(낭 1개)
	弧九(호 9개), (矢, 1개)	弧(호 8개, 赤色)
		矢(시 1개)
	老人(노인 1개)	老人(노인 1개)
천문도에 표기된 별 숫자의 합	21수 77성 '월'은 실수로 표기하지 못했고, '시'는 '호'와 한 별자리로 보았다.	21수 70성
별 개수의 표기 유무	14(표기 함) : 7(표기 안함)	해당 없음
석본에 새겨진 글자수	53자	해당 없음

2) 귀수

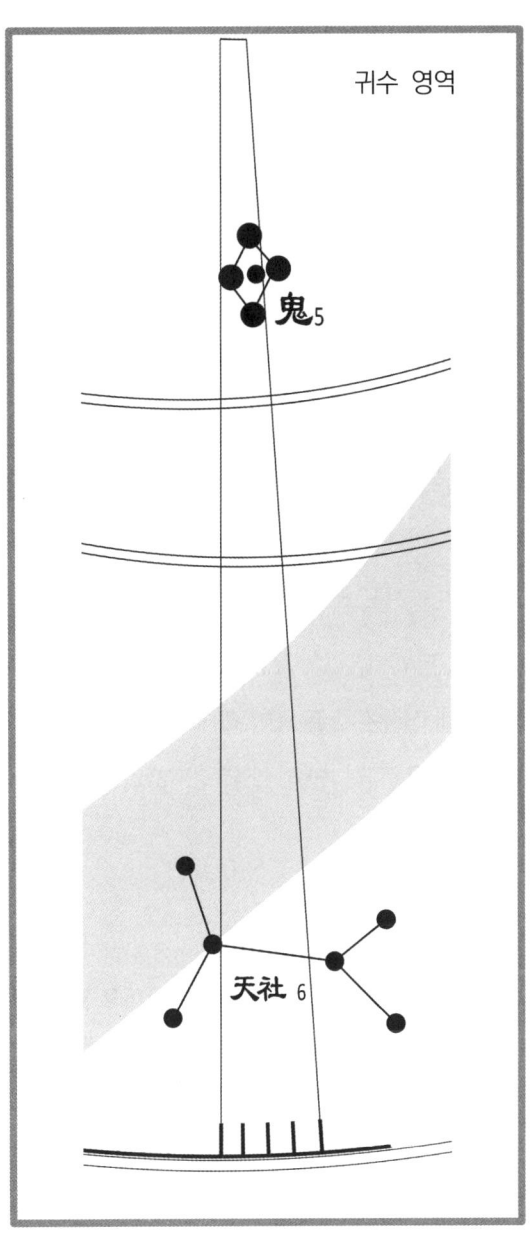

(1) 원문과 풀이

鬼五 天社六
귀 오   천 사 육

* 귀수(鬼宿)[288]는 다섯 개의 별로 이루어졌다.
* 천사[289]는 여섯 개의 별로 이루어졌다.

(2) 「천상열차분야지도」의 특이점

① 『천문류초』와 「천상열차분야지도」의 그림에는 '鬼五(귀오: 귀수는 다섯 개의 별로 이루어졌다)'라고 하여 귀수와 '적시기(積尸氣 : 시체들을 쌓은 기운의 모임)'를 하나의 별자리로 보았다.

사실 귀수의 네 별은 주홍색이고, 가운데 있는 '적시기'는 흰색의 기운이라서 분리하는 것이 맞을 것 같다는 생각이 든다. 위수

288] 귀수(鬼宿)는 여귀(輿鬼)라고도 하며 귀수 영역을 다스리는 제후별이다. 네 개의 주홍색 별 안에 한 개의 흰색 기운으로 이루어져 있다.

289] 천사(天社)는 공공씨(共工氏)의 자식인 구룡(勾龍)이 물과 흙을 잘 다스렸으므로, 종묘사직에 배향하여 제사를 올렸는데, 그 정화(精華)가 하늘로 올라가 이루어진 별이다. 별이 밝으면 사직이 편안하고, 밝지 못하고 동요하면 아랫사람이 반역을 해서 스스로 임금이 될 것을 도모한다. 여섯 개의 검은색(黑色) 별로 이루어졌는데, '호(弧)'의 왼쪽에 있다.

(胃宿) 영역에도 '적시'가 있고 그 역할은 같다.『천문류초』는 그림에서는 연결하고, 해설에서는 두 별을 분리해서 풀이하였다.

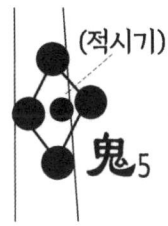
귀수와 적시기

② 별자리 그림에서는 '귀(鬼)'라고 하였고,「인재」에서는 '여귀(輿鬼)'라고 달리 표기하였다.

③「천상열차분야지도」에서는 '관'을 류수 영역에 배당했다. 하지만 '관'은 횃불 또는 봉화(烽火)라는 뜻으로, 사방을 살핀다는 뜻의 귀수와 잘 어울리는 별자리이고, 다른 천문도에서도 귀수 영역이 별로 보았다.

④ 다른 천문도에서 '천구'를 귀수 영역의 '외주'와 '천사' 사이에 그렸는데,「천상열차분야지도」에서는 정수 영역에 표기하였다.

⑤ '천기(1개)'를 아예 새기지 않았다. '천기'는 '천구'와 '천사' 사이에 있는데,『천문류초』에는 그림은 없고 '天紀(천기)'라고 표기했으며,「신법보천가」에서는 '天記(천기)'로 표기하였다.

(3) 귀수의 관련지역과 별점

귀수(鬼宿)[290]는 다섯 개의 주홍색 별로 이루어졌으며, 주천도수 중에 4도를 맡고 있다. 12황도궁 중에 거해궁에 해당하고, 미의 방향에 있으며, 진(秦)나라에 해당한다.

귀수를 우리나라에 배당하면 황해도 지역인 백령도·금천·연안, 연백군의 백천에 해당한다.

황해도 지역인 백령도·금천·연안, 연백군의 백천

귀수는 사망과 질병 그리고 제사지내는 일을 관장한다. 또 하늘의 눈이 되어 간사한 음모를 관찰하는 일을 맡는다.

별이 밝고 크면 곡식이 잘되고, 밝지 못하면 사람들이 흩어진다. 움직이면서 밝은 빛이 나면 세금이 무겁게 매겨지고, 부역이 많아진다. 자리를 옮기면 사람들에게 근심이 생긴다.

귀수의 가운데 있는 '적시(積尸)'는 일명 '적시기(積尸氣)'라고도 하는데, '기(氣)'라고 덧붙이는 까닭은 기운만 나타날 뿐 실질적인

---

[290] 삼재 중의 「인재」에는 '鬼(귀신 귀)'를 '輿鬼(여귀 : 귀신을 한 수레 싣고 감)'라 하여 '輿(수레 여)' 자를 더 붙여서 불렀다.

별이 아니기 때문이다.

   죽고 다치는 일과 제사지내는 일을 주관한다. '적시기'가 밝으면 병란이 일어나고, 대신이 주살당하며, 별이 요동하며 색깔을 잃으면 질병이 돌고, 귀신이 곡을 하며 사람들이 황폐해진다.

(4) 귀수 영역 도표 요약

남방주작칠수	천상열차분야지도	보천가 등
귀	→ 류수	爟(관 4개, 烏色)
	鬼五(귀 5개), 4도, (적시기, 1개)	鬼(귀 4개, 紅色), 4도
		積尸氣(적시기 또는 적시積尸, 1개, 白色)
	→ 정수	天狗(천구 7개, 烏色)
	→ 류수	外廚(외주 6개)
	天社六(천사 6개)	天社(천사 6개, 黑色)
	없음	天記(천기) 또는 천기(天紀, 1개, 烏色)
천문도에 표기된 별 숫자의 합	2수 11성	7수 29성
별 개수의 표기 유무	2(표기 함) : 0(표기 안함)	해당 없음
석본에 새겨진 글자수	5자	해당 없음

3) 류수

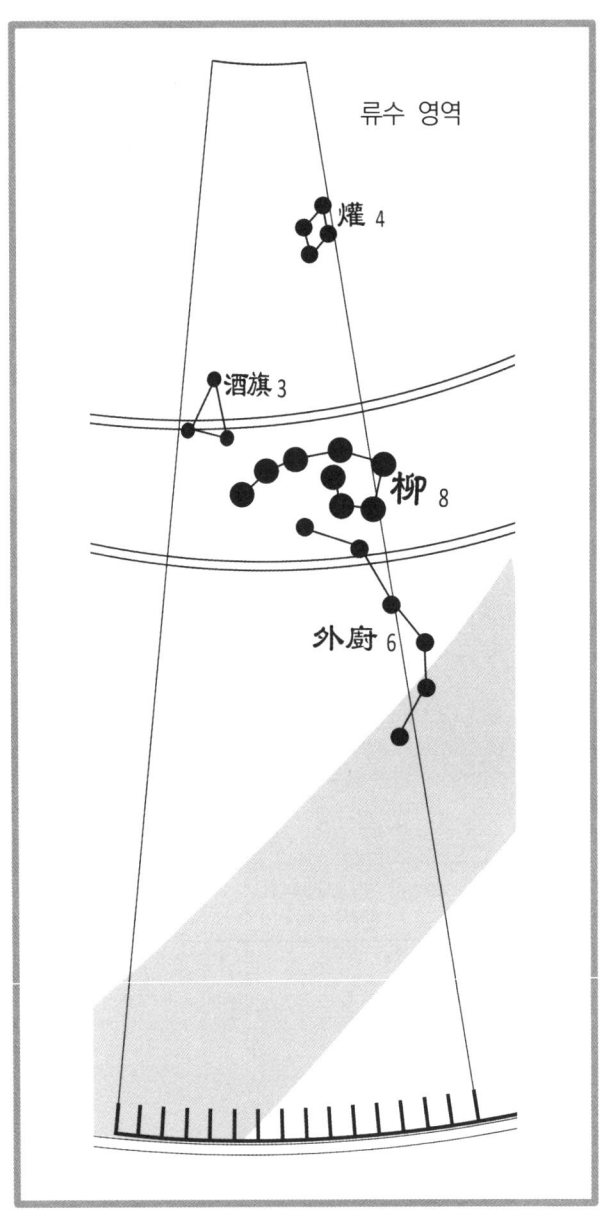

(1) 원문과 풀이

爟四 酒旗三 柳八 外廚六
관사   주기삼   류팔   외주육

* 관[291]은 네 개의 별, 주기[292]는 세 개의 별로 이루어졌다.
* 류수(柳宿)[293]는 여덟 개의 별로 이루어졌다.
* 외주[294]는 여섯 개의 별로 이루어졌다.

291] 관(爟)은 봉화라는 뜻으로 급한 경보를 주관한다. 별이 밝지 않으면 안정되고, 밝고 크면 변방의 고을에 급히 경계해야 할 일이 생긴다. 요동치거나 별빛에 까끄라기가 생기는 것도 같은 조짐이다. 류수의 위에 있는데, 네 개의 짙은 검은색(烏色) 별로 이루어져 있다.

292] 주기(酒旗)는 술을 담당하는 관리의 깃발이다. 주성(酒星)이다. 주로 잔치에서 음식을 즐기는 일을 주관한다. 류수의 왼쪽 위에 세 개의 짙은 검은색(烏色) 별로 이루어져 있다. 이백(李白)의 「월하독작(月下獨酌)」에 나오는 "천약불애주(天若不愛酒:하늘이 술을 사랑하지 않았다면) / 주성부재천(酒星不在天:하늘에 주성이 없었을 것이고)"에 나오는 주성이다.

293] 류수(柳宿)는 류수 영역을 다스리는 제후별이다. 여덟 개의 주홍색 별로 이루어져 있다.

294] 외주(外廚)는 야외 주방이다. 음식을 해서 종묘에 제사음식을 공급하는 일을 한다. 점은 자미원에 있는 '천주(天廚)'와 동일하다. 즉 보이면 길하고 보이지 않으면 흉하며, 없어지면 기근이 든다. 또 객성 또는 유성이 범해도 기근이 든다. 류수의 밑에 여섯 개의 별로 이루어져 있다.

(2) 「천상열차분야지도」의 특이점

'관(爟)'과 '외주(外廚)'를 다른 천문도에서는 귀수 영역에 있다고 보았다.

(3) 류수의 관련지역과 별점

류수(柳宿)는 여덟 개의 주홍색 별이 머리를 구부리고 있는데, 마치 새의 부리가 모이를 쪼아 먹는 형태로 있으며, 주천도수 중에 15도를 맡고 있다. 12황도궁 중에 사자궁에 해당하고, 오의 방향에 있으며, 주나라 혹은 삼하(三河)에 해당한다.

류수를 우리나라의 지역에 배당하면, 경기도 지역인 강화군의 교동, 인천시의 송도·장단, 연천군의 마전·적성, 파주시·개성·고양·양주·서울·김포, 김포시의 통진·양천·강화에 해당한다.

경기도 지역인 강화군의 교동, 인천시의 송도·장단, 연천군의 마전·적성, 파주시·개성·고양·양주·서울·김포, 김포시의 통진·양천·강화

류수는 야외 주방을 맡아 관리한다. 음식 창고를 관리하거나 술자리를 준비하는 역할을 한다. 별이 밝고 크면 술과 음식이 풍부해지고, 요동하면 임금이 술을 먹다 죽게 된다. 색깔을 잃으면

천하가 불안해지고, 기근이 발생한다. 이러한 현상은 조짐이 있은 지 3년이 안 되어 반드시 발생한다.

또한 우레와 비를 주관하고 농업용수와 공업용수를 관할하며 조림사업을 주관한다.

별이 밝으면 나라가 안정되고 주방의 음식이 갖추어지며, 류수의 머리 쪽이 들려있으면 임금의 명령이 잘 전달되고 훌륭한 보좌가 있으며, 별자리가 직선 형태로 곧아지면 신하가 임금을 내칠 것을 도모한다. 별들이 안으로 모여들면 병란이 일어나며, 별이 열려서 밖으로 퍼지면 백성들이 기아에 시달리고, 별이 없어지면 도성 안에 크게 놀랄 일이 생긴다.

일식과 월식이 류수 영역에서 발생하면 궁궐 안이 불안해진다. 객성이 범하거나 머무르면 베와 비단 및 물고기와 소금 등이 귀해진다. 별의 색깔이 푸르면서 희어지면 변방의 제후를 죽이게 된다. 혜성이 범하면 대신을 주살하게 되고, 병란이 일어나며 많은 사람이 죽게 된다. 별이 류수를 거스르면 남쪽 오랑캐가 모반을 일으킨다.

(4) 류수 영역의 도표 요약

남방주작칠수		천상열차분야지도	보천가 등
류		爟四(관 4개)	→ 귀수
		酒旗三(주기 3개)	酒旗(주기 3개, 烏色)
		柳八(류 8개), 15도	柳(류 8개, 紅色), 15도
		外廚六(외주 6개)	→ 귀수
천문도에 표기된 별 숫자의 합		4수 21성	2수 11성
별 개수의 표기 유무		4(표기 함) : 0(표기 안함)	해당 없음
석본에 새겨진 글자수		10자	해당 없음

4) 성수

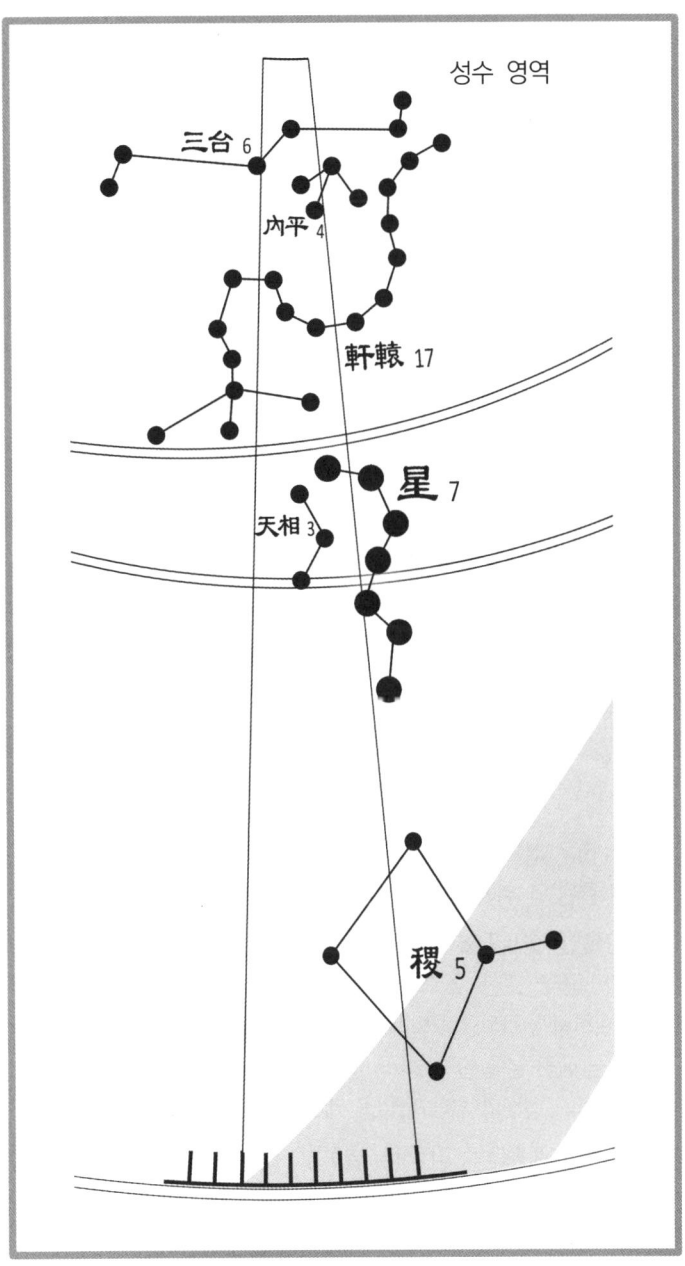

(1) 원문과 풀이

三台六 內平四 軒轅十七 天相 星七 稷五
삼태육 내평사 헌원십칠 천상 성칠 직오

* 삼태[295]는 여섯 개의 별, 내평[296]은 네 개의 별, 헌원[297]은 열일곱 개의 별로 이루어졌고, 천상(3개)[298]이 있다.

295] 삼태(三台)는 덕을 베풀고 임금의 뜻을 널리 펴는 일을 한다. 서쪽으로 '문창'에 가까운 두 별이 상태(上台)이니, 사명(司命)이 되고 수명을 주관한다. 그다음의 두 별이 중태(中台)이니, 사중(司中)이 되고 종실(宗室)의 일을 맡는다. 동쪽의 두 별을 하태(下台)라고 하니, 사록(司祿)이 되고 국방에 관한 일을 맡는다. '삼태'로써 덕을 밝게 하고, 어긋나는 것을 막는 일을 하는 것이다.
　'삼태'가 평상의 형태를 지키면 음양이 조화롭고, 비와 바람이 때맞춰 오며, 곡식이 풍년이 들고 태평해지나, 평상을 지키지 못하면 이와 반대로 된다. 색깔이 고르게 밝으며 상·중·하의 별자리 모습이 서로 비슷해지면 임금과 신하가 화목하며, 법과 명령이 평등해지며, 별자리가 가지런하지 못하면 도리에 어긋나게 된다. '내평'의 위쪽에 있는데, 모두 여섯 개의 별이 둘씩 쌍을 지어 세 무더기를 이루고 있다.

296] 내평(內平)은 죄를 공평하게 처리하는 관직이다. 별이 밝으면 형벌이 공평하게 된다. '헌원'의 위에 네 개의 별로 이루어져 있다.

297] 헌원(軒轅)은 황제씨(黃帝氏)이며, 황룡의 형상을 하고 있다. 황후와 왕비가 후궁을 다스린다. 또한 우레와 비의 신으로 음양의 교합을 맡는다.
　별이 작으면서 누런색으로 빛나면 길하고, 자리를 옮기면 백성이 유랑하며, 좌우의 뿔처럼 생긴 남쪽 별이 벌어지면서 흔들리면 황후의 친척들이 정사를 전횡하다가 망한다. 성수의 위에 열일곱 개의 별로 이루어져 있다.

298] 천상(天相)은 정승(정승 상)이다. 별이 밝으면 길하고, 어두우면 흉하며, 별이 없어지면 재상이 쫓겨나게 된다. 성수의 왼쪽에 세 개의 누런색 별로 이루어져 있다.

* 성수(星宿)[299]는 일곱 개의 별로 이루어졌다.
* 직[300]은 다섯 개의 별로 이루어졌다.

(2) 「천상열차분야지도」의 특이점

다른 천문도에서는 '삼태(三台)'를 태미원 영역에 배당하였다.

(3) 성수의 관련지역과 별점

성수(星宿)는 일곱 개의 주홍색 별로 이루어졌으며[301], 주천도수 중에 7도를 맡고 있다. 12황도궁 중에 사자궁에 해당하고, 오의 방향에 있으며, 주나라에 해당한다.

성수를 우리나라의 지역에 배당하면, 경기도 지역인 부평·인천·과천·시흥·안산·남양·수원에 해당한다.

299] 성수(星宿)는 성수 영역을 다스리는 제후별이다. 일곱 개의 주홍색 별로 구성되었다 하여 '칠성(七星)'이라고도 한다.

300] 직(稷)은 기장이라는 뜻으로, 농사에 관한 일을 주관한다. 별이 밝으면 풍년이 들고, 어둡거나 별자리를 갖추지 못했거나 또는 자리를 옮기면 흉년이다. '천상'의 아래에 다섯 개의 별로 이루어져 있는데, 「신법보천가」 그림에는 없다.

301] 성수를 일곱 개의 별로 구성되었다 하여 '칠성(七星)'이라고도 한다.

경기도 지역인 부평·인천·과천·
시흥·안산·남양·수원

성수는 황후 또는 왕비이다. 궁 안에서 임금을 보필하여 안살림을 꾸려나간다. 또한 어진 선비도 된다. 색깔을 잃고 별빛에 까끄라기가 생기면서 움직이면, 황후 또는 왕비가 죽게 되고 또 어진 신하가 죽임을 당한다. 별이 밝고 커지면 정치와 교화가 잘 이루어져서 나라가 성대하게 된다.

주로 의상과 문양 등 장식에 힘을 쓰며, 급한 병란이 있거나 도적을 막는 일을 주관한다. 별이 밝으면 왕도(王道)가 번창하게 되고, 어두우면 어질고 선량한 사람들이 갈 곳이 없게 되며, 임금 역시 질병이 든다. 별이 움직이면 병란이 일어나고, 서로간의 거리가 멀어지면 정치가 바뀐다.

일식이 있으면 임금이 불안해지고 언론을 맡은 사람이 죽임을 당하며, 성수에 해당하는 분야에 병란이 일어나고, 신하가 난을 일으킨다. 월식이 있으면 황후나 대신에게 근심이 생기고, 또한 기근이 들어 백성이 유랑하게 되며, 해당하는 나라의 정권이 바뀌게 된다.

목성이 범하면 임금에게 병란의 근심이 있고, 오곡이 성숙하지 못한다. 화성이 범하면 가뭄이 들고, 화성이 역행하면 지진이 일어나 화재가 발생한다. 토성이 범해서 머무르면 세상이 다스려져서 평안해지고, 왕도(王道)가 흥성해지며, 황후와 왕비 등 부인에게 기쁨이 있다. 금성이 범하면 병사들이 폭동을 일으키며, 대신이 난리를 일으킨다. 수성이 범하면 도적 같은 신하가 측근에서 총애를 받게 되고, 수성이 머무르면 성수(星宿)에 해당하는 분야에 근심이 있게 되며, 만물이 성숙하지 못하고, 병란이 중앙에서부터 일어나며, 귀하고 높은 신하가 죄를 얻게 되고, 백성에 질병이 돌고 유랑생활을 하게 된다.

객성이 범하면 병란이 일어나고, 혜성 또는 패성이 범하면 병란이 일어나 어지러워지고, 귀하고도 높은 신하가 죽임을 당하게 된다. 유성이 범하면 병란의 근심이 있고, 들어오면 급박한 일을 알리는 사신이 온다.

(4) 성수 영역의 도표 요약

남방주작칠수	천상열차분야지도	보천가 등
성	三台六(삼태 6개)	→ 태미원
	內平四(내평 4개)	內平(내평 4개)
	軒轅十七(헌원 17개)	軒轅(헌원 17개)
	天相(천상 3개, 黃色)	天相(천상 3개, 黃色)
	星七(성 7개), 7도	星(성 7개, 紅色), 7도
	稷五(직 5개)	稷(직 5개)
천문도에 표기된 별 숫자의 합	6수 42성	5수 36성
별 개수의 표기 유무	5(표기 함) : 1(표기 안함)	해당 없음
석본에 새겨진 글자수	16자	해당 없음

5) 장수

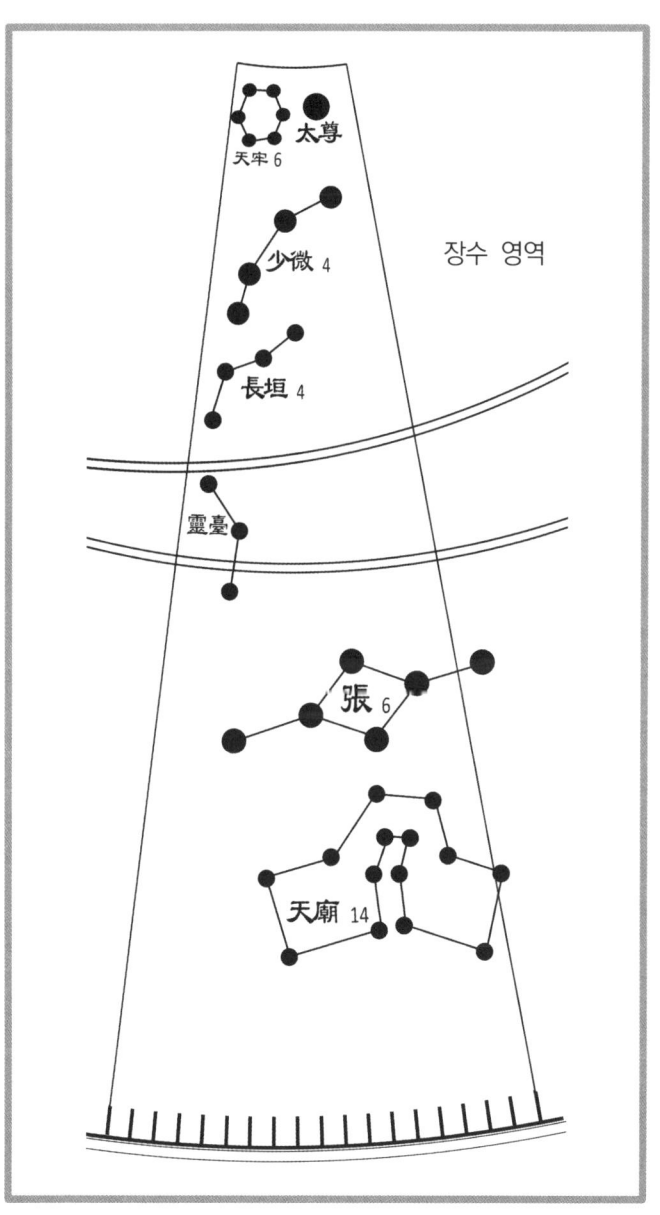

(1) 원문과 풀이

天牢六 太尊 少微四 長垣四 靈臺 張六 天廟十四
천뢰육　태존　소미사　장원사　영대　장육　천묘십사

* 천뢰302]는 여섯 개의 별로 이루어졌으며, 태존(1개)303]이 있고, 소미304]는 네 개의 별, 장원305]은 네 개의 별로 이루어져 있고, 영대(3개)306]가 있다.
* 장수(張宿)307]는 여섯 개의 별로 이루어져 있다.

302] 천뢰(天牢)는 귀인을 가두어 두는 감옥(감옥 뢰)이니, 주로 죄를 짓거나 포악한 행동을 막는 일을 한다. 객성 또는 혜성이 범하면 삼공(三公)이 옥에 갇히게 되거나, 혹은 장군 또는 재상에게 우환이 생긴다. 유성이 범하면 사면령이 내린다. '태존'의 왼쪽에 있는데, 여섯 개의 별로 이루어져 있다.

303] 태존(太尊)은 황제의 인척이다(존귀할 존). 별이 보이지 않으면 근심이 생긴다. 객성이나 혜성 또는 유성이 범하면 황제의 인척이 다치고 죽는 조짐이 된다. '문창'의 아래, '삼태'의 위에 있는데, 한 개의 별로 이루어져 있다.

304] 소미(少微)는 사대부의 자리이니, 일명 처사(處士)라고도 한다. 또 아래에 있는 첫 번째 별이 처사이고, 두 번째 별이 의사(議士)이며, 세 번째 별이 박사(博士)이고, 네 번째 별은 대부(大夫)이다.
　별이 밝고 커지면서 누렇게 되면 어진 선비가 등용되고, 달 또는 오성이 범해서 머무르면 처사와 황후 등에게 근심이 생기며, 재상을 바꾸게 된다. '소미'는 네 개의 붉은색 별로 이루어졌으며, '헌원'의 왼쪽에 있다.

305] 장원(長垣)은 국경의 담이다(담 원). '소미'의 아래쪽에 있는데, 네 개의 별로 이루어져 있다.

306] 영대(靈臺)는 천문기상 등을 관찰하고 조짐과 변괴를 살피는 일을 한다. 점은 '사괴(司怪)'와 동일하게 본다. '장원'의 아래에 있는데, 세 개의 검은색(黑色) 별로 이루어져 있다.

* 천묘308]는 열네 개의 별로 이루어져 있다.

(2) 「천상열차분야지도」의 특이점

① 천문도에서 '태존(太尊), 천뢰(天牢六), 장원(長垣四), 소미(少微四), 호분(虎賁), 영대(靈臺)' 등 여섯 별자리가 장수의 위에 있으나, 다른 천문도에서는 '태존, 천뢰'는 자미원에, '장원, 소미, 호분, 영대' 등은 태미원(太微垣)에 속한 것으로 보았다.

② 이 여섯 별자리 중에서 '호분'은 태미원의 바로 위에 있으므로 태미원 영역에 배당했다.

③ 또 '태존'에 대해서 『천문류초』에서는 자미원에, 「보천가」에서는 자미원과 장수에 모두 포함시켰고, 『천문요람』, 『영대비원』 등에서는 장수에 소속시켰다.

307] 장수(張宿)는 장수 영역을 다스리는 제후별이다. 여섯 개의 주홍색 별로 이루어져 있다.
308] 천묘(天廟)는 임금의 조상 묘당(사당 묘)이다. 별이 밝으면 길하고, 미미해지면 해당 분야에 병란이 일어나며, 군대에 식량의 공급이 원활치 못하게 된다. 객성이 범하면 나라에 국상이 나서 흰옷을 입게 되고, 병란이 발생한다. 일설에는 제관에게 근심이 생긴다고 한다. 장수의 아래에 있는데, 열네 개의 별이 사방으로 방책을 펼친 형태를 이루고 있다.

(3) 장수의 관련지역과 별점

장수(張宿)는 여섯 개의 주홍색 별로 이루어졌으며, 주천도수 중에 18도를 맡고 있다. 12황도궁 중에 사자궁에 해당하고, 오의 방향에 있으며, 주나라에 해당한다.

장수를 우리나라의 지역에 배당하면, 경기도 지역인 평택·안성·양성·용인·양지·광주·죽산과 충청도 지역인 진천·청주·괴산·청안·음성·충주·청풍·단양·제천에 해당한다.

경기도 지역인 평택·안성·양성·용인·양지·광주·죽산과 충청도 지역인 진천·청주·괴산·청안·음성·충주·청풍·단양·제천

천자의 종묘와 조정회의를 관리한다. 별이 밝고 커지면 나라가 강대해지고, 색깔을 잃으면 종묘(宗廟)가 불안해지며, 조정회의를 하지 않게 된다.

또 진귀한 보물을 주관하니, 종묘 및 의복에 소용되는 보물이다. 또 주방을 맡으니, 음식으로 상을 주는 일을 한다. 별이 밝으면 왕이 아랫사람들을 잘 대접하며 잘 다스리게 된다. 별끼리 간격이 떨어지거나 자리를 옮기면 역도들이 생겨난다.

별자리가 모여들면 병란이 일어나고, 금성 또는 화성이 머물러도 병란이 일어난다. 색이 가늘어지면서 빛이 없어지면 임금의 자손이 귀해지고, 일식이 생기면 왕이 예절을 잃게 되며, 음식을 만들어 올리는 사람에게 근심이 생긴다. 월식이 되면 큰 장마가 지고, 장수(張宿)에 해당하는 분야의 백성들이 굶주림에 허덕이며, 신하가 세력을 잃고, 황후에게 근심이 생긴다.

달이 범하면 장군과 재상이 죽게 되고, 혜성이 범하면 군대를 동원할 일이 생기며, 백성이 많이 죽는다. 혜성이 머무르면 병란이 발생하고, 나가면 가뭄이 들며, 화성 또는 패성이 범하면 병란이 일어나고, 토성 또는 수성이 범하면 나라가 편안하지 못하다.

(4) 장수 영역 도표 요약

남방주작칠수	천상열차분야지도	보천가 등
장	天牢六(천뢰 6개)	→ 자미원
	太尊(태존 1개)	→ 자미원
	少微四(소미 4개)	→ 태미원
	長垣四(장원 4개)	→ 태미원
	靈臺(영대 3개)	→ 태미원
	張六(장 6개), 18도	張(장 6개, 紅色), 18도
	天廟十四(천묘 14개)	天廟(천묘 14개)
천문도에 표기된 별 숫자의 합	7수 38성	2수 20성
별 개수의 표기 유무	5(표기 함) : 2(표기 안함)	해당 없음
석본에 새겨진 글자수	19자	해당 없음

6) 익수

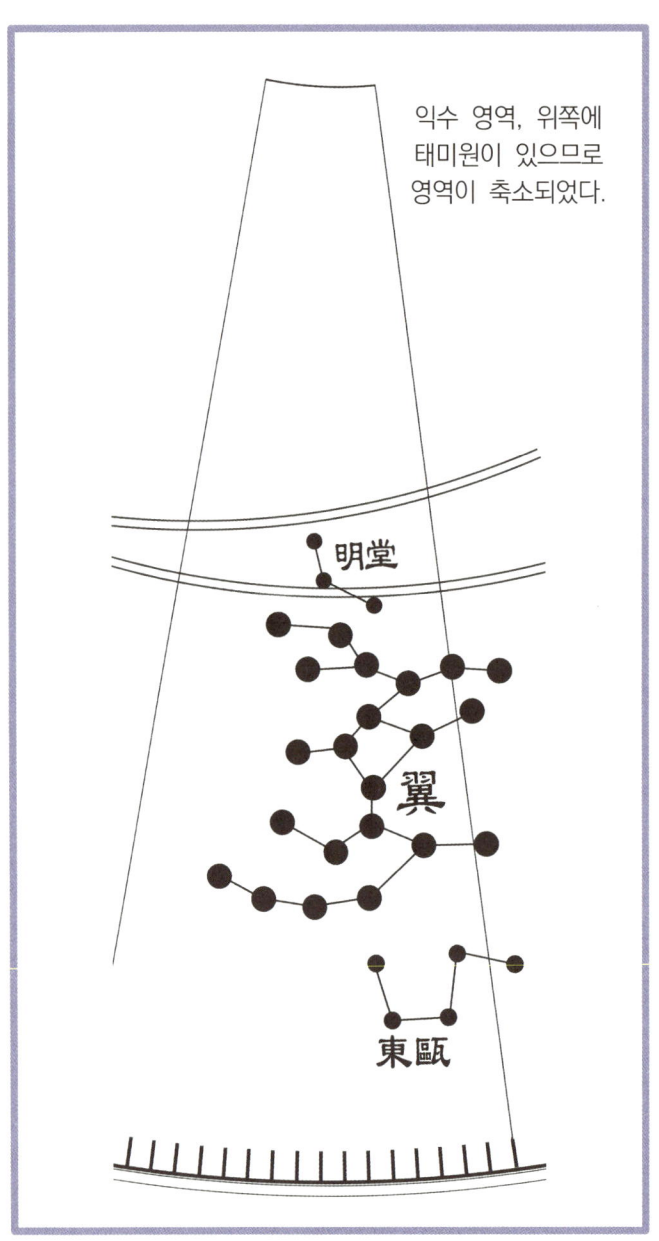

(1) 원문과 풀이

明堂 翼 東區
명당 익 동구

* 명당(3개)309]이 있다.

* 익수(翼宿, 22개)310]가 있다.

* 동구(5개)311]가 있다.

(2) 「천상열차분야지도」의 특이점

① 다른 천문도에서는 익수 위의 '명당'을 태미원에 소속시켰다.

② 「천상열차분야지도」에서는 '東區(동구)'의 '구'자를 '甌(사발 구)'자가 아닌 '區(지경 구)' 자를 썼는데, 이는 『수서隋書』와 같은 표기

309] 명당(明堂)은 임금과 신하가 조정회의를 하는 곳이다. 별이 밝으면 길하고 어두우면 흉하다. 오성이나 객성 또는 혜성이 범하면 명당이 불안하게 된다. 태미원의 단문(端門) 아래에 있는데, 세 개의 별로 이루어져 있다.
310] 익수(翼宿)는 익수 영역을 다스리는 제후별이다. 태미원 아래에 있는데, 스물 두 개의 주홍색 별로 이루어져 있다.
311] 동구(東區)는 베트남과 캄보디아 미얀마 등 남쪽 나라를 맡는다. 까끄라기가 불같이 이면서 동요하면 남쪽 나라들이 반란을 일으키고, 금성 또는 화성이 머무르면 그 해당하는 지역에 병란이 일어난다. 다섯 개의 검은색(黑色) 별로 이루어졌는데, 익수의 아래에 있다.

법이다.

(3) 익수의 관련지역과 별점

익수(翼宿)는 스물두 개의 주홍색 별로 이루어졌으며, 주천도수 중에 18도를 맡고 있다. 12황도궁 중에 쌍녀궁에 해당하고, 사의 방향에 있으며, 초나라 혹은 형주(荊州)에 해당한다.

익수를 우리나라의 지역에 배당하면, 전라도 고창군의 무장·고창, 영광·장성·진원·함평·무안·나주·진도·해남·영암·강진, 나주시의 남평과 제주특별자치도에 해당한다.

전라도 고창군의 무장·고창, 영광·장성·진원·함평·무안·나주·진도·해남·영암·강진, 나주시의 남평과 제주도

도덕을 이루게 하고 문서 및 전적을 담당한다. 별이 색깔을 잃으면 백성이 유랑하고, 까끄라기가 일면서 움직이면 도덕이 행해지지 않고 문서 및 전적이 없어진다. 움직이고 이동하면 삼공을 폐하게 되고, 밝고 커지면 교화가 잘 이루어진다.

또한 하늘의 악부(樂府)가 되니, 주로 광대와 가수 등이 희롱하고 즐기는 일을 맡으며, 또한 변방의 이적(夷狄)과 멀리 떨어진 사신 및 바다를 등지고 있는 나라의 사신을 맡는다. 별이 밝고 커지면 예와 악(禮樂)이 흥하고, 사방의 변방국가들이 와서 조공을 바친다. 별이 움직이면 만(蠻)·이(夷) 등이 사신을 보내오고, 간격이 떨어지면서 자리를 옮기면 천자가 병사들을 직접 지휘하게 된다.

일식이 있으면 신하 중에 임금을 범하는 자가 생기며, 예절을 잃게 되고, 충신이 참소를 당하며, 가뭄으로 인한 재앙이 든다. 월식이 있어도 충신이 참소를 당하고, 날개가 있는 벌레들이 많이 죽게 되고, 북방에 병란이 발생하며, 황후가 패악을 저지른다. 일설에는 대신이 음모를 꾸민다고도 한다.

해 또는 달이 지나가면 바람이 일어나고, 목성이 범하면 오곡이 풍해(風害)를 입으며, 역행해서 들어오면 임금이 사냥하고 수렵하는 것을 좋아하게 된다. 화성이 범하면 해당하는 분야의 사람들이 기아에 허덕이며, 신하가 명령을 따르지 않고, 변방에서 병란이 일어난다. 토성이 범하면 대신이 근심하고, 머무르면 성인(聖人)이 임금을 맡고 어진사람이 신하를 맡게 되며 풍년이 든다. 금성이 들어오거나 범하면 병란이 일어나고, 수성이 능멸하면서 아랫방향에서 거스르면 신하가 난을 일으키다가 죽임을 당한다. 머무르면 가뭄이 들고 백성이 굶주린다.

유성이나 객성 또는 혜성이 범하면 대신에게 근심이 생기고, 나라 안에 병란이 발생한다. 패성 또는 유성이 범해도 대신에게 근심이 생기고, 익수(翼宿)의 분야에 병란이 일어난다. 일설에는 유성이 들어오면 천하의 어진 선비가 벼슬길에 나오고, 남쪽 나라들이 와서 조공을 한다고도 한다.

(4) 익수 영역의 도표 요약

남방주작칠수	천상열차분야지도	보천가 등
익	明堂(명당 3개)	→ 태미원
	翼(익 22개), 18도	翼(익 22개, 紅色), 18도
	東區(동구 5개)	東甌(동구 5개, 黑色)
천문도에 표기된 별 숫자의 합	3수 30성	2수 27성
별 개수의 표기 유무	0(표기 함) : 3(표기 안함)	해당 없음
석본에 새겨진 글자수	5자	해당 없음

7) 진수

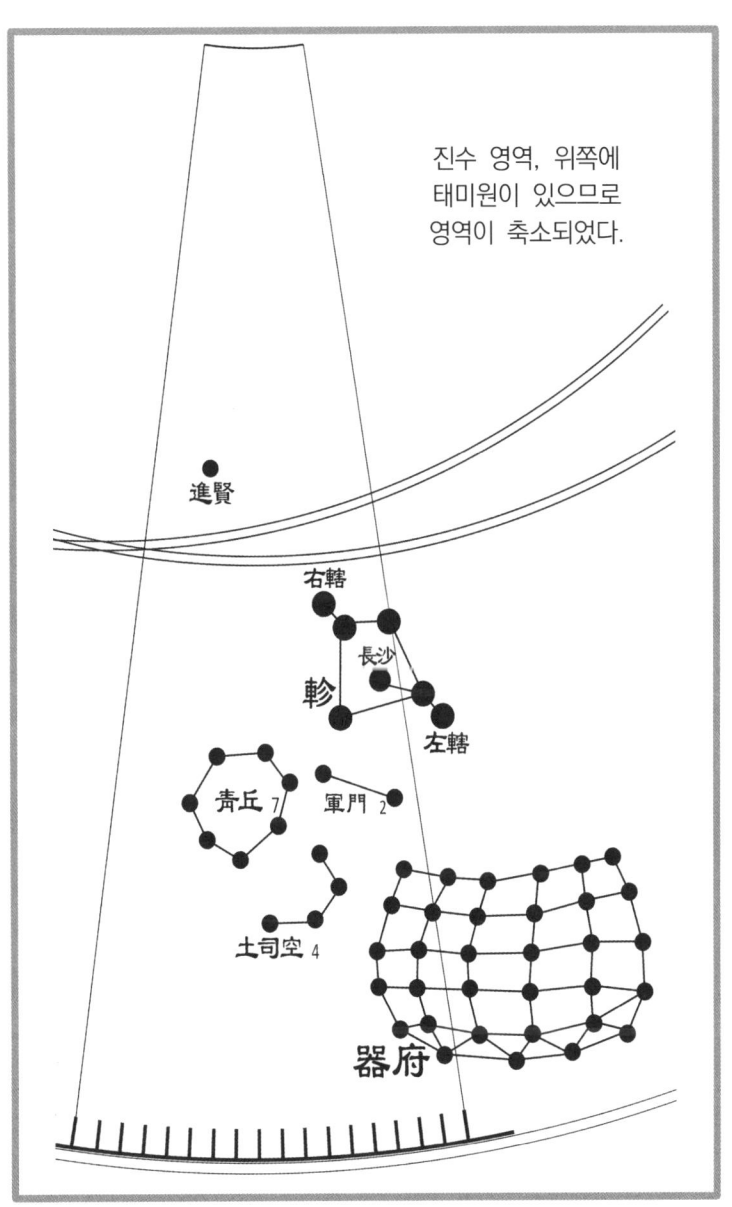

(1) 원문과 풀이

進賢 軫 右轄 左轄 長沙 靑丘七 軍門二 土司空四
진현　진　우할　좌할　장사　청구 칠　군문 이　토사공 사

器府
기부

* 진현(1개)[312]이 있다.

* 진수(軫宿, 4개)[313]가 있다.

* 우할(1개)[314]과 좌할(1개)[315]과 장사(1개)[316]가 있으며, 청구[317]는

---

[312] 진현(進賢)은 뛰어난 인재를 천거하는 것을 의미한다. 밝으면 현명한 사람이 합당한 자리에 있게 되고, 어두우면 현명한 인재가 재야에 묻혀있게 된다. '좌태미원'의 아래에 있는 한 개의 짙은 검은색(烏色) 별이다.

[313] 진수(軫宿)는 진수 영역을 다스리는 제후별이다. 네 개의 주홍색 별로 이루어져 있다.

[314] 우할(右轄)과 좌할(左轄)은 임금과 제후를 주관한다. '좌할'은 임금과 같은 성씨의 제후이고, '우할'은 임금과 다른 성씨의 제후이다. 별이 밝으면 병란이 크게 일어나고, 진수와 멀리 있으면 흉하며, 보이지 않으면 나라에 큰 우환이 있게 된다. '좌할'과 '우할'은 진수의 양 끝에 붙어 있는데, 각기 한 개의 붉은색 별로 이루어져 있다.

[315] '우할'과 같다.

[316] 장사(長沙)는 전차를 움직이는 장수이고, 또 수명을 관장하니, 별이 밝으면 임금의 수명이 길어지고 자손이 번창한다. '장사'는 사각형을 이루고 있는 진수의 안에 있는데, 한 개의 붉은색(赤色) 별로 이루어져 있다.

[317] 청구(靑丘)는 한국 또는 동이족을 주관한다고 한다. 별이 밝으면 한국의 병사들이 강성해지고, 움직이고 흔들리면 한국의 병사들이 난리를 일으킨다. 진수의

일곱 개의 별, 군문[318]은 두 개의 별, 토사공[319]은 네 개의 별로 이루어졌고, 기부(29개)[320]가 있다.

(2) 「천상열차분야지도」의 특이점

① 다른 천문도에서는 '진현'이 각수 영역에 있다고 하였다.

② 「천상열차분야지도」에서는 '기부'의 별개수가 29개이다. 『천문류초』 그림에서는 29개이고, 「보천가」의 그림에는 없으나 글로 쓴 개수는 32개로 되어있고, 『천문요람』 등에서도 32개로 표기되었다.

위쪽 아래에 있는데, 일곱 개의 짙은 검은색(烏色) 별로 이루어져 있다. 한국하고 관련도 있었겠지만, 후대로 가면서 한국의 힘이 약해졌을 때 중국 측 천문가들이 일부러 검은 색 별과 관련지어 깔보려는 뜻도 있었을 것이다.

318] 군문(軍門)은 임금이 직접 통솔하는 군대의 출입문이다. 주로 병영의 척후를 주관한다. 자리를 옮기거나 객성이 범하면 도로가 막힌다. 진수의 아래에 있는데, 두 개의 누런색 별로 이루어져 있다.

319] 토사공(土司空)은 주로 토목공사를 맡는다. 일명 사도(司徒)라고도 하니, 구역의 경계를 맡아 행한다. 고르게 밝으면 천하에 풍년이 들고, 미세하고 어두워지면 곡식이 잘 자라지 않는다. '군문'의 아래에 있는데, 네 개의 누런색 별로 이루어져 있다.

320] 기부(器府)는 악기를 맡은 부서이니, 여러 가지 악기를 주관한다. 별이 밝으면 음악이 조화를 이루고, 임금과 신하가 평화롭게 지내나, 별이 밝지 못하면 이와 반대로 된다. 객성 또는 혜성이 범하면 악관(樂官)이 죽임을 당한다. 진수의 아래에 있는데, 서른두 개의 검은색(黑色) 별로 이루어져 있다.

③ 「천상열차분야지도」에서는 진수와 '좌할(1개)', '우할(1개)', '장사(1개)'를 선으로 연결했다. 그러면서도 '좌할', '우할', '장사' 등의 별자리 이름을 표시함으로써, 진수와 다른 별자리임을 밝혔다.

그런데 「오」 직사각형에서는 "남방주작칠수는 64개의 별로 이루어졌다." 고 하였다. 남방주작칠수의 별 합이 64개가 된다는 것은, 남방주작칠수에 '적시기(1개)'는 물론이고, '열월(1개)'과 '좌할(1개)', '우할(1개)', '장사(1개)'를 합했다는 뜻이 된다.

(3) 진수의 관련지역과 별점

진수(軫宿)는 네 개의 별로 이루어졌으며, 주천도수 중에 17도를 맡고 있다. 12황도궁 중에 쌍녀궁에 해당하고, 사의 방향에 있으며, 초나라에 해당한다.

진수를 우리나라의 지역에 배당하면, 전라도 지역인 광주, 담양군의 창평, 화순군의 동복, 능주·장흥·순천·고흥·보성·곡성·구례·광양에 해당한다.

전라도 지역인 광주, 담양군의 창평, 화순군의 동복, 능주·장흥·순천·고흥·보성·곡성·구례·광양

진수는 군대 또는 악부(樂府)를 맡으니, 노래하고 즐기는 일을 주관한다. 오성이 범하면 지위를 잃고 나라를 잃으며, 여자가 정사를 맡게 되고, 사람이 직업을 잃으며, 도적의 무리가 약탈을 하니, 백일이 채 지나지 않아 사람들이 화를 입게 된다.

별이 밝고 커지면 천하가 번창하고, 만백성이 편안하며, 온 세상이 임금의 교화를 받게 된다.

또한 전차와 기마로 외적을 막는 뜻이 있다. 별이 밝고 커지면 전차와 기마가 쓰이게 되어 사람들이 많이 죽고 다친다. 별이 밝으면 임금의 자가용이 제대로 준비되고, 별의 간격이 떨어지며 자리를 옮기면 천자에게 근심이 생기며, 가운데로 모여들면 병란이 크게 일어난다.

해 또는 달이 지나가면 바람이 일어나며, 화성이 범하면 병란이 일어나고, 회성이 들어오면 장군이 난리를 일으키며, 수해로 인해 곡식이 상하고, 백성 사이에 요사스러운 말이 퍼진다. 화성이 역행하면 화재가 발생하고, 병란이 일어난다. 금성이 범해도 병란이 일어나고, 수성이 범하면 백성에 질병이 들며, 대신에게 근심이 생긴다. 수성이 머무르면 큰 홍수가 나고, 들어오면 천하에 불로 인한 근심이 많다.

객성·혜성·패성·유성 중에 하나가 범하면 병란이 일어나고, 많이 죽게 된다.

(4) 진수 영역의 도표 요약

남방주작칠수		천상열차분야지도	보천가 등
진		進賢(진현 1개)	→ 각수
		軫(진 4개), 17도	軫(진 4개, 紅色), 17도
		右轄(우할 1개)	右轄(우할 1개, 赤色)
		左轄(좌할 1개)	左轄(좌할 1개, 赤色)
		長沙(장사 1개)	長沙(장사 1개, 赤色)
		靑丘七(청구 7개)	靑丘七(청구 7개, 烏色)
		軍門二(군문 2개)	軍門二(군문 2개, 黃色)
		土司空四(토사공 4개)	土司空四(토사공 4개, 黃色)
		器府(기부 29개)	器府(기부 32개, 黑色) 그림에는 29개, 「보천가」에는 32개
천문도에 표기된 별 숫자의 합		9수 50성	8수 52성
별 개수의 표기 유무		3(표기 함) : 6(표기 안함)	해당 없음
석본에 새겨진 글자수		21자	해당 없음

찾아보기

* 이 책의 중요 내용인 3재 10간 12지를 가장 먼저 썼으며, 그 다음 숫자를 넣고, ㄱ~ㅎ까지는 별이름, 인명, 서명 순으로 넣었다.
* 반복되어 계속 나오는 경우는 앞 쪽만 적었다.

3재 10간 12지
천재 12 14 97 98 99 101 107 111 131
지재 12 53 56 93 97~100 107 131 132 157~159 163 167 169 179
인재 12 53 62 70 71 74 75 77 80~83 85~88 97 98 107 127 131 135 137 143 222 267 290 312 319 343 389 407
「갑」원 179 355
「을」원 179 355
「병」원 70~71 185~186 231
「정」원 70~71 128 185~186
「무」원 176 178 188
「기」원 176 178 188
「경」원 176 178 188
「신」원 176 178 188
「임」원 133 191 193 199
「계」원 133 191 193 199
「자」직사각형 128 134 195 196 199 200
「축」직사각형 127 134 195 196 199 206
「인」직사각형 211 212
「묘」직사각형 211 217
「진」직사각형 62 70 82~84
「사」직사각형 88 222 223 379 389
「오」직사각형 62 70~72 77~78 88 222 224 434
「미」직사각형 62 70~72 74 88 222 224 290
「신」직사각형 176 178 188 189 225
「유」직사각형 225 226
「술」직사각형 196 227
「해」직사각형 196 227 228

숫자
1/4도 82 127 128 138 149 186 195 202~204 209 223 229 268 274 313 315
10간 12지 101 172 177
10간 12지의 전설 172
12국 분야 127
12지 12 101 177 196

24절기 183
28수와 사신 267

ㄱ

각(角) 75 147 270 273 269
각도(閣道) 245
강(杠) 245
강(糠) 300
강루降婁 207
개양(閻陽) 249
개옥(蓋屋) 329
거극도수 143
거기(車騎) 284
거부(車府) 261
건성(建星) 68 311
건폐(鍵閉) 318
견우(牽牛) 83 149 318
경하(更河) 277
고(苽) 323
고루(庫樓) 271
고선(姑洗) 208
곡(哭) 261 329
관(爟) 411
관문(關門) 295
관삭(貫索) 259
괴(魁) 311
구(鉤) 334
구(臼) 335
구(狗 : 개) 311
구감(九坎) 318
구검(鉤鈐) 73 289 290

구경(九卿) 235 258
구국(狗國) 311
구유(九斿) 378
구주수구(九州殊口) 378
구진(勾陳) 244 245
군남문(軍南門) 354
군문(軍門) 433
군시(軍市) 40 397
군정(軍井) 388
궁천(穹天) 141
권설(卷舌) 370
궐구(闕丘) 397
귀(龜) 300
귀수(鬼宿) 34 68 76 78 406
규수(奎宿) 207 311 354
기관(騎官) 284
기부(器府) 433
기수(箕宿) 146 147 303 304
기진장군(騎陣將軍) 284
까마귀 174

ㄴ

나언(羅堰) 317 318
남극관 61
남극노인성 40 398
남두수(南斗宿) 93 149 311
남려(南呂) 202
남문(南門) 271
남방칠수 18 77 154 393
남하(南河) 395 396
낭성(狼星) 40 398

낭위(郎位) 233 235
낭장(郎將 : 경호대장) 235
내계(內階) 250
내저(內杵) 334
내주(內廚) 250
내평(內平) 416
노인(老人) 38 398
노조(盧肇) 140 142
논천 127
농가장(農家丈) 304
농사월령가 117
농장인(農丈人) 304
뇌전(雷電) 65 87 341
누벽진 342

ㄷ

단문(端門) 233 236
달과 황도·적도 217
당나라 125
당태종 문황제 어찬 138
대(代) 324
대각(大角) 277
대관령박물관 133
대량(大梁) 208
대려(大呂) 204
대릉(大陵) 359
대리(大理) 248
대화(大火) 202 295
대화, 현효, 강루, 대량, 순수, 순화 202
도사(屠肆) 259
돈완(頓頑) 278

동구(東區) 427
동방칠수 18 74 144 283
동벽수(東壁宿) 150 348
동정(東井) 67 76 396 399
동지~망종 181
동함(東咸) 283 295
두(斗) 83 261 309 354
등사(螣蛇) 341

ㄹ

려석(礪石) 370
루수(婁宿) 207 358 410
류수(柳宿) 152 209 410
립(立) 68 311

ㅁ

마갈궁 195 204
명 159 161
냉낭(明堂) 233 427
목저(木杵) 304
묘수(昴宿) 94 208 369 370
무역(無射) 203
문창(文昌) 250
미수 74 146 298

ㅂ

바라(罷漏) 115
방수(房宿) 67 73 147 153 289
백도(帛度) 259
벌(罰) 295
벌(伐) 69 388

벽력(霹靂) 341 342
벽수(壁宿) 347 348
별(鼈 : 자라) 311
별자리의 영역을 나눔 16
병(屛) 237 384
보성(輔星) 249
부광(扶筐) 247
부로(附路) 246 354
부열(傅說) 299
부월(鈇鉞) 336
부이(附耳) 67 79 81 377
부이, 구검, 열월 228
부질(鈇鑕) 348
북극(北極) 244
북두 66 87 242 248
북두칠성 31 33
북락사문(北落師門) 336
북방칠수 18 78 84 148 308
북신(北辰) 244
북하(北河) 395
분묘(墳墓) 65 78 84 335 337

ㅅ

사공(司空) 355
사괴(司怪) 388 422
사독(四瀆) 396
사록(司祿) 329 416
사마(司馬) 246
사명(司命) 329 416
사보(四輔) 244
사분도지일(四分度之一) 127

사비(司非) 329
사위(司危) 329
사중(司中) 416
삼공(三公) 87 250
삼공과 삼사 253
삼공내좌(三公內坐) 236
삼기(參旗) 377
삼수(參宿) 69 79 153 208 203 388
삼원과 은하수 231
삼원색 174
삼족오 175
삼태(三台) 233 416
상(相 : 재상) 159 161 233 236
상서(尙書) 248
상진(常陳) 235
상태(上台) 416
서방칠수 18 79 151 352
서운관(書雲觀) 170
서함(西咸) 283 295
석목(析木) 203
섭제(攝提) 270 283
성기(星紀) 203
성수(星宿) 233 415 417 417
세(勢) 233 236
소미(少微) 422
손(孫) 397
송이영의 혼천시계 121
수녀수(須女宿) 324
수노인(壽老人) 398
수부(水府) 396
수성(壽星) 202 398

수시력 110
수위(水位) 396
순미(鶉尾) 209
순수(鶉首) 209
순우천문도 122 125
순화(鶉火) 209
시루(市樓) 260
臣(신하 신) 161
神宮(신궁) 74
신궁(神宮) 74 147 265 299 300
실무자를 우대한 조선 53
실수(室宿) 65 78 82 83 150 340 341
실침(實沈) 208
심수(心宿) 146 209 294 295

ㅇ

아사달 문양 175
알자(謁者) 236
야계(野鷄) 40 397
양문(陽門) 271
양하(兩河) 395
어(魚) 299
여귀(輿鬼) 77 155 406 408
여사(女史) 247
여상(女床) 258
여섯 우주관 141
여수 322
여어관(女御官) 248
여어女御) 248
연(燕) 318
연도(輦道) 247

열 개의 태양 172
열사(列肆) 261
열월(列鉞) 67 76 78 396
영대(靈臺) 233 422
영실(營室) 83 341
오(吳)나라 월(越)나라 199
오거(五車) 376
오곡(五穀) 376
오나라 195
오얏나무(李) 50
오제(五帝) 237
오제좌(五帝座) 246
오제후(五諸侯) 235 395
옥정(玉井) 378
와성(臥星 : 누워있는 별) 334
왕량(王良) 246
외병(外屛) 360
외저(外杵) 304 334
외주(外廚) 411
요현(姚鉉) 139
우 83 128 149 316
右角 270
우경(右梗) 360
우림(羽林) 342
우자미 66 84
우할(右轄) 76 78 432
운우(雲雨) 342
월(越) 324
월(月) 370
월(鉞) 396
월나라 195

위(魏) 324
위수(胃宿) 152 360 365
위수(危宿) 65 82 333 335
유빈(蕤賓) 209
육갑(六甲) 246
은하수 265
음덕(陰德) 248
읍(泣) 329
응종(應鐘) 203
의기(欹器) 116
이궁(離宮) 78 83 341
이슬람의 역법 110
이유(離瑜) 324
이주(離珠) 323
이칙(夷則) 209
익수(翼宿) 156 233 426 427
인경(人定) 115
인군 159 161 213
인성(人星)
일(日) 284
임종(林鐘) 209

ㅈ

자(子) 397
자미원 18 66 233 242 255
자미원(紫微垣) 248
자수(觜宿) 383 384
자휴(觜觿)수 153
장사(長沙) 76 78 432
장수(張宿) 156 233 421 423
장원(長垣) 233 422

장인(丈人) 397
저수(氐宿) 145 147 283
적수(積水) 250
적시(積尸) 34 68 76 78 359
적시기 407
적신(積薪) 395
적졸(積卒) 19 165 265 289
전사(傳舍) 245
전하 159 161
절위(折威) 278
점대(漸臺) 247 310
정(鄭) 318
정기법 187
정수(井宿) 155 209 394
제(齊) 318
제곡(帝嚳) 204
제석(帝席) 277
제왕(諸王) 377
제좌(帝坐) 260
조(趙) 318
조보(造父) 246
종관(從官) 237 289
종대부(宗大夫) 259
종성(宗星) 259
종인(宗人) 260
종정(宗正) 260
左角 75 270
좌경(左梗) 360
좌기(坐旗) 250
좌기(左旗) 317
좌자미원 246

442

좌집법 236
좌할(左轄) 76 78 432
주(柱) 271 376
주(周) 324
주기(酒旗)
주정(周鼎) 270
주하사(柱下史 : 柱史) 247
중국 천문도와의 관계 122
중국의 13나라 194
중려(中呂) 208
중성(中星) 95 181 182
중태(中台) 416
지(誌) 162
지렁이 50
직(稷) 417
직녀(織女) 310
진(秦) 324
진(晉)나라 195 324
진거(陣車) 284
진수(軫宿) 65 76 78 156 431 432
진현(進賢) 432

ㅊ

책(策) 246
천가(天街) 370
천강(天江) 299
천강(天綱) 336
천계(天鷄) 311
천고(天高) 377
천과(天戈) 283
천관(天關) 377

천구(天廐) 348
천구(天狗) 397
천궁(天弓) 377
천균(天囷) 365
천기(天紀) 235 258
천기(天旗) 377
천뢰(天牢) 422
천루성(天壘城) 335
천름(天廩) 365
천리(天理) 250
천명의 상징 천문도를 얻다 48
천묘(天廟) 423
천문(天門) 271
천문류초 18
천변(天弁) 310
천복(天輻) 284
천봉(天鋒) 277
천봉(天桴) 247
천부(大桴) 317
천사(天社) 406
천상(天床) 248
천상(天相) 416
천선(天船) 251
천시(天矢, 天屎) 397
천시원(天市垣) 18 257 260
천아(天阿) 377
천약(天鑰) 304
천연(天淵) 311
천원(天苑) 365
천원(天園) 371
천유(天乳) 283

천유(天庾) 360
천음(天陰) 370
천일(天一) 66 84 249
천장군(天將軍) 359
천전(天田) 270 318
천전(天錢) 335
천절(天節) 378
천주(天柱) 247
천주(天廚) 247 411
천준(天樽) 396
천진(天津) 265 323
천참(天讒) 365
천창(天槍) 249
천창(天倉) 360
천측(天厠) 388
천하(天河) 377
천혼(天溷) 354
천황(天潢) 376
천황대제(天皇大帝) 245
청구(靑丘) 432
초(楚) 324
초요(招搖) 277
추고(蒭藁) 360
추자(娵訾) 204
춘분과 추분 344 355
측(厠) 388
칠공(七公) 258
칠성(七星) 155 417
칠성판 33
칠정(七政) 248 277

ㅌ

탁본을 뜨기 위한 석본 15
태미원(太微垣) 18 233 236
태복(太僕) 354
태양 213
태양수(太陽守) 233 249
태을(太乙) 249
태일 66 84
태자(太子) 237
태제(太帝 : 천황대제) 248
태조와 세종의 우주관 97
태존(太尊) 422
태주(太簇) 204
토공(土公) 348
토공리(土公吏) 334~336
토사공(土司空) 355 433

ㅍ

팔곡(八穀) 251
팔괴(八魁) 342
패고(敗苽) 323
패구(敗臼) 336
평(平) 271
평기법 187
평도(平道) 270
필수(畢宿) 67 79 81 153 375 377

ㅎ

河間(하간) 265 310
하고(河鼓) 317
하지~대설 183

하태(下台) 416
한(韓) 324
함지(咸池) 376
항수(亢宿) 145 147 276 278
항지(亢池) 278
해중(奚仲) 323
행신(幸臣) 237
허량(虛梁) 335
허수(虛宿) 150 328 329
헌원(軒轅) 416
현과(玄戈) 283
현효(玄枵) 203
협종(夾鐘) 207
형(衡) 271
호(弧) 398
호분(虎賁) 237
호와 시 40 69 400
호유명戶牖銘 119
혼천설 137 139
혼천시계 120
홍무 171
화개(華蓋) 245
화성(火星) 209
환자(宦者) 261
황도 9 101 123 133 145 173 178
　　　181 201 211 215 218 220 311
황도교처 311
황도와 적도 220
황종(黃鍾) 203
후(候) 260

인명

견훤 50
공영달(孔穎達) 226
광개토대왕 27~29 162
권근 168
김택영 60
김후 158
당나라 태종 136
류방택 168 182
무왕 119
설경수 168
성탕임금 119
신익성 46, 59
심괄(沈括) 219
양홍진 94 330
왕수관(王綬琯) 124
왕응린(王應麟) 141
우병(虞昺) 141
우용(虞聳) 141
위료옹(魏了翁) 226
이백(李白) 411
이성계 50
이순지 5
장수왕 37 87 93 94 162
제갈공명 31~32
지거원 158
화씨 117
황제씨(黃帝氏) 416
황진성(黃鎭成) 224
희씨 117

서명

「금헌 류공 행장(琴軒柳公行狀)」 51
「보천가」 18 265
「빈풍」 116 (시경)
「신법보천가」 18 371 417

『강절선생 황극경세서 동사보편통재』 46, 59
『교은선생 문집(郊隱先生文集)』 51
『구당서』 71 143 145 146 149 150 152 153 155 156
『당개원점경(唐開元占經)』 145
『당문수(唐文粹)』 139
『동방학지』 101
『디지털 천상열차분야지도』 94 330
『모시주소』 313
『몽계필담(夢溪筆談)』 219 220
『몽예집』 61
『산해경』「대황남경」 173
『산해경』「대황서경」 196
『상서요의(尙書要義)』 224 226
『서경』 49 164
『석명(釋名)』, 「석천(釋天)」 216

『석씨성경, 감씨성경』 143 145
『성경(星經)』 145 152
『세종대왕이 만난 우리별자리』 133
『송사(宋史)』 145
『수서(隋書)』 214
『승정원일기』 52 91
『시경』 116
『연려실기술』 41
『옥해(玉海)』 141
『자치통감』 47
『전한서』 214 228
『조선왕조실록』 43 55 89 104 105 108 110 112 119 120 195
『중국고천문도록』 124
『진서(晉書)』 71 138 141 145 202 214 218 220
『천문도 해설』 133
『천문류초』 18 79 133
『춘추설제사(春秋說題詞)』 216
『칠정산내외편』 110
『한국역대사』 60
『해동잡록』 9 312
『해조부(海潮賦)』 140 142

대유학당 출판물 안내

- 자세한 사항은 대유학당으로 문의해 주십시오.
- 전화 : 02-2249-5630 / 팩스 : 02-22449-5631
- 입금계좌 : 국민은행 807-21-0290-497 예금주-윤상철
- 블로그 https://blog.naver.com/daeyoudang
- 서적구입 : www.daeyou.or.kr

분류	책명	저자	가격
주역	주역입문(2019)	윤상철 지음	16,000원
	대산주역강해(전3권)	김석진 지음	60,000원
	대산주역강의(전3권)	김석진 지음	90,000원
	주역전의대전역해(상/하)	김석진 번역	70,000원
	주역인해	김수길·윤상철 번역	20,000원
주역시사	시의적절 주역이야기	윤상철 지음	15,000원
	대산석과(대산의 주역인생 60년)	김석진 지음	20,000원
	우리의 미래(대산선생이 바라본)	김석진 지음	10,000원
	후천을 연 대한민국	윤상철 지음	16,400원
주역점 운세	황극경세(전5권) 2011년 개정	윤상철 번역	200,000원
	초씨역림(상/하) 2017년	윤상철 번역	180,000원
	하락리수(전3권) 2009개정	김수길·윤상철 번역	90,000원
	하락리수 전문가용 CD	윤상철 총괄	550,000원
	대산주역점해	김석진 지음	30,000원
	매화역수(2014년판)	김수길·윤상철 번역	25,000원
	주역점비결 2019 신간	윤상철 지음	25,000원
	육효 증산복역(전2권)	김선호 지음	50,000원
음양오행학	오행대의(전2권)	김수길·윤상철 번역	44,000원
	연해자평(번역본)	오청식 번역	50,000원
	작명연의	최인영 편저	25,000원
	2020~2022 택일민력	최인영 지음	12,000원
	풍수유람(전2권)	박영진 지음	43,000원
	어디 역학공부 좀 해 볼까?	이연실 지음	20,000원
	팔자의 시크릿	윤상철 지음	16,000원

	▸운명 사실은 나도 그게 궁금했어 윤여진 지음		18,000뤈
천문	▸ 2020 천문류초	윤상철 지음	30,000원
	▸ 태을천문도 9종(개정판)	윤상철 총괄	100,000원
	▸ 세종대왕이 만난 우리별자리 윤상철 지음 (전3권)		36,000원
	▸ 천상열차분야지도, 그 비밀을 밝히다 윤상철 지음		25,000원
족자 & 블라인드	① 천상열차분야지도	족자(가정용) 80,000	
	② 태을천문도(한문/한글판)	족자(사찰용) 100,000	
	③ 42수 진언	블라인드(120×180cm) 250,000원	
	④ 신묘장구대다라니	블라인드(150×230cm) 300,000원	

태을천문도 　　　　　　　천상열차분야지도

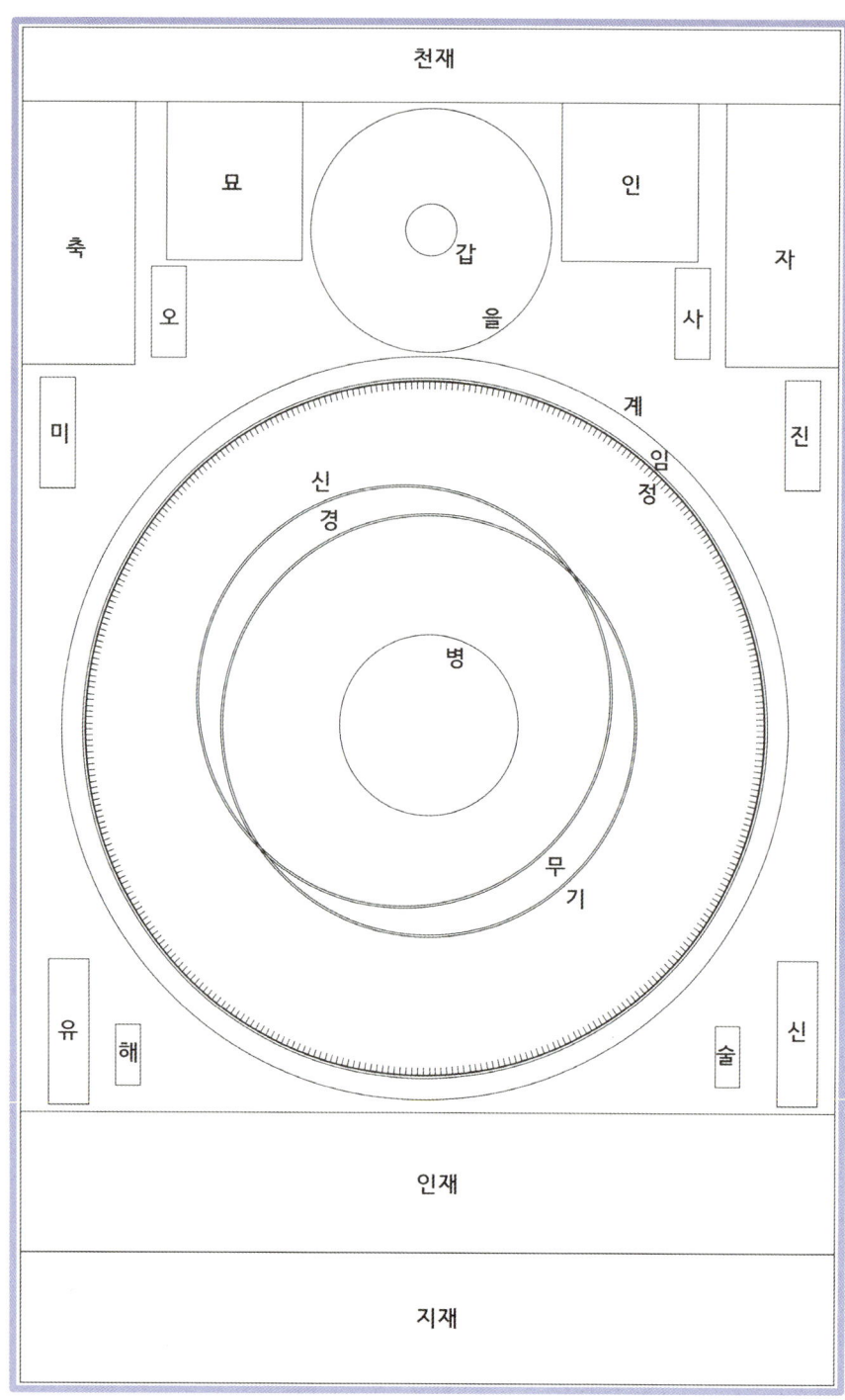

천상열차분야지도의 구조 : 삼재(천재 지재 인재)와 10간 원(갑~계) 12지 사각형(자~해)